RENATE JONES (HRSG.)

DAS KOSMOS HANDBUCH KATZEN

VON STUBENTIGERN EMPFOHLEN

KOSMOS

INHALT

Renate Jones

Dr. med. vet. Renate Jones studierte Tiermedizin in München und gründete dort 1982 eine tierärztliche Praxis für Kleintiere. 1999 schloss sie ihr Studium der Tierverhaltenstherapie in Southampton (England) mit MSc (Master of Science) ab. Seit 2000 ist sie ausschließlich als Verhaltenstherapeutin tätig. Sie ist Mitglied der APBC (Association of Pet Behaviour Consellours): In zahlreichen Publikationen, Vorträgen und Seminaren gibt sie ihre langjährigen Erfahrungen im Umgang mit Verhaltensproblemen bei Katzen und Hunden an Fachleute und interessierte Laien weiter.

Im Kapitel „Verhalten der Katze" veranschaulicht Renate Jones die natürlichen Verhaltensweisen der Samtpfoten und erklärt, warum sie so sind wie sie sind. Im Kapitel „Verhaltensprobleme und Beziehungskrisen" geht sie auf Verhaltensauffälligkeiten und Probleme ein und zeigt auf, welche Lösungsmöglichkeiten sinnvoll sind.

Gabriele Metz

Seit Abschluss ihres Studiums schreibt und fotografiert Gabi Metz als freie Journalistin für Tageszeitungen, Buchverlage und renommierte Fachzeitschriften, unter anderem für „Our Cats", „Geliebte Katze", „Katzen extra" und das „Schweizer Katzenmagazin". Alles, was Liebhaber der schnurrenden Zunft bewegt, wird von ihr mit schwungvoller Feder kompetent zu Papier gebracht und mit der Kamera eingefangen.

Gabi Metz, selbst ein großer Fan Norwegischer Waldkatzen, hat sich im zweiten Kapitel den Rassekatzen gewidmet. Dazu hat sie viele Ausstellungen besucht, Siegertypen abgelichtet und sich mit zahlreichen Züchtern über Aussehen und Charakter ihrer Rasse unterhalten. Im dritten Kapitel beschreibt sie, was Katzen brauchen und wie man Stubentigern das Leben so angenehm wie möglich machen kann.

Marc Heppner

Marc Heppner ist ein Organisationstalent: Er organisiert Messen, plant Veranstaltungen und Ausstellungen rund um die Themen Hund, Katze und Pferd und schreibt zusammen mit seiner Partnerin Gabi Metz Bücher sowie Zeitschriftenartikel. Bei ihnen leben der Norwegische Waldkatzen-Kater „Brött" und die Katzendame „Flöckchen", die auf zahlreichen Fotos zu finden sind.

Im Kapitel „Katzen erziehen" geht Marc Heppner darauf ein, wie man stürmischen Stubentigern freundlich und bestimmt Manieren beibringt und wie Katzen am besten lernen. In „Spiele sind ihr Leben" beschreibt er die schönsten Spielideen für Stubentiger – natürlich alle von Brött und Flöckchen getestet und für gut befunden.

Anna Laukner

Dr. med. vet. Anna Laukner ist mit Siam- und Hauskatzen aufgewachsen. Nach dem Studium der Tiermedizin war sie Assistentin in Tierarztpraxen im Bayerischen Wald und in Stuttgart. Sie übernahm bei zahlreichen internationalen Rassekatzenausstellungen die tierärztliche Betreuung und schreibt regelmäßig Artikel für deutsche und schweizerische Katzenzeitschriften. Zur Zeit lebt sie auf Ibiza, arbeitet dort in einer Tierarztpraxis und engagiert sich für den Tierschutz.

Dr. Anna Laukner beschreibt im Kapitel „Gesund von Kopf bis Pfote", wie man die Katze durch Prophylaxe fit und gesund erhält, wie man Krankheiten erkennt, sollte es der Samtpfote nicht so gut gehen, und wie man im Notfall Erste Hilfe leisten kann.

DR. RENATE JONES

VERHALTEN
der Katze

KATZEN, GEHEIMNISVOLLE WESEN? IN DIESEM KAPITEL LERNEN SIE DIE WELT DER JÄGER KENNEN, ERFAHREN ALLES ÜBER KÖRPERLICHE FÄHIGKEITEN, SOZIALE ORGANISATION, KOMMUNIKATION, FORTPFLANZUNG, JAGD- UND SPIELVERHALTEN. TAUCHEN SIE EIN IN DIE WELT DER SAMTPFOTEN.

Katzen im Wandel der Zeit

VORFAHRE DER HAUSKATZE IST DIE ÄGYPTISCHE FALBKATZE, FELIS SILVESTRIS LYBICA, DIE IN NORDAFRIKA, UND VORDER- UND MITTELASIEN BEHEIMATET IST. DIE VERBREITUNG DER HAUSKATZE ERFOLGTE LANGSAM ÜBER WESTASIEN, ANATOLIEN UND DEN MITTELMEERRAUM. ERST SPÄT, UNTER ANDEREM DURCH DIE WIKINGER, KAMEN KATZEN NACH WESTEUROPA.

VEREHRT UND VERHASST

Im alten Ägypten hat man die Katze, die sich bei Bekämpfung von Ratten und Mäusen als äußerst nützlich erwies, außerordentlich hoch geschätzt und Katzen zum Teil göttergleich verehrt. In Europa waren die Gefühle gegenüber Katzen im Lauf der Jahrhunderte sehr großen Schwankungen unterworfen.

KATZEN UND FRAUEN

Die Katze wurde immer als eine Art Verbündete der Frau gesehen. Je nachdem, ob weibliche Eigenschaften geschätzt oder eher verachtet wurden, wurde auch die Katze geschätzt oder mit Ablehnung betrachtet. Dieses Negativimage der Katze, unter anderem eine Folge der Christianisierung, hielt sich lange. Bis ins 18. Jahrhundert war sie sogar in der zoologischen Literatur verrufen. Erst im 19. Jahrhundert begann eine langsame Änderung.

Eine besondere Beziehung von Katzen zum weiblichen Geschlecht scheint immer noch zu existieren. In einer Umfrage bei Kindern wollten 18 % der befragten Mädchen gern Katzen sein, aber nur 7 % der Jungen. Bei der Frage, wie viele Kinder Hunde sein wollten, war der Anteil mit 34 % der Mädchen und 32 % der Jungen fast gleich.

Umfragen zeigen, dass mehr Menschen Hunden gegenüber positiv eingestellt zu sein scheinen als gegenüber Katzen. Auf der anderen Seite jedoch sind Katzen in der westlichen Welt heute das am meisten gehaltene Haustier.

EIN SICHERER RUHEPLATZ Die europäische Wildkatze kann sich entspannen und ihre Umgebung im Auge behalten.

RUDELLEBEN Anders als andere Katzen leben Löwen in einem Familienverband.

ENTWICKLUNGSGESCHICHTE DER KATZE

Katzen gehören zu den Fleischfressern und sind aus Sicht der Evolution relativ jung. Es gibt verschiedene Ansätze bzw. Versuche, Katzen stammesgeschichtlich systematisch einzuteilen. Die Schwierigkeit, der sich Fachleute gegenübersehen, besteht darin, dass man bei Verhaltensweisen (z. B. Lautäußerungen) sowie bei anatomischen und chromosomalen Merkmalen keine Weiterentwicklung bei verschiedenen Katzenarten gefunden hat. Stattdessen tauchen die einzelnen Merkmale in unterschiedlichem Ausmaß auf. Das hat dazu geführt, dass mehrere Einteilungen und Klassifizierungen nebeneinander existieren. Die Entwicklungsgeschichte von Katzen ist weniger ein geradliniger Stammbaum als eine parallele Entwicklung der einzelnen Katzenarten.

DIE FAMILIE DER KATZEN

Die Hauskatze gehört zur Familie der Felidae, der katzenartigen Raubtiere. Sie wird der Gattung Felis zugeordnet. Insgesamt geht man von 38 existierenden Spezies aus. Dazu gehören u. a. die ägyptische Falbkatze (Felis lybica), der Serval (Leptailurus), die Wieselkatze (Herpailurus), der Ozelot (Leopardus), die Pampaskatze (Lynchailurus), die Bergkatze (Oreailurus), der Schneeleopard (Uncia), der Tiger (Neofelis) und der Leopard, der Jaguar und der Löwe (Panthera). Von diesen lassen sich nur die Falbkatze, die Steppenkatze und die Waldwildkatze fruchtbar miteinander kreuzen. Sie werden deshalb unter der Bezeichnung Felis sylvestris als Großart, Superspecies, erfasst. Luchse bilden unter der Bezeichnung Lynx eine eigene Gattung.
Bei einzelnen Katzenarten unterscheiden sich im Bezug auf die Größe und Gewicht außerordentlich. So wiegt die kleinste Katze, die Schwarzfußkatze, nur zwischen 1–2 kg, die Sanddünenkatze gerade einmal 1,5–3,5 kg. Der Sibirische Tiger dagegen, die größte Katzenart, hat ein Gewicht von ungefähr 250 kg. Trotz dieser zum Teil erheblichen Größenunterschiede und obwohl sich bei manchen Katzen sogar deutliche Spezialisierungen herausgebildet haben, zeichnen sich die verschiedenen Katzenarten durch ein insgesamt einheitliches Erscheinungsbild aus: Sie sind alle eindeutig als Katzen zu erkennen.

POWER UND ELEGANZ **Der Tiger, die größte aller Katzen: ein Bild von Schönheit und geballter Kraft.**

Von der Wildkatze zum Stubentiger

IN DER MENSCHHEITSGESCHICHTE IST DAS HALTEN VON GEZÄHMTEN WILDEN TIEREN SEIT LANGEM ÜBLICH. ES WAR SCHON BEI JÄGERN UND SAMMLERN WEITVERBREITET, TIERE WEGEN DES NUTZENS, DEN SIE FÜR DIE BETREFFENDEN MENSCHEN HATTEN, EINZUFANGEN UND ZU ZÄHMEN.

ZÄHMEN UND DOMESTIZIEREN

Zwischen gezähmten und domestizierten Tieren besteht jedoch ein großer Unterschied. Beim Einfangen und Zähmen werden einzelne Individuen durch spezielle Maßnahmen dazu befähigt, in unmittelbarer Nähe von Menschen zu leben. Eine andauernde körperliche Veränderung dieser Tiere, die sie an ihre Nachkommen weitervererben, findet nicht statt.

Die Domestikation einer Tierart jedoch führt aufgrund einer gezielten Zuchtauswahl zu einer Veränderung der gesamten Tierart. Ziel dabei ist, durch die Zucht

- die für den Menschen nützlichen Eigenschaften und Fähigkeiten einer Tierart zu verstärken;
- die für die Haltung in Menschenhand lästigen, störenden oder unangenehmen Eigenschaften und Fähigkeiten zu vermindern.

Eigenschaften, die für die Wildform zum Überleben erforderlich sind, aber nicht für ein Leben in menschlicher Obhut, werden dabei mit der Zeit automatisch reduziert. Zum Beispiel würde sich die Fähigkeit, extreme Temperaturen zu überleben, verringern: In der freien Wildbahn pflanzen sich nur die Tiere fort, die die gnadenlose Zuchtauswahl der Natur überlebt haben.

SELBSTDOMESTIKATION

Neben der oben geschilderten Domestikation durch den Menschen spricht man auch von einer Selbstdomestikation. Das geschieht z. B., wenn Tiere aus überlebenstaktischen Gründen die Nachbarschaft des Menschen suchen und zunehmend in dessen Nähe leben, weil dort besonders viele Beutetiere oder andere Futterquellen zu finden sind (Kommensalismus). Das bewirkt automatisch eine natürliche Selektion auf weniger scheue, Menschen gegenüber tolerantere Tiere.

MÄUSESCHRECK Katzen und Menschen haben ein gemeinsames Ziel: Käse muss vor Mäusen geschützt werden.

BEGÜNSTIGENDE FAKTOREN

Bestimmte Eigenschaften einer Tierart erleichtern die Domestikation. Dazu gehört u.a. die Fähigkeit, gesellig zu leben, möglichst viele verschiedene Futtermittel zu akzeptieren und zu vertragen, am Tag zu fressen und sich in Gefangenschaft fortzupflanzen. Die Tierart sollte weitverbreitet sein und bei Gefahr nur über kurze Distanzen flüchten. Das meiste davon trifft auf die Katze nicht zu. Katzen sind nachtaktiv und leben nur unter ganz bestimmten Umständen gesellig. Sie zählen zu den sogenannten Futterspezialisten. Das bedeutet, dass sie ganz bestimmte Stoffe in ihrer Nahrung brauchen. Außerdem waren sie zunächst nicht weitverbreitet. All dies hat sicherlich dazu beigetragen, dass die Domestikation der Katze vergleichsweise spät stattgefunden hat. Sie ist seit etwa 5 000 Jahren domestiziert, der Hund hingegen seit ungefähr 15 000 Jahren.

PROZESS IN ZWEI SCHRITTEN

Für die Domestikation der Katze kann man keinen genauen Zeitpunkt oder Ort benennen. Das war naturgemäß ein langsamer und allmählicher Prozess. Im Prinzip unterteilt sich der Verlauf der Domestikation in zwei Phasen. Zunächst werden die Tiere vom Menschen gehalten und pflanzen sich auch dort fort. Im nächsten Schritt erfolgt eine gezielte Zucht, d.h. der Mensch wählt die Tiere, die sich fortpflanzen sollen, nach bestimmten Kriterien aus.
Solange die Tiere in Menschenhand leben, aber keine gezielte Zucht durchgeführt wird, kommt es zu wenigen körperlichen Änderungen im Vergleich zur Wildform. Meist beobachtet man geringe Abweichungen im Aussehen, manchmal eine etwas geringere Körpergröße. Erst mit der Zucht setzt eine schnelle und deutliche Änderung von äußeren Merkmalen ein.

DIE INTELLIGENZ DER TIERE

Mit der Hirnmasse wird jedoch keine Aussage über die „Intelligenz" von wilden und domestizierten Tieren getroffen. Die erfolgten Änderungen sind eine Anpassung an veränderte Lebensanforderungen. Beim Wildtier verbessern Reaktionsschnelligkeit, ein überragendes Gehör und hohe Fluchtbereitschaft die Überlebenschancen erheblich. Dieselben Eigenschaften, hohe Geräuschempfindlichkeit, schnelle Reaktionsfähigkeit und hohe Fluchtbereitschaft, wirken sich im Zusammenleben mit Menschen als Nachteil aus. Die Hauskatze stammt daher auch von der leichter zähmbaren ägyptischen Falbkatze ab und nicht von der Europäischen Wildkatze, die außerordentlich scheu und kaum zähmbar ist.

Info

GERINGERE HIRNMASSE

Erfahrungsgemäß ist bei domestizierten Tieren die gesamte Hirnmasse im Vergleich zur Wildform erheblich vermindert. Der Substanzverlust betrifft vor allem Bereiche, die für die Funktion von Sinnesorganen zuständig sind. So hören z.B. domestizierte Tiere schlechter als Artgenossen der Wildform. Auch im limbischen System, das für emotionale Reaktionen, u.a. Angst- und Fluchtverhalten, zuständig ist, hat man Reduzierungen beobachtet.

GEZIELT GEZÜCHTET Langhaarkatzen, durch Zucht entstanden, brauchen zur Fellpflege die Unterstützung des Menschen. Sie müssen rechtzeitig, schon als Jungtiere, daran gewöhnt werden. Kurzhaarkatzen putzen sich allein.

GEZIELTE ZUCHT

Aufgrund ihrer im Vergleich zu anderen Tierarten erst verhältnismäßig späten Domestikation ist es bei der Katze zu weniger Veränderungen gekommen als bei vielen anderen Haustieren und die heutige Hauskatze sieht der ägyptischen Falbkatze immer noch sehr ähnlich. Eine gezielte Zucht begann erst ab etwa Mitte des 19. Jahrhunderts. Neue Rassen sind, vorwiegend in England, erst seit ungefähr 50 Jahren entwickelt worden. Seither sind auch einige Rassen, die als Qualzuchten bezeichnet werden, entstanden. Diese Bezeichnung rührt daher, dass bei derartigen Rassen die Lebensqualität der Tiere durch ihre rassespezifischen körperlichen Eigenschaften beeinträchtigt wird. Als Beispiel seien hier weiße Katzen mit blauen Augen genannt: Sie sehen schön aus, sind aber häufig taub.

Körperliche Fähigkeiten

SCHNELL, GESCHMEIDIG, SPRUNGGEWALTIG. DER KÖRPER DER KATZE IST DER EINES JÄGERS UND ZWAR EINES SEHR PRÄZISEN. DEMENTSPRECHEND SIND AUCH DIE SINNESORGANE AUSGEBILDET: EIN AUSGEZEICHNESTES GEHÖR, EIN SCHARFER BLICK, EIN FABELHAFTER GERUCHS- UND TASTSINN ZEICHNEN DIE KATZE AUS.

Katzen sind aufgrund ihres Körperbaus bestens für ihr Leben als Jäger kleiner Beutetiere geeignet. Sie sind reaktionsschnell, flink und wendig. Das Volumen von Brustkorb, Lunge und Herz ist im Vergleich zum Volumen von Bauch und Bauchorganen eher gering. Damit sind Katzen besser für kurze, explosionsartige Höchstleistungen befähigt als für länger anhaltende Dauerleistungen.
Durch ihre stark gewinkelten und gut bemuskelten Hinterläufe besitzen Katzen eine ausgezeichnete Sprungkraft und können sich auch gut auf den Hinterbeinen in die Höhe strecken. Vorderläufe und Pfoten sind auffallend beweglich und sensibel. Das ist besonders deutlich bei der Gesichtswäsche zu beobachten. Katzen können gut tasten und, mit Hilfe der Krallen, auch gut greifen und nach Dingen angeln. Die gebogene Form der Krallen ermöglicht es, Dinge festzuhalten und heranzuziehen.

AUF DEN PFOTEN GELANDET

Eine besondere Fähigkeit, die schon früh bei Welpen ausgebildet ist, ist der Stellreflex: Bei einem Sturz aus größerer Höhe drehen sich Katzen so, dass sie auf den Pfoten landen, vorausgesetzt, der Sturz erfolgt aus einer Höhe, die ausreicht, um die Drehung zu vollenden. Katzen landen daher zwar häufig gut auf allen vieren, doch beim Abfedern kann der Kopf auf den Boden aufschlagen. Dafür typische Verletzungen sind abgebrochene obere Eckzähne, Unterkieferbrüche und/oder Gehirnerschütterungen.

DAS GEBISS

Beim Katzengebiss fallen die kleinen Schneidezähne (Incisivi) und die langen Eckzähne (Canini) auf, von denen die oberen länger und weniger gebogen sind als die unteren. Die Backenzähne sind seitlich zusammengedrückt und haben damit keine besonders große Kaufläche. Mit ihnen werden hauptsächlich Teile von größeren Fleischstücken „abgeschnitten", sie dienen nicht dazu, Futterbissen im Maul gründlich zu zerkleinern.
Katzen haben einen deutlich höheren Eiweißbedarf als Hunde. Ein bestimmter Nährstoff, Taurin, muss im Katzenfutter enthalten sein, weil Katzen ihn nicht selbst herstellen können. Katzen besitzen einen verhältnismäßig kurzen Darm, ihr Futter muss also gut verdaulich sein. Am besten sollte man Katzen mehrmals täglich mäusegroße Portionen anbieten.

KATZENAUGEN

Das Auge ist für Katzen vermutlich das wichtigste Sinnesorgan – wie für Menschen auch. Auch das Gesichtsfeld von Katzen ähnelt dem von Menschen. Anders als bei Huftieren, deren Augen sich seitlich am Schädel befinden und die dadurch ein sehr weites Gesichtsfeld haben, liegen die Augen der Katze fast nebeneinander vorn im Gesichtsbereich. Das verringert zwar das verfügbare Gesichtsfeld, ermöglicht jedoch räumliches Sehen, eine Grundvoraussetzung, um präzise und punktgenau zu landen, z. B. um eine Maus zu fangen. Der Lichteinfall in das Katzenauge wird

PUSCHELOHREN Die Innenseite der Ohren ist unterschiedlich dicht behaart. Das schützt vor Staub und Insekten.

durch die Größe der Pupille geregelt. Bei hoher Lichtintensität verengt sie sich zu einem schmalen Schlitz, bei verminderter Lichtintensität wird sie weiter gestellt und erscheint größer und runder. Dadurch wird der Lichteinfall größer, und das steigert die Sehleistung.

REFLEKTOREN IM DÄMMERLICHT

Bei Dämmerlicht können Katzen erheblich besser sehen als Menschen. Das liegt am sogenannten Tapetum lucidum, einer Zellschicht, mit der ein Bereich des Augenhintergrunds ausgekleidet ist. Wenn nachts im Scheinwerferlicht Tieraugen aufleuchten, sind es diese Zellen, die das Licht zurückwerfen. Durch das Tapetum lucidum wird die verfügbare Lichtmenge im Auge erhöht und damit die Sehfähigkeit bei geringer Lichtintensität beträchtlich verbessert. Bei völliger Dunkelheit sehen jedoch auch Katzen nichts.

FUNKELN Wenn Licht auf das Tapetum lucidum trifft, leuchten die Augen auf wie Scheinwerfer.

DIE WELT IST BUNT

Katzen sehen auch Farben. Die dazu erforderlichen Zellen, Zäpfchen, sind im Katzenauge durchaus vorhanden, wenn auch in erheblich geringerer Dichte als bei Menschen. Farbsehen im Versuch nachzuweisen ist jedoch nicht ganz einfach, weil dazu aufwendiges Training erforderlich ist.

KATZENOHREN

Das Hörvermögen von Katzen ist außerordentlich gut. Es reicht bis über Frequenzen von 40 kHz und umfasst damit einen erheblich größeren Frequenzbereich als das des Menschen (15–20 kHz). Auch hinsichtlich der Geräuschintensität übersteigt die Leistungsfähigkeit des Katzengehörs die des menschlichen Gehörs. Katzen können u. a. die Stimmfühlungslaute ihrer Beutetiere, z. B. von Mäusen, wahrnehmen. Zur genauen akustischen Ortung möglicher Beutetiere trägt neben der Funktion von Innenohr und Gehirn auch die hohe Beweglichkeit der Ohrmuscheln bei.

GERUCHSSINN

Katzen besitzen einen gut ausgebildeten Geruchssinn. Verglichen mit Hunden nehmen die entsprechenden anatomischen Strukturen jedoch wenig Raum ein: Die Katzennase ist verhältnismäßig klein und das Riechepithel sowie die im Gehirn vorhandenen Bereiche für die Verarbeitung von Geruchsinformation sind weniger umfangreich.
Katzen gebrauchen ihren Geruchssinn vor allem im sozialen Bereich und bei der Futteraufnahme. Die Bedeutung des Geruchssinns bei der Jagd bzw. bei der Verfolgung von Beutetieren ist bei Katzen geringer als Sehen und Hören. Beutetiere anhand einer Spur mit der Nase zu verfolgen ist bei Hauskatzen unüblich.

FÜR SPEZIELLE INFORMATIONEN – DAS JACOBSON'SCHE ORGAN

Katzen setzen außerdem zur intensiven Wahrnehmung bzw. Überprüfung von Gerüchen und vor allem von Sexuallockstoffen (Pheromonen) das Jacobson'sche oder vomeronasale Organ ein, das sich in der Maulhöhle am Gaumendach hinter den Schneidezähnen befindet. Es ist bei vielen Säugetieren nachgewiesen, scheint aber bei manchen Arten, auch bei Menschen, nicht vollständig angelegt bzw. verkümmert zu sein. Inwieweit es beim Menschen noch leistungsfähig ist, wurde bisher nicht eindeutig geklärt.
Die Wahrnehmung bzw. Begutachtung von Duftsignalen mittels des Jacobson'schen Organs erfolgt, indem mit mehr oder weniger

EIN FREUND, EIN GUTER FREUND **Diese beiden Katzen sind befreundet. Die Kontaktaufnahme bei der Begrüßung ist zart und freundlich. Der bekannte Geruch des Gegenübers vermittelt Sicherheit.**

FLEHMEN **Beim Flehmen wird Luft ins Maul gezogen und zum Jacobson'schen Organ geführt.**

ABGETASTET **Nicht nur der Blick, auch die Schnurrhaare sind auf etwas Interessantes gerichtet.**

angehobener Oberlippe und leicht geöffnetem Maul dem Organ Luft zugeführt und dann bei angehaltenem Atem überprüft wird. Bei manchen Tierarten, z.B. bei Pferden, ist das sogenannte Flehmen sehr deutlich zu erkennen. Bei der Hauskatze hingegen ist es eher unauffällig.

DER TASTSINN

Katzen besitzen wie alle Säugetiere über den Körper verteilt Zellen, die Berührungen wahrnehmen. Zusätzlich sind sie mit einem ganz speziellen Tastorgan ausgestattet, den sogenannten Tast- oder Sinushaaren, den Vibrissen. Diese befinden sich beidseitig neben der Nase sowie oberhalb der Augen im Bereich der Augenbrauen und an der Rückseite der Gelenke der Vorderpfoten. Die Sinushaare im Bereich der Nase werden auch als Schnurrhaare bezeichnet. Die Sinushaare fallen deutlich ins Auge. Sie sind besonders dick und steif, im Allgemeinen länger als die anderen Haare in ihrer Umgebung und häufig auffallend gefärbt.

UMGEBUNG ERTASTET

An der Wurzel der Sinushaare befinden sich spezielle Druckrezeptoren, die registrieren, in welche Richtung die Vibrissen aus ihrer „Normalrichtung" abgelenkt werden. Das vermittelt der Katze Informationen über direkt in ihrer nächsten Umgebung befindliche Dinge, sogar wenn sie diese nicht sehen kann. Mittels der Vibrissen kann eine Katze z.B. ihren eigenen Abstand zu einer Wand oder die Größe eines Hohlraums, eines Schlupflochs beurteilen, auch wenn es dunkel ist. Erblindete Katzen können sich mithilfe ihrer Tasthaare meist erstaunlich gut zurechtfinden.
Die Schnurrhaare sind zudem sehr beweglich. Sie können glatt an den Kopf angelegt oder deutlich nach vorn gerichtet werden. Das ermöglicht es Katzen, mit ihren Schnurrhaaren etwas aktiv zu inspizieren. Sie können so beispielsweise bei einer Beute Haar- bzw. Federstrich feststellen, um diese anschließend „mit dem Strich" zu fressen. Abbeißen und Abschlucken gegen den Strich geht nicht so gut. Vibrissen liefern Informationen über Lage, Grad und Richtung eines Reizes, aber auch über evtl. vorhandene Bewegungsqualitäten.

Soziale Organisation und Revieransprüche

EINZELGÄNGER ODER GRUPPENTIER? DAS HÄNGT VON VERSCHIEDENEN FAKTOREN AB: ZUM EINEN VOM NAHRUNGSANGEBOT, ZUM ANDEREN DAVON, WIE DAS KÄTZCHEN AUFGEWACHSEN IST, UND AUCH, WELCHE GENE SEINE ELTERNTIERE IHM MITGEGEBEN HABEN.

Katzen leben unter den unterschiedlichsten Bedingungen. Sie existieren ohne menschliche Fürsorge, verborgen und verwildert, in Gebieten, wo sie ausreichend Futter finden. Sie werden in enger Gemeinschaft mit Menschen in der Wohnung oder im Haus gehalten, einzeln oder zu mehreren. Dabei werden sie einerseits verwöhnt, müssen jedoch andererseits nicht selten auf Freilauf verzichten. Auf Bauernhöfen, unter mehr oder weniger natürlichen Bedingungen, leben sie in unterschiedlich lockerem Kontakt mit Menschen.

FLOTTER FLITZER **Im Katzengalopp unterwegs: Jetzt schnell einen Platz, wo man sich in Ruhe der Beute widmen kann.**

KATZEN AUF DER SPUR

Genauere Informationen darüber, wie sich frei laufende Katzen verhalten und welche Reviere sie beanspruchen, konnten erst mithilfe der Telemetrie gewonnen werden. Dazu werden die Tiere mit Halsbändern und Sendern ausgestattet. Über Empfänger kann man feststellen, wo sich die Tiere aufhalten. Erst so konnte man herausfinden, wann und wo sich die Tiere bewegen beziehungsweise ruhen, und dadurch genaueres Wissen über den Revierbedarf gewinnen.

DAS NAHRUNGSANGEBOT IST ENTSCHEIDEND

Grundsätzlich hängt die Anzahl der Katzen, die in einem bestimmten Gebiet leben, davon ab, wie viel Futter ihnen dort zur Verfügung steht. Das können Futterquellen sein, die von Menschen zur Verfügung gestellt werden. Wenn sich die Katze ausschließlich durch die Jagd ernähren muss, also von den Beutetieren, die sie fängt, richtet sich die Größe des Gebiets danach, wie dicht es von möglichen Beutetieren besiedelt ist.

FAMILIENBANDE Ein freundlicher Nasenkontakt. Katzen leben gern mit Artgenossen zusammen, vorausgesetzt sie sind daran gewöhnt und es gibt für alle genug zu essen. Gerade auf Bauernhöfen trifft man oft lose Katzengruppen.

Bei wenigen und weit auseinanderliegenden Nahrungsquellen leben Katzen solitär und verteidigen auch ihr Revier. Je nachdem, welche Futterquellen vorhanden sind, kann eine einzelne Katze einen Quadratkilometer zum Überleben brauchen. Es können aber auch bis zu 2000 Tiere auf einem Quadratkilometer ihr Auskommen finden. Zu derartig dichter Besiedlung kommt es im Allgemeinen, wenn Menschen für Futterquellen sorgen.

Die Reviergröße und damit auch die soziale Organisation orientieren sich an erster Stelle an der verfügbaren Nahrung, an zweiter Stelle am Geschlecht. Bei weiblichen Tieren schwankt die Reviergröße zwischen 0,02 bis 170 Hektar. Die Reviere der Kater wiederum richten sich nach der Bevölkerungsdichte der Weibchen und sind im Durchschnitt dreimal größer, zwischen 0,4 bis 990 Hektar.

FRIEDLICHE FAMILIENVERBÄNDE

Bei reichlich Nahrungsangebot können sich die Reviere der weiblichen Tiere überlappen. Dabei bilden sich soziale Verbände von oft miteinander verwandten weiblichen Katzen und deren Nachkommenschaft. Die Kernreviere der Mitglieder einer solchen Gemeinschaft können flächenmäßig zwischen 0,1 bis 0,45 Hektar liegen und überlappen zu 100 %. In einem solchen sozialen Verband verbringen die Tiere ungefähr 80 % ihrer Zeit in der Kernzone, das ist der Bereich um die Futterquelle. Die Beziehungen innerhalb der Gruppen sind unterschiedlich eng. Katzen ziehen im Allgemeinen die Nähe verwandter Katzen vor. Je nach Verwandtschaftsgrad wird größere Nähe akzeptiert. In einer solchen Gruppe kann sogar eine sogenannte Oestrussynchronisation stattfinden, d. h. die Tiere werden im gleichen Zeitraum fortpflanzungsbereit. Welpen werden nicht selten gemeinsam gesäugt und aufgezogen. Innerhalb derartiger Sozialverbände können Tiere aber auch weitgehend einzelgängerisch leben.

Die Sozialverbände können wiederum aus verschiedenen Linien bestehen. Einzelne Linien beanspruchen innerhalb des gemeinsam genutzten Gebietes unterschiedliche Bereiche: Randgebiete (Peripherie) oder den Zentralbereich. Die Tiere im zentralen Bereich ziehen mehr Jungtiere auf: Sie sind sozusagen erfolgreicher.

WER BIST DU? Die leicht vergrößerten Pupillen zeigen eine gewisse Anspannung, aber bei der Ohrhaltung spricht nichts für Unsicherheit oder gar Angst. Sie hat ein sehr ausdrucksstarkes Katzengesicht.

KEINE FREMDEN, BITTE!

Gegenüber fremden Katzen verhalten sich die Mitglieder einer Sozialgemeinschaft territorial aggressiv. Fremde erwachsene Tiere haben daher kaum die Möglichkeit, sich zu integrieren. Die Wahrscheinlichkeit, eine Katze, die im Haus markiert, könnte z. B. auf einem Bauernhof, wo schon eine Katzengemeinschaft lebt, ohne Weiteres ein „glückliches" Leben führen, ist eher gering. Abgesehen davon, dass sie ungewohnten Witterungsverhältnissen ausgesetzt ist, wird sie nicht nur ihren Sozialpartner Mensch vermissen, sondern erfahrungsgemäß von den dort ansässigen Katzen vertrieben oder zumindest drangsaliert werden. Nur Tiere, die einerseits außerordentlich anpassungsfähig, andererseits sehr durchsetzungsfähig und zudem gesundheitlich extrem widerstandsfähig sind, haben eine Chance.

KATERREVIERE

Die Größe eines Katerreviers hängt vom Status des Katers ab, letztendlich also seiner individuellen körperlichen und geistigen Leistungsfähigkeit. Während der Decksaison steigt die Größe des Reviers. Die Reviere subdominanter Kater überlappen immer die von dominanten Katern während der Decksaison. Katerreviere wiederum überlappen mehrere Reviere weiblicher Katzen, die vor allem während der Decksaison abwechselnd besucht werden. Ein Deckkater kann auch innerhalb einer Sozialgemeinschaft ansässig sein. Das führt dazu, dass es in größeren Gemeinschaften dann zentrale und periphere Kater geben kann. Kater aus der Peripherie verhalten sich im Zentralgebiet, wo die Futterquellen sind, im Allgemeinen aggressiver. Das Verhalten wird stark durch die Gruppengröße beeinflusst.

Kommunikation

DAMIT DIE FORTPFLANZUNG GESICHERT UND EIN MÖGLICHST REIBUNGSLOSES ZUSAMMENLEBEN MÖGLICH IST, MÜSSEN SICH ARTGENOSSEN MITEINANDER VERSTÄNDIGEN KÖNNEN. AUS DIESEM GRUND HABEN SICH INNERARTLICHE VERHALTENSWEISEN MIT „SIGNALWERT" ENTWICKELT. ES GIBT CHEMISCHE, AKUSTISCHE, ELEKTRISCHE, OPTISCHE UND TAKTILE (BERÜHRUNG) SIGNALE.

EREIGNISFELDER

Man unterscheidet bei der Kommunikation sogenannte Ereignisfelder. Im „Kontakfeld" besteht körperlicher Kontakt zwischen den einzelnen Individuen. Im „Nahfeld" existiert ein beständiger Informationsfluss, z. B. über Sichtkontakt oder andauernde akustische Signale. Das gestattet direktes, auf das Gegenüber orientiertes Verhalten. Das „Distanzfeld" umfasst Nachrichtenübertragung über weitere Entfernung: Telekommunikation ermöglicht sogenanntes orientierendes Verhalten: Die übermittelten Informationen können bei anderen Verhaltensanpassungen bewirken.

ZIEL DER KOMMUNIKATION

Signalverhalten, also Kommunikation, dient dazu, den Empfänger zu beeinflussen. Über körperlichen Kontakt, Sichtkontakt und Telekommunikation soll der Empfänger, ganz allgemein gesagt, aktiviert, gehemmt oder umgestimmt werden. Man unterscheidet hier zwischen einer „spezifischen" Wirkung und einer „unspezifischen" Wirkung. Unter spezifischer Wirkung versteht man, dass eine ganz bestimmte Handlungsbereitschaft beim Empfänger gehemmt oder aktiviert bzw. der Empfänger umgestimmt wird. Mit „unspezifischer" Wirkung ist gemeint, dass der allgemeine Zustand des Empfängers verändert wird. Es soll also die allgemeine Bereitschaft zur Aktivität, die körperliche Anspannung und die emotionale Befindlichkeit beeinflusst werden.

Info

DAS DISPLAY

Um den Eigenschaften von Signalen gerecht zu werden, spricht man von Display. Damit ist die gesamte Signaleinheit, der Signalkomplex aus allen beteiligten Faktoren, also der Gesamtausdruck gemeint, Das beinhaltet geruchliche und akustische Aspekte ebenso wie Mimik, Körperhaltung, Bewegung und Handlungsablauf.

EVOLUTION VON SIGNALEN

In der Evolution hat sich die Entwicklung von Signalen und Kommunikation anhand des Bedarfs der jeweiligen Art vollzogen. Die domestizierte Katze (Felis silvestris catus) stammt von Felis silvestris lybica ab, einer ausschließlich territorial lebenden Katze. Wie schon erwähnt, richtet sich die Größe der Territorien in erster Linie nach dem Nahrungsangebot. Bei Nahrungsknappheit sind entsprechend große Territorien erforderlich, um den Lebensunterhalt zu sichern. Wenn reichlich Nahrung vorhanden ist, gibt es mehr Nachwuchs und die Bevölkerungsdichte steigt.
Das macht Kommunikation im Nahfeld ebenso wichtig wie Telekommunikation. Es haben sich folglich Signale entwickelt, die für beides

geeignet sind, sich also auch einer steigenden Populationsdichte anpassen konnten. Hauptziel dabei war, die Fortpflanzung zu sichern und Konflikte ohne den Einsatz von Gewalt zu lösen.

KOSTEN-NUTZEN-RECHNUNG

Artspezifisches Kommunizieren ist also die Folge des innerartlichen Wettbewerbs. Es erfolgt eine sogenannte Kosten-Nutzen-Rechnung: Was sind die Vorteile für den Signalgeber, und welche Vorteile hat der Signalempfänger?
So kann in einer Konfrontation zweier Konkurrenten um einen möglichen Fortpflanzungspartner z. B. der Sender sein Fell sträuben und sich dadurch größer machen. Er bedroht damit seinen Konkurrenten und signalisiert u. a.:

- Ich bin groß und beeindruckend.
- Ich bin entschlossen, mich auf eine körperliche Auseinandersetzung einzulassen.

Info

DER GROSSE BLUFF

Grundsätzlich müssen die Interessen von Sender und Empfänger nicht unbedingt übereinstimmen. Bei manchen Tierarten hat man sogar schon Bluffen und Täuschungsversuche beobachtet.

Der Empfänger nimmt diese Informationen zur Kenntnis. Er passt sein Verhalten entsprechend an und könnte z. B. durch sein eigenes Verhalten einen Kampf vermeiden. Beide haben dadurch Vorteile: Wenn der Konflikt kampflos beigelegt wird, vermeidet das die Verschwendung von Energie ebenso wie körperliche Verletzungen auf beiden Seiten.

ANGESPANNTE LAGE Bei dem Jungtier im Vordergrund und der erwachsenen Katze sind die Haare im Schwanzbereich leicht gesträubt: Ein Anzeichen für erhöhte Erregung – kommt ein Streit?

AUFGELAUERT Vor dem Absprung wird das Objekt der Begierde genau fixiert.

TOLLPATSCHIG In diesem Alter sieht eine Verfolgungsjagd noch ein bisschen ungeschickt aus.

ERREGT Ein Schwanz wie eine Flaschenbürste: Das spricht für eine deutlich erhöhte Erregungslage.

GEFÜHLE ERKENNEN

Die Verbindung zwischen Gefühlen und Körper ist außerordentlich eng (das wird z. B. bei Menschen in Disziplinen wie beim autogenen Training oder Feldenkrais therapeutisch genutzt). Die emotionale Befindlichkeit kommt daher unmittelbar in der körperlichen Haltung zum Ausdruck. Die Tiere können also an der Körperhaltung des anderen die Intensität seines emotionalen Zustands ablesen.

KOMMUNIKATION BEI KATZEN

Katzen kommunizieren über Hören, Riechen, Berührung und Sehen. Laute, Körperhaltung, Mimik, Körperform, Handlungen und Bewegungen werden ebenso genutzt wie Duftstoffe von speziellen Hautdrüsen und Ausscheidungen.

SEHEN

Viele optische Signale dienen vorwiegend der Regulierung von aggressivem Verhalten. Aussehen, Fellfarbe und Musterung scheinen einen geringeren Einfluss zu haben als beim Hund. Vielmehr sind die Veränderung von Körperhaltung und -form wichtig. Katzen versuchen durch Ducken oder Aufrichten, durch Haaresträuben und die Kopf- und Ohrhaltung den körperlichen Umfang größer oder kleiner erscheinen zu lassen. Je größer der Körperumfang und die Aufrichtung, desto höher die offensive Aggressionsbereitschaft.

BLICKKONTAKT Längerer Blickkontakt wird als Drohsignal empfunden. Zu Beginn von Auseinandersetzungen sehen sich Tiere auffallend weniger an und vermeiden so zunächst das Auslösen eines Angriffs. Wie genau die Gegner die Körpersprache interpretieren, ist nicht bekannt. Auch gibt es keine Untersuchungen über Täuschungsversuche in diesem Zusammenhang.

ROLLEN wird vorwiegend in sexuellem Kontext von weiblichen Katzen gezeigt, wenn sie paarungsbereit sind, also während der „Rolligkeit“. Die Tiere rollen schnurrend auf dem Rücken hin und her oder bewegen sich dabei sogar voran. Dabei werden die Krallen rhythmisch aus- und eingefahren. Zwischendurch springen die Tiere auf und reiben sich zusätzlich intensiv an Gegenständen.
Zwischen Katern wird Rollen nur bei unreifen Männchen gegenüber ausgewachsenen Katern beobachtet. Es scheint als Beschwichtigungs- und Unterordnungssignal zu wirken und führt häufig dazu, dass der erwachsene Kater den unreifen Kater nicht als Konkurrenz betrachtet und verjagt, sondern ihn noch länger in der Nähe duldet.

FREUNDLICHE KONTAKTAUFNAHME Der gerade aufgerichtete Schwanz kennzeichnet eine entspannte Annäherung.

DER SCHWANZ Deutliche Information über die Befindlichkeit einer Katze liefert die Schwanzhaltung. Wenn der Schwanz eng am Körper anliegt oder sogar eingezogen ist, spricht das für Unsicherheit. Bei zunehmender Erregung wird der Schwanz bei ansonsten ruhig erscheinender Körperhaltung mehr oder weniger peitschend hin und her bewegt. Allerdings ist die Signalwirkung auf andere Katzen nicht genauer untersucht.
Bei freundlicher und entspannter Annäherung tragen Katzen den Schwanz steil aufgerichtet. Wenn sich zwei Katzen einander so annähern, ist eine freundliche Folgehandlung, z. B. Reiben, wahrscheinlich.

HÖREN

Katzen knurren und heulen, fauchen, schreien, gurren, schnurren, miauen und zeigen eine Art von Schnattern. Lautäußerungen erfolgen bei angespanntem Körper.

Beim **FAUCHEN** wird Atemluft scharf durch das mehr oder weniger geöffnete Maul ausgestoßen. Wenn das angefauchte Gegenüber nah genug ist, spürt es den Luftzug deutlich: also nicht nur ein akustisches und optisches, sondern auch ein taktiles Signal. Als Steigerung kann zusätzlich zum Fauchen das Spucken stattfinden. Bei beidem, bei Spucken und Fauchen, steigt die Intensität mit zunehmender Abwehrbereitschaft. Fauchen ist ein deutliches Abwehrsignal, und das ist möglicherweise der Grund, warum Katzen es nicht mögen, wenn man ihnen ins Gesicht pustet.

KNURREN UND HEULEN treten ebenfalls im Rahmen von Abwehr- bzw. Aggressionsverhalten auf. Beides kann gegenüber Artgenossen, aber auch gegenüber anderen Tierarten und Menschen gezeigt werden. Vor allem Heulen zeigt ein Höchstmaß an Abwehrbereitschaft an.

Beim **SCHREIEN** sind verschiedene Kategorien zu unterscheiden. Es gibt einen schrillen, sehr intensiven Schmerzensschrei, der im Allgemeinen nur bei großer Schmerzintensität ausgestoßen wird.
Besonders auffallende Schreie oder Jaulen werden im Bereich Sexualverhalten gezeigt. Es ist vorstellbar, dass die Intensität der Schreie Informationen über die Fitness der einzelnen Tiere liefert.

Bei Kätzchen unter drei Wochen zeigt ein sogenannter **„DISSTRESS"-RUF** der Mutter an, dass das Kätzchen verlassen ist, fest sitzt oder friert. Bis die Kätzchen selbst ihre eigene Körpertemperatur regulieren können, hat der „Disstress"-Ruf beim Frieren eine andere Höhe. Wahrscheinlich kann die Katzenmutter am Schrei erkennen, was das Problem ist.

GURRLAUTE Wenn die Mutter Beute ins Nest trägt, kündigt sie sich mit ganz speziellen Gurrlauten an. Das lockt die Welpen schnell herbei. Je nach Beutetier scheint es hier Unterschiede zu geben. Bei einer eher wehrhaften Beute nähern sich die Welpen mit mehr Unruhe und vorsichtiger. Manche Katzen äußern

NACHWUCHS VERTEIDIGEN Das Fauchen zeigt: Eine weitere Annäherung an das Jungtier ist ganz offensichtlich unerwünscht. Der Unbekannte sollte lieber fernbleiben, sonst könnte es einen Pfotenhieb setzen.

diese Gurrlaute auch Menschen gegenüber, wenn sie Beute mit nach Hause bringen.

SCHNURREN signalisiert eigentlich Wohlbefinden, wird aber immer wieder auch bei schwer kranken Tieren beobachtet. Möglicherweise dient es zur Auslösung von Pflegeverhalten.

MIAUEN ist in Laut und Anwendung außerordentlich unterschiedlich. Katzen miauen mehr im Zusammenhang mit Menschen als gegenüber anderen Katzen. Beim Miauen handelt es sich wahrscheinlich um ein erlerntes Verhalten.

SCHNATTERN Katzen zeigen außerdem eine Art Schnattern, das nicht der Kommunikation zu dienen scheint. Es wird durch den Anblick einer Beute ausgelöst, die sich nicht weit entfernt in Sichtweite, aber außer Reichweite, befindet. Das Verhalten wird fast zwanghaft gezeigt und scheint ein Anzeichen von Anspannung und Frustration zu sein.

MARKIEREN

Alle Katzen markieren. Es ist genetisch bedingt und dient ganz allgemein der innerartlichen Verständigung. Katzen setzen es zur Kennzeichnung von Gruppenmitgliedern ein, zur territorialen Abgrenzung und Reviermarkierung, im Zusammenhang mit Sexualität und zur eigenen Beruhigung.
Es gibt ganz unterschiedliche Markierungsarten. Am bekanntesten ist das Markieren mit Urin (Harnsprühen), aber auch Kot und Analsekret werden dafür benutzt.
Krallenschärfen dient ebenfalls zur Markierung sowie das Reiben vor allem von Stirn, Mundwinkeln, Backen und Kinn (Köpfchen geben) zur Verteilung der körpereigenen Duftstoffe.
Zur intensiveren Überprüfung und Beurteilung von Geruchsstoffen, vor allem von Pheromonen, dient Katzen zusätzlich zu ihrer Nase auch das sogenannte Jacobson'sche oder vomeronasale Organ (siehe Seite 16).

BERÜHRUNGEN

Durch Reiben übertragen Katzen die eigenen Duftstoffe auf Artgenossen (Allorubbing), auf die Umgebung, z. B. Äste und Zweige, Wände oder Kanten von Möbelstücken, und auf Menschen. Die individuellen Duftstoffe stammen aus speziellen Hautdrüsen, unter dem Kinn (submandibular), an den Mundwinkeln (perioral), an der Seite des Kopfes (temporal), über den Schwanz verteilt (kaudal) und oben am Schwanzansatz (Katerschwanz). Bei Begegnungen mit Artgenossen zeigen Katzen besonderes Interesse an Kopf und Hals, weniger an Flanken, Schwanz und Genitalbereich.

DIE RICHTIGE HÖHE Welche der Drüsen eine Katze zum Markieren verwendet scheint davon abzuhängen, an welcher Stelle und in welcher Höhe eine Duftmarke angebracht werden soll. Um niedere Stellen zu markieren reiben Katzen also bevorzugt ihr Kinn an der Stelle, die sie markieren wollen. Bei höher gelegenen Stellen werden eher die Drüsen an der Schläfe eingesetzt. Das spezifische Sekret der einzelnen Hautdrüsen ähnelt sich weitgehend. Das Sekret der submandibularen Drüsen unterscheidet sich also nicht grundlegend vom Sekret der temporalen oder der perioralen Drüsen.

EINGERIEBEN Oben am Stuhl werden die Duftspuren mit den Drüsen an der Schläfe verteilt.

KINNHÖHE An der Lehne geht es besser mit den Drüsen, die sich weiter unten am Kopf befinden.

Info

WEGGEPUTZT
Man kann nicht selten beobachten, wie eine Katze damit beginnt, eine andere, die auf einem bequemen Lagerplatz liegt, zu putzen. Das Putzen wird immer intensiver, und es dauert nicht lange, bis die Katze, die geputzt wird, aufsteht und den attraktiven Lagerplatz räumt. Es ist möglich, dass es sich um eine versteckte Form von Aggression handelt.

UNKASTRIERTE KATER reiben sich öfter, um spezielle Stellen in der Umwelt zu markieren, als weibliche Katzen, die nicht rollig (anöstrisch) sind oder als Jungtiere. Man hat sogar beobachtet, dass Kater manchmal noch über Stellen, an denen sie sich gerieben haben, Harn sprühen.

ALLORUBBING Beim Reiben zwischen Artgenossen kommt es neben einer freundlichen Berührung auch zum Austausch von Duftstoffen. Allorubbing findet immer zwischen Katzen mit ungleichem Status statt, die sich im Status unterscheiden. Erwachsene Weibchen reiben sich am Kater und an erwachsenen Geschlechtsgenossinnen, Kätzchen an erwachsenen Weibchen. Beim „Köpfchengeben", das auch gegenüber Menschen gezeigt wird, wird der Kopf an einer Bezugsperson oder einem Artgenossen gerieben. Wann immer Katzen sich an Menschen reiben, z. B. wenn sie um die Beine streichen, übertragen sie gezielt ihre Duftstoffe. So übertragen sie den Gruppengeruch und festigen die Bindung.

ALLOGROOMING Katzen können einer befreundeten Katze Kopf und Gesicht hinhalten und diese so zum Putzen auffordern (Allogrooming), ebenfalls ein bindungsförderndes Verhalten. Lang anhaltendes intensives Lecken dagegen, das unaufgefordert erfolgt, scheint eher nicht sehr freundlich gemeint zu sein.

MARKIEREN MIT URIN

Kot und Urin sind einerseits Abfallprodukte des Stoffwechsels und müssen entsprechend entsorgt werden. Andererseits wird Beides aber auch zum Markieren verwendet. Normales Ausscheidungsverhalten und Markieren kann man deutlich unterscheiden.

AUSSCHEIDUNGSVERHALTEN läuft nach einem ganz bestimmten Muster ab. Die Katze wählt einen dazu geeigneten Untergrund. Dieser sollte, wenn möglich, gut aufsaugend sein und aus einem Stoff, der zum Zuscharren geeignet ist. Etwas Sandartiges wäre zum Beispiel gut. Sobald die Katze eine potenziell geeignete Stelle gefunden hat, inspiziert sie diese genau, überprüft sie geruchlich (Platzkontrolle) und gräbt dann eine kleine Grube. Anschließend platziert sich die Katze dann in einer typischen Hockstellung, die sich bei Kater und Katze nicht unterscheidet, über dieser Grube und setzt Kot bzw. Urin ab. Danach wird die Grube erneut geruchlich inspiziert und dann mit Kratzbewegungen zugescharrt. Es erfolgt eine abschließende Geruchskontrolle bevor die Katze die Stelle verlässt. Katzen setzen Kot und Urin an unterschiedlichen Stellen, räumlich getrennt, ab.

MARKIEREN MIT HARN setzt frühestens mit Beginn der Pubertät ein. Beide, Kater und Katzen, markieren, sobald sie geschlechtsreif werden. Insgesamt tritt bei Katern dieses Markierverhalten häufiger auf und sie zeigen es vermehrt, wenn sich Katzen in der Umgebung befinden, die rollig sind.
Mit zunehmender Besatzdichte steigt die Wahrscheinlichkeit, dass Katzen markieren. Allerdings kann das Markierverhalten eines starken Katers das Markieren bei Weibchen und jüngeren Männchen hemmen bzw. unterdrücken.
Durch die Kastration kann Urinsprühen bei männlichen und bei weiblichen Tieren eingeschränkt werden. Allerdings bietet die Kastration keine Garantie dafür, dass Markieren völlig unterlassen wird: Auch kastrierte Tiere können mit Urin markieren.

SCHARFER GERUCH Der intensive Geruch des Urins wird vor allem durch Oxydation und Keimbesiedlung verursacht. Verantwortlich für den typischen Katergeruch ist Felinin, das beim unkastrierten Kater in großen Mengen im Urin ausgeschieden wird. Da die Synthese des Felinins von der Futterqualität abhängig ist, sind über Feliningehalt bzw. Uringeruch Rückschlüsse auf den Ernährungszustand des Katers möglich. Diese „ehrliche" Information offenbart, inwieweit ein Kater Zugang zu guten Futterquellen hatte, ein Hinweis auf seine Überlebensstrategien und seine Qualitäten als Vererber.

VISITENKARTE Aus Urinmarken lassen sich Identität, Geschlecht, Fortpflanzungszyklus und Hormonhaushalt ablesen sowie das Alter der Markierung, d.h. wann sie ausgeführt wurde. Informationen über die generelle Gefühlslage des Markierenden, sein Alter, seinen Status und seinen Gesundheitszustand sind durchaus vorstellbar.

MARKANT GESETZT

Kennzeichnend für Harnsprühen im Gegensatz zu Ausscheidungsverhalten sind:

- *Die Körperhaltung.* Beim Markieren wird meist eine aufrechte Körperhaltung eingenommen. Das Hinterteil wird gegen den zu markierenden Punkt gerichtet. Mit hoch aufgerichtetem, manchmal zitterndem Schwanz wird Urin auf diesen Punkt gesprüht. In Hockstellung wird selten mit Urin markiert, aber es kommt auch vor.
- *Der Ort.* Es werden meist senkrechte Objekte markiert und/oder Gegenstände, die optisch oder geruchlich auffallen.

Aufgrund der Körperhaltung sowie der gewählten Stellen handelt es sich beim Urinmarkieren sowohl um ein geruchliches als auch um ein deutliches optisches Signal. Die auffallende Körperhaltung, die dabei eingenommen wird, kann z.B. bei Sichtkontakt mit Artgenossen als visuelles Signal Selbstbewusstsein und Selbstsicherheit demonstrieren. Markierverhalten kann übrigens auch ausgeführt werden, ohne dass dabei tatsächlich Urin abgesetzt wird. Ursache kann der Füllungsgrad der Blase sein, aber es gibt individuelle Tiere, die das Verhalten regelmäßig „trocken" zeigen.

OHNE GERUCHSKONTROLLE Beim Sprühen erfolgt hinterher nur selten eine Geruchskontrolle. Urinschmecken, mit dem bei anderen Tierarten eine besonders intensive Überprüfung des Urins begattungsbereiter Tiere stattfindet, ist bei Katzen nicht beschrieben worden.

MARKIEREN MIT KOT

Erwachsene Tiere markieren mit Kot, Jungtiere nicht. Der Geruch setzt sich aus verschiedenen Komponenten zusammen: Aus verdautem Futter, abgeschilferten Körperzellen der Darmauskleidung und den körpereigenen Stoffen, die an der Verdauung beteiligt sind, entsteht ein für jedes Tier individueller Geruch. Dazu kommt, dass beim Kotabsatz zusätzlich Sekret aus den Analdrüsen abgegeben und auf dem Kot zurückgelassen wird. Kot wird im Kernterritorium vergraben, wahrscheinlich aus geruchlichen und hygienischen Gründen. Am Rande des Territoriums wird er häufig deutlich sichtbar an exponierten Stellen platziert, z.B. auf Steinen, und damit sowohl als geruchliches wie auch optisches Signal genutzt.

GEZIELT ANGEBRACHT Urinmarken werden punktgenau platziert – hier zum Leidwesen des Katzenhalters.

MEIN STUHL Kratzmarkieren ist eine ernsthafte Angelegenheit. Da muss man sich wirklich konzentrieren. Das Krallenschärfen ist nicht nur eine Duftplatzierung, sondern dient manchmal auch als Machtdemonstration.

MARKIEREN DURCH KRATZEN

Krallenschärfen dient nicht allein zur Krallenpflege. Es ist vielmehr ein auffallendes Display mit deutlichen optischen, geruchlichen und sogar akustischen Anteilen.
Bei der Durchführung nehmen Katzen eine typische und auffällige Körperhaltung ein. Bei maximaler Streckung von Vorderkörper und Vorderläufen werden die Krallen an einer senkrechten oder horizontalen Fläche eingehakt und dann wiederholt zum Körper herangezogen. Dabei kann mit anwesenden Artgenossen oder Menschen demonstrativ Blickkontakt aufgenommen werden. Das Verhalten hinterlässt nicht nur deutlich sichtbare Kratzspuren. Es entstehen außerdem intensive Duftspuren, einerseits aufgrund der an den Pfoten zwischen den Zehen befindlichen Drüsen (interdigitale Drüsen) und andererseits durch das Aufrauen des Materials, an dem gekratzt wird.
Kratzspuren werden regelmäßig an häufig benutzten Routen an geeigneten Stellen angebracht, sowohl im Freien wie auch innerhalb des Hauses. Das kann unter Umständen zu erheblichen Schäden führen.

Fortpflanzungsverhalten

KATZEN WERDEN MIT UNGEFÄHR SECHS MONATEN GESCHLECHTSREIF, IN AUSNAHMEFÄLLEN SOGAR NOCH FRÜHER. DAS GESCHIEHT ZUM BEISPIEL BEI SPÄT IM JAHR GEBORENEN JUNGTIEREN, WENN NACH DER JAHRESWENDE DIE LICHTINTENSITÄT WIEDER STEIGT.

Weibliche Tiere werden zunächst unruhiger, miauen vermehrt und suchen deutlich mehr Körperkontakt. Sie übersähen die Umgebung mit Duftsignalen, vorwiegend durch Reiben an allen möglichen Gegenständen, aber gelegentlich auch durch Harnsprühen. Aufgrund dieser Signale sind Kater meist frühzeitig zur Stelle. Sie beginnen mit der Werbung schon, ehe die Katze paarungsbereit ist.
Der Kater sitzt häufig in der Nähe der Kätzin und beobachtet sie unverwandt. Schnurrend und gurrend versucht er sie zu beeindrucken, reibt sich und gibt Köpfchen an geeigneten Stellen in der Umgebung. Er nähert sich jedoch noch nicht, sondern hält einen gewissen Abstand, etwa ein bis zwei Meter.

WENN DIE KATZE ROLLIG WIRD

Innerhalb von ein bis zwei Tagen kommt es zu den typischen Anzeichen der zunehmenden Begattungsbereitschaft, der sogenannten Rolligkeit. Die Katze reibt die Seite des Gesichts am Boden, um dann über die Schulter auf den Rücken zu rollen, wo sie sich schnurrend und gurrend hin und her wälzt und windet. Zwischendurch springt sie immer wieder auf, um sich in der Umgebung an geeigneten Stellen zu reiben und mehr oder weniger laut zu schreien. Besonders das Geschrei von Siamkatzen während der Rolligkeit kann ein unerträgliches Ausmaß annehmen.
Die Werbung kann sich über mehrere Tage ziehen, bis die Katze den Kater in Reichweite lässt. Bis dahin lockt sie ihn durch Gurren und Rollen heran, nur um dann, wenn er zu nahe kommt, wieder aufzuspringen und einige Schritte wegzurennen. Dabei hält sie immer wieder an und blickt sich um. So versichert sie sich, dass er auch folgt, und animiert ihn weiter dazu.

MAL RIECHEN **Duftspuren werden genau inspiziert. Sie müssen regelmäßig aufgefrischt werden.**

SCHÄFERSTÜNDCHEN Die beiden Tiere haben dieselbe Absicht – aber noch ist die endgültige Paarungsposition nicht ganz perfekt.

DIE PAARUNG

Bei der schließlich folgenden Begattung kauert die Katze mit durchgedrücktem Rücken (Lordose) auf dem Boden, der Kater steigt darüber und hält sie mit einem Nackenbiss fest. Während die Vorderbeine des Katers zu beiden Seiten der Katze auf dem Boden positioniert sind, versucht er durch Treteln seiner Hinterbeine die Begattungsstellung der Katze zu optimieren, führt schließlich den Penis ein und führt anschließend einige Friktionsbewegungen aus. Bei einer rolligen Katze kann man übrigens testen, ob sie schon zur Paarung bereit ist, indem man intensiv über den Rücken streicht. Das löst bei der Katze die Paarungshaltung aus: Sie kauert sich mit durchgedrücktem Rücken und gestrecktem Kopf auf den Boden, hebt das Hinterteil etwas an, hält den Schwanz zur Seite und trippelt mit den Hinterbeinen.

OHRFEIGEN ZUM SCHLUSS

Nach Abschluss der Paarung, sobald der Kater von der Katze steigt, dreht diese sich laut schreiend um und verabreicht ihm meist einige Ohrfeigen. Das geschieht, je nach Vertrautheit der Tiere miteinander, unterschiedlich intensiv. Die genaue Ursache für dieses Verhalten ist nicht klar. Möglicherweise empfindet die Katze nach vollzogenem Akt die Nähe des Katers als Verletzung ihrer Individualdistanz und als unangenehm.

DAUERROLLIGKEIT

Bei der Katze wird durch die Paarung der Eisprung ausgelöst. Daher werden Katzen, wenn keine Begattung stattfindet, meist schnell wieder rollig. Das mündet nicht selten in eine Dauerrolligkeit, die sowohl für die Katze wie auch ihre Umgebung unerträglich werden kann. Es ist deswegen sinnvoll, Katzen, mit denen nicht regelmäßig gezüchtet wird, zu kastrieren. Nur so kann man eine andauernde Hormonwirkung vermeiden. Diese würde auf Dauer zu Veränderungen an Eierstöcken und Gebärmutter führen, im Extremfall zu einer Gebärmuttervereiterung.

Info

EIN WURF, MEHRERE KATER

Katzen sind schon kurz nach der Paarung wieder begattungsbereit. Sie können sich im Verlauf der Rolligkeit mit mehr als einem Kater paaren und oft sind die Welpen eines Wurfs von verschiedenen Vätern.

TRAGZEIT UND GEBURT

Nach erfolgter Befruchtung nimmt die Katze etwas zu. Oft ist das so unauffällig, dass Katzenhalter nicht selten durch die Geburt überrascht werden. Eine weitere körperliche Veränderung besteht darin, dass das Fell am Bauch zurückgeht. Um die Zitzen herum entstehen deutliche runde haarlose Höfe.

NESTBAUPHASE

Nach 60 bis 65 Tagen kommt es zur Geburt. Kurz vor dem Geburtstermin beginnt die Katze damit, nach einem geeigneten Nest Ausschau zu halten. Frei laufende Katzen suchen ruhige, geschützte, trockene, warme und vor allem gut versteckte Stellen, wo sie ihre Jungen ungestört zur Welt bringen können. Bei Bedarf, wenn die Katze das Gefühl hat, das Nest sei nicht mehr sicher für ihre Welpen, siedelt sie um. Dazu werden die Jungen mit den Zähnen vorsichtig im Nackenbereich erfasst, hochgehoben und an den neuen Ort getragen. Die Jungen verfallen bei diesem Griff in eine sogenannte Tragestarre, d.h., sie hängen bewegungslos und ohne zu zappeln wie kleine Säckchen im Maul der Mutter.

ANZAHL DER WELPEN

Im Durchschnitt werden zwei bis vier Welpen geboren, nur selten sechs oder gar mehr. Geburten verlaufen meist komplikationslos. Allerdings können zu große Welpen, Welpen mit übermäßig großen Köpfen (Perser) oder Welpen, die ungeschickt im Geburtskanal liegen, die Geburt erschweren. In einem solchen Fall ist rasche tierärztliche Hilfe unerlässlich.

DIE GEBURT

Während der Geburt atmet bzw. hechelt die Katze flach und schnell. Sie liegt zum Teil auf der Seite oder leckt in halb sitzender Stellung Hinterleib und Genitalbereich. Das Ganze ist für die Kätzin durchaus anstrengend. Aufgrund der Wehen und in Abhängigkeit von der Größe der Welpen können Schmerzen auftreten, die Jammern oder Jaulen auslösen. Sobald ein Welpe austritt, entfernt die Mutter die Fruchthülle und leckt das Junge sauber. Sie frisst die Nachgeburt und beißt die Nabelschnur ab und schiebt die Welpen Richtung Gesäuge.

DIE WAHL DER ZITZE

Die Welpen kriechen kreisförmig herum und versuchen durch Pendelbewegungen des Kopfes das Gesäuge zu lokalisieren und eine Zitze zu finden. Manchmal unterstützt die Mutter die Suche und präsentiert das Gesäuge durch eine besser geeignete Körperhaltung. Die Kätzchen trinken häufig und schlafen nicht selten an der Zitze ein. Zum Trinken rollen sie die Zunge um die Zitze und regen den Milchfluss mit dem sogenannten Milchtritt an, dabei treten sie mit den Vorderpfötchen. Im Verlauf der ersten Lebenstage entwickelt sich eine sogenannte Zitzenordnung, d.h. jedes Kätzchen hat seine eigene feste Zitze, die es ziemlich zuverlässig aufsucht und auch gegen Geschwister verteidigt. Die zwischen den Hinterbeinen gelegenen Zitzen zeigen die höhere Leistung. Die Welpen, die hier trinken, nehmen daher schneller zu und wachsen rascher. Inwieweit ein Zusammenhang zwischen höherer Aktivität der kräftigeren Welpen beim Milchtritt und einer höheren Leistung der Milchdrüse besteht, ist bisher nicht untersucht worden.

KOLOSTRALMILCH

Für die Welpen ist die erste Milch nach der Geburt von besonderer Bedeutung. Sie ist auffallend nährstoffreich, aber vor allem werden die Welpen so mit den Antikörpern versorgt, die sie in den ersten Lebenswochen zum Schutz vor Krankheiten brauchen.

GESCHLECHTERBESTIMMUNG

Neugeborene Kätzchen wiegen etwa 100 g, oft sind kleine Kater schwerer als die Weibchen. Das Geschlecht jedoch allein aufgrund des Körpergewichts zu bestimmen ist gewagt. Genauer geht es, wenn man sich das Hinterteil anschaut.

Direkt unter dem Schwanzansatz befindet sich der After. Darunter findet man die Genitalöffnung. Der Abstand zwischen den beiden Öffnungen ist beim Kater größer als bei der Katze. Aber es bedarf schon eines geübten Auges, um hier wirklich sicher zu sein. Manche Farben sind auch ein Hinweis auf das Geschlecht: dreifarbige Tiere sind fast immer weiblich, rote sind oft Kater.

DIE ERSTEN TAGE

In den ersten Tagen verlässt die Katze das Nest wenig. Sie verliert viel Gewicht, weil sie mit ihrer Milch die Welpen ernähren muss, jedoch selbst kaum zum Jagen kommt. Vor allem bei einer großen Zahl von Welpen kann eine gute Futterversorgung die Mutter vor zu großem Gewichtsverlust bewahren und unterstützt die Milchproduktion. Besonders in den ersten Tagen nach der Geburt zeigen manche Katzenmütter eine gesteigerte Aggressionsbereitschaft zum Schutz ihrer Welpen. Die Annäherung an das Nest beziehungsweise an die Welpen kann einen Angriff auslösen. Meist sind fremde Menschen und Tiere betroffen, aber manchmal auch enge Bezugspersonen.

BABYSITTER

Im Allgemeinen ist bei frei lebenden bzw. verwilderten Hauskatzen die Welpenaufzucht Aufgabe der Mutter. Aber nicht selten wird beobachtet, dass insbesondere miteinander verwandte weibliche Tiere ihre Welpen gemeinsam aufziehen. Mütter und Schwestern fungieren also durchaus als Amme oder „Babysitter". Auch manche Kater beteiligen sich an der Aufzucht, indem sie nicht nur Beute bringen, sondern darüber hinaus die Welpen pflegen, sobald diese ein gewisses Alter erreicht haben.

BRUTPFLEGE **Fürsorglich kümmern sich die beiden erwachsenen Katzen um das hilflose Baby. Sonst eher unüblich, bemüht sich hier auch der Zuchtkater des Hauses um seinen Nachwuchs.**

Verhaltensentwicklung

DIE KATZENWELPEN KOMMEN BLIND UND TAUB ZUR WELT. IN DER ERSTEN ZEIT SIND SIE NUR MIT SCHLAFEN, FRESSEN UND WARMHALTEN BESCHÄFTIGT. MIT ZUNEHMENDEN ALTER STEIGT DAS INTERESSE AN DER UMWELT, DIE DIE KÄTZCHEN MIT INZWISCHEN OFFENEN AUGEN ERKUNDEN.

KREISFÖRMIGE KRIECHBEWEGUNGEN stellen sicher, dass der Welpe nicht aus dem Nest gerät.

NÄHE SUCHEN Kontaktliegen vermittelt Wärme und gleichzeitig ein Gefühl von Sicherheit.

NEONATALE PHASE

Die Verhaltensentwicklung bei Katzen teilt man in verschiedene Phasen ein. Der Zeitraum von der Geburt bis zum Ende der zweiten Lebenswoche wird als neonatale Phase bezeichnet.

In dieser Zeit, auch vegetative Phase genannt, sind die Katzenwelpen ausschließlich mit sich selbst beschäftigt, mit Fressen, Schlafen und Wachsen. Ihre Fähigkeiten sind noch sehr eingeschränkt. Ihre kreisförmigen Kriechbewegungen sorgen dafür, dass sie innerhalb des Nests bleiben. Die Zitzen finden sie durch den schon vorhandenen Tast- und Geschmackssinn. Die Ausscheidung erfolgt nur, wenn die Mutter die Welpen durch Lecken im Genitalbereich stimuliert. So werden die Abfallstoffe durch die Mutter sofort „entsorgt“. Bei mutterloser Aufzucht muss der Mensch Bauch und Genitalbereich mit einem warmen feuchten Tuch sanft massieren, damit die Ausscheidungen erfolgen.

SCHÖN WARM MUSS ES SEIN

Ihre Körperwärme können die Welpen noch nicht allein aufrechterhalten. Dazu brauchen sie die Unterstützung von „äußeren“ Wärmequellen: Kriechend und rudernd können sich die Welpen in Richtung Wärmequelle fortbewegen, z. B. zur Mutter oder den schlafenden Geschwistern.

Erst nach etwa sieben Tagen öffnet sich der Gehörkanal, aber schon früh reagieren Welpen auf laute Geräusche mit heftigem Zusammenzucken, dem sogenannten „Startle Reflex“. Die Augen öffnen sich nach 10 bis 14 Tagen. Sie sind am Anfang bei allen Katzenwelpen blau und erhalten ihre richtige Farbe erst nach einiger Zeit.

SO BLAUE AUGEN **Bei allen Katzenwelpen sind die Augen am Anfang blau gefärbt.**

ERSTE UNTERNEHMUNGEN

In der dritten Lebenswoche, der Transitionalen Phase, macht die Entwicklung der Welpen einen großen Sprung. Sie können ihre eigene Körpertemperatur immer besser kontrollieren (beginnende Thermoregulation) und beginnen zu stehen. Ihr Interesse an der Umwelt nimmt mit jedem Tag zu. Eine halbwegs sichere und koordinierte Fortbewegung ermöglicht ihnen, das Nest zu verlassen. Damit gewinnen sie eine gewisse Unabhängigkeit. In dieser Zeit brechen auch die Milchzähne durch und gegen Ende der dritten Lebenswoche kann sogar schon Interesse an fester Nahrung gezeigt werden.

DIE WELT ERKUNDEN

Mit der vierten Lebenswoche beginnt die Sozialisationsphase. Sie dauert bis zum Ende der siebten Lebenswoche und ist damit deutlich kürzer als bei Hunden. Das Erkundungsverhalten nimmt weiter zu. Die Welpen beginnen nun, das Nest zum Urin- und Kotabsatz zu verlassen. Sie wählen in ihrer Umgebung dazu den Untergrund, der ihnen am angenehmsten und am besten geeignet erscheint. Das sind im Allgemeinen Materialien, die weich sind, gut aufsaugen und ein Zuscharren ermöglichen. Es kommt zu einer Prägung auf den Untergrund, sodass die Tiere im späteren Leben das so „erlernte“ Material für ihre Ausscheidungen bevorzugen. Zuscharren lernen die Katzenwelpen übrigens nicht von ihrer Mutter. Es ist angeboren, wird aber nicht von allen Tieren gezeigt. Gehör und Geruchssinn sind am Ende der vierten Lebenswoche voll ausgebildet, die Milchzähne sind im Lauf der fünften Lebenswoche komplettiert.

BEUTETRAINING UND FUTTERPRÄFERENZEN

Schon ab der vierten Lebenswoche tragen frei laufende Katzenmütter Beute zum Nest. Ab der fünften Lebenswoche steigt das Interesse der Welpen an festem Futter. Schrittweise erfolgt eine Futterumstellung und die Kätzchen gewöhnen sich an festes Futter.
Unter natürlichen Bedingungen trägt die Katzenmutter alle möglichen Beutetiere ins Nest. So lernen die Welpen von Anfang an, dass ganz Verschiedenes essbar ist. Welpen, die nur mit einer einzigen Futtersorte ernährt werden, können eine Futterpräferenz entwickeln: die Welpen ziehen dann diese eine Futtersorte allen andern vor. Im Extremfall verweigern sie später anderes Futter. Katzenwelpen sollten daher möglichst viele verschiedene Futtermittel kennenlernen. Dann können sie im späteren Leben leichter ein anderes Futter akzeptieren: Sie haben weniger Probleme mit einer Futterumstellung, zum Beispiel aus gesundheitlichen Gründen in höherem Alter.

GANZ OHNE FUTTERNEID? Es ist nicht selbstverständlich, dass junge Katzen so friedlich und einvernehmlich miteinander fressen. Futter kann auch höchst aggressiv gegen die Konkurrenz verteidigt werden.

ENTWÖHNT

Mit der Gewöhnung an festes Futter geht die Entwöhnung von der Muttermilch einher. Der Zeitpunkt des Abstillens ist individuell sehr unterschiedlich. Die Mutter ist immer weniger bereit, die Welpen saugen zu lassen. Sie entzieht sich oder zeigt sogar Abwehrverhalten. Besonders bei großen Würfen bzw. wenn der Ernährungszustand der Mutter nicht gut ist, kann das schon früh stattfinden. Allerdings beobachtet man in Einzelfällen, dass auch noch fast erwachsene Junge am Gesäuge geduldet werden.

GESCHICKLICHKEITSÜBUNGEN

Ab der dritten Lebenswoche beginnen Katzenwelpen sich zunehmend für ihre Umwelt zu interessieren und damit selbstverständlich auch für ihre Geschwister, mit denen sie Verhaltensweisen und Bewegungssequenzen üben. In anfänglich noch sehr unbeholfenen Ringkämpfen trainieren die Katzenwelpen ihre körperliche Geschicklichkeit und lernen, mit Gebiss und den noch winzigen Krallen angemessen umzugehen. Spielerisch werden auch Verhaltensweisen aus dem Drohverhalten gezeigt. Mit aufgeplustertem Schwanz wird die Körperseite präsentiert und das Geschwisterchen angegriffen. Die Geschicklichkeit der Welpen steigt von Tag zu Tag und sie beherrschen komplexere Bewegungsabläufe immer besser, z. B. das Balancieren auf einem schmalen Objekt.

JAGDSPIELE

Mit der achten Lebenswoche setzt üblicherweise eine Zunahme von Objektspielen gegenüber Sozialspielen ein. Bei Kätzchen, die früher entwöhnt werden, scheinen sich die Sozialspiele zwischen den Geschwistern frü-

Info

ANGEBOREN ODER ERLERNT?

Es ist grundsätzlich sehr schwer, klar abzugrenzen, welche Verhaltensanteile angeboren und welche erlernt sind. Ein eindeutiger Beweis, dass ein Verhalten angeboren ist, sich durch Reifung weiterentwickelt hat und nicht durch Lernen und Erfahrung, also durch Training, wäre, wenn sich das Verhalten weiterentwickelt, obwohl nachweislich keine Gelegenheit zum Üben und Lernen bestanden hat. Vögel können z. B. fliegen, sobald die Befiederung vollständig ist, auch wenn sie bis zu diesem Zeitpunkt in einem Käfig gelebt haben und niemals fliegen durften.

BALANCEAKT IN FREMDEN GEFILDEN Katzen in diesem Alter sind außerordentlich neugierig. Alles muss erforscht werden. Das ist nicht ganz ungefährlich, auch wenn man zu zweit unterwegs ist.

her zu Objekt- und Jagdspielen zu wandeln. Jagdverhalten entfaltet sich dann früher und besser. Natürlich ist Jagdverhalten Katzen angeboren. Durch Üben und Lernen durch Beobachten entwickeln sich jedoch bessere und erfolgreichere Jäger.

DIE JUVENILE PHASE

Die auf die Sozialisationsphase folgenden Wochen bis zum Beginn der Pubertät werden als juvenile Phase bezeichnet. Durch tägliches Üben im Spiel und bei der Erforschung der Umwelt werden die Muskeln trainiert, die körperlichen Fähigkeiten entwickeln sich weiter und die Geschicklichkeit wächst. Zwischen dem vierten und sechsten Monat erfolgt der Zahnwechsel und die Milchzähne werden durch das bleibende Gebiss ersetzt. Vereinzelt kann man in dieser Zeit Milchzähne finden, die die Tiere verloren haben. Normalerweise verläuft der Zahnwechsel ohne Komplikationen. In Einzelfällen kann es jedoch zu schmerzhaften Zahnfleischentzündungen kommen. Dabei ist das Zahnfleisch mehr oder weniger stark gerötet und die Tiere können vermehrt speicheln. Spätestens wenn dadurch die Futteraufnahme oder das sonstige Verhalten beeinträchtigt erscheint, sollte der Tierarzt konsultiert werden.

Info

GEFAHR FÜR JUNGE KATER

Die eintretende Geschlechtsreife ist vor allem für junge Kater gefährlich. Der hormonelle Drang umherzustreifen und sich fortzupflanzen ist überwältigend. Er übersteigt die Erfahrung mit der Umwelt bei Weitem. Nicht selten sind Unfälle, schwere Verletzungen oder der Tod die Folge. Durch eine rechtzeitige Kastration kann dieses Risiko verringert werden.

DIE PUBERTÄT

Der Beginn der Pubertät ist individuell sehr verschieden und liegt meist zwischen dem sechsten und achten Lebensmonat. Weibliche Tiere werden im Allgemeinen mit etwa sechs Monaten zum ersten Mal rollig. Kater sind zwar schon mit acht bis zehn Monaten fortpflanzungsfähig, bekommen aber selten so früh eine Gelegenheit zur Paarung. Vor allem ein frei laufender Kater muss sich erst gegen die ortsansässigen erwachsenen Kater durchsetzen. Das kann geraume Zeit, bis zu mehreren Jahren, dauern.

DIE ZWEITE SENSIBLE PHASE

Bis zum Ende des ersten Lebensjahres haben vorwiegend die ererbten Grundlagen (Cook & Bradshaw, 1995) Einfluss auf Verhalten und Verhaltensentwicklung. Im Alter von acht bis neun Monaten hat man außerdem eine zweite sensible Phase beobachtet, in der die Katzen sich besonders leicht an neue Lebensumstände anpassen können (Bradshaw und Cook: zweite sensitive Phase).
Der Charakter, den eine Katze bei der Pubertät hat, und das Verhalten, das sie zu diesem Zeitpunkt zeigt, verändert sich im weiteren Leben nicht mehr dramatisch, es sei denn, das Tier macht innerhalb der ersten beiden Lebensjahre noch außergewöhnlich schlechte Erfahrungen.

ALTER DER KATZE

Bis zu ungefähr einem halben Jahr kann man das Alter einer Katze verhältnismäßig leicht anhand der Körpergröße, des manchmal noch nicht fertig ausgebildeten Gebisses und des jugendlichen Temperaments bestimmen. Sobald Katzen älter als ein Jahr sind, wird es schwerer. Altersbedingte Veränderungen fallen nicht so ins Auge beziehungsweise finden erst verhältnismäßig spät statt. Daher ist das Alter bei Katzen, die älter als ein Jahr sind, schwer einzuschätzen.

DAS GEBISS KANN HELFEN

Das Gebiss kann Anhaltspunkte liefern. Grundsätzlich verringert sich das zunächst leuchtende Weiß des bleibenden Gebisses.

SCHÖNE KLARE AUGEN Zunächst hat die Iris eine klare einheitliche Farbe, bei dieser Katze ein schönes helles Grün. Selten gibt es andersfarbige Punkte. Mit zunehmendem Alter verändert sich das.

Es kommt auch beim gesunden Katzengebiss zu Abnutzungserscheinungen. Die Anfälligkeit für Zahnstein ist individuell sehr unterschiedlich. Außerdem können schon in jugendlichem Alter zum Teil schwere Erkrankungen des Zahnfleischs auftreten, das Gebiss schädigen und so zuverlässige Rückschlüsse auf das Alter verhindern. Ursächlich für die Anfälligkeit für derartige Erkrankungen sind genetische Faktoren, die Haltungsbedingungen, unter denen eine Katze lebt, und auch die Versorgungslage der Mutter und der Welpen während der Trächtigkeit und der Aufzucht. Daher ist es gerade bei Katzen, die frei lebend waren, und bei Findlingen oft sehr schwer, eine zuverlässige Aussage über das Alter zu machen.

WENN KATZEN ÄLTER WERDEN

Mit fortschreitendem Alter werden auch Katzen ruhiger. Aber auch bei Katzen bestehen große individuelle Unterschiede. Manche Tiere sind schon mit zehn Jahren ruhig und gesetzt, andere erst mit vierzehn oder fünfzehn.
Die körperliche Leistungsfähigkeit älterer Katzen sinkt und ihr Ruhebedarf steigt. Meist werden die Tiere anhänglicher und halten sich zunehmend in der Nähe ihrer Bezugspersonen auf. Katzen, die die Möglichkeit zum Freilauf haben, verlassen das Haus seltener und bleiben im Allgemeinen nicht so lang draußen.

LANGE KRALLEN UND MÜDE AUGEN

Nicht selten werden die Krallen alter Katzen zu lang – sei es, weil sie weniger eingesetzt werden oder weil die Katzen nicht mehr so intensive Krallenpflege betreiben. Man kann die Krallen auf glatten Böden sogar hören, wenn die Katze läuft. In jedem Fall sollten Pfoten und Krallen regelmäßig kontrolliert werden, um zu verhindern, dass die Krallen im Kreis wachsen und sich dann in den Zehenballen bohren.
Bei alten Katzen nimmt die klare Farbe der Augen ein schollenartiges Aussehen an. Anders als bei Hunden kommt es bei Katzen selten allein aufgrund hohen Alters zur Demenz.

GETRÜBTER BLICK Bei dieser alten Katze ist die schollige Struktur der Iris deutlich zu erkennen.

EINFLÜSSE AUF DIE VERHALTENSENTWICKLUNG

Während der Sozialisationsphase lernen die Katzenwelpen die belebte und die unbelebte Umwelt kennen (Sozialisation und Habituation). Die Kätzchen lernen, wer ihre Sozialpartner sind, und sie lernen den angemessenen Umgang mit ihnen. Außerdem lernen sie, was gefährlich und was ungefährlich ist. Positive, aber vor allem negative Erfahrungen wirken prägend für das restliche Leben.
Jede Katze entwickelt ihre eigene Identität und ihre Artidentität. Sie entwickelt eine eigene, individuelle Persönlichkeit und das Gefühl dafür, dass sie eine Katze ist. Katzenwelpen, die nicht rechtzeitig andere Katzen kennenlernen, z.B. Katzenwelpen, die ohne Geschwister und ohne Kontakt zu anderen Katzen handaufgezogen werden, haben keine Gelegenheit, die richtige Artidentität zu erlangen.

GIPFELSTÜRMER Nur auf einem Hund, der Katzen mag, darf ein Kätzchen so herumklettern.

LAMMFROMM Obwohl der Hund bei diesen Kletterversuchen nicht so glücklich ist, erträgt er es geduldig.

ABGESTIEGEN Erst wenn die Neugier befriedigt ist, kann Ruhe einkehren.

ARTZUGEHÖRIGKEIT

Natürlich wird die Bereitschaft, bestimmte Dinge zu lernen, durch die Artzugehörigkeit genetisch beeinflusst. So können sich Katzen während der Sozialisierungsphase selbstverständlich an ganz verschiedene Tiere gewöhnen und sich dann möglicherweise einer anderen Tierart zugehörig fühlen. Aber am leichtesten gewöhnen sie sich – sinnvollerweise – an Katzen.

In einem Versuch wurden Katzenwelpen unterschiedlich aufgezogen:

- Eine Katze, die allein in einem Rudel Chihuahuas aufgewachsen war, hatte massiven Stress, wenn sie sich später ohne „Hundebegleitung" allein unter Katzen aufhalten musste.
- Eine andere Katze, die in einer Gruppe von Hunden und Katzen aufgezogen worden war, hatte Stress, wenn sie allein oder ohne andere Katzen nur mit den Hunden zusammen war. Entspannt war sie erst, wenn auch Katzen anwesend waren. Obwohl also Hunde und Katzen anwesend waren, hatte sich bei dieser Katze die Artzugehörigkeit „Katze" entwickelt.

Die Sozialisierungsphase ist am Ende der siebten Lebenswoche weitgehend abgeschlossen. Bis dahin sollten die Kätzchen möglichst stressfreie und positive, also angenehme Voraussetzungen haben, um Erfahrungen zu sammeln. Negative Erfahrungen führen zur Vermeidung und mindern so die Bereitschaft für neue Erfahrungen. Das schränkt die Chancen für weitere positive Erfahrungen ein.

HANDLING

Es gibt Maßnahmen, mit denen man während der Sozialisierungsphase die Verhaltensentwicklung gezielt beeinflussen und fördern kann.

- Milder Stress beschleunigt die Entwicklung: Siamkätzchen, die während der ersten Lebenswoche täglich in die Hand genommen und sanft gestreichelt wurden, öffneten ihre Augen früher, verließen das Nest eher und zeigten die artüblichen Färbungen früher als „unbehandelte" Vergleichstiere.
- Durch „Handling" ab dem Alter von zwei Wochen werden Welpen selbstsicherer, positiver gegenüber Neuem und sind dadurch erkundungsfreudiger.
- Beim „Handling" sollten die Welpen vorsichtig hochgehoben, überall angefasst, gestreichelt und mit ihnen gesprochen werden. Das alles sollte in Anwesenheit von Mutter und Geschwistern stattfinden. Deren Anwesenheit wirkt positiv und begünstigend, allerdings nur, wenn die Mutter ruhig und angstfrei ist.
- Das „Handling" sollte täglich stattfinden und zunächst nur kurz andauern. In kleinen Schritten kann es im Lauf der Zeit bis

auf eine Stunde verlängert werden. Mit noch längerer Dauer werden jedoch die positiven Effekte nicht weiter gesteigert (Karsh, 1983a und b; Karsh & Turner, 1988).

- „Handling" kann durch mehrere verschiedene Personen durchgeführt werden. Katzenwelpen mit positiven Kontakten zu fünf verschiedenen Menschen, die sich ähnlich verhalten, sind später gegenüber Fremden weniger ängstlich.
- Ab der fünften Lebenswoche können auch fremde Menschen am „Handling" beteiligt sein. Mehr spielorientierte Menschen können die Kontaktfreudigkeit zu Menschen über Spielen fördern.
- Die Anwesenheit einer ängstlichen Mutter verlangsamt die Kontaktaufnahme mit Menschen beziehungsweise kann sie sogar ganz verhindern.

GENETISCHE FAKTOREN

Die Verhaltensentwicklung bei Katzen beruht einerseits auf Lernen und Erfahrungen, andererseits auf ererbten Grundlagen. Aufgrund der Tatsache, dass der Kater normalerweise nicht an der Welpenaufzucht beteiligt ist, hat man Hinweise auf einige der vom Vater ererbten Eigenschaften gewinnen können. Das heißt natürlich nicht, dass die Mutter nicht zur Vererbung dieser Eigenschaften beiträgt. Doch es ist sehr schwer abzugrenzen, welche Eigenschaften und Verhaltensweisen die Welpen von ihrer Mutter ererbt und welche sie im täglichen Umgang mit ihr erlernt haben.

WAS DER KATER VERERBT

Es gibt jedoch klare Hinweise darauf, dass der Vater Kontaktfreudigkeit, Freundlichkeit und Erkundungsbereitschaft und auch das Gegenteil, Ängstlichkeit und Zurückhaltung, an die Welpen weitergibt. Entsprechend erben die Katzenwelpen von ihrem Vater die Scheu vor neuen Situationen beziehungsweise die Fähigkeit, neue Situationen zu tolerieren (Turner et. al., 1986; Reisner et al., 1994).

Letztendlich sind sowohl gut sozialisierte Katzen wie auch die Nachkommen eines freundlichen, kontakt- und erkundungsfreudigen Katers eher bereit, neue Objekte und Menschen zu inspizieren. Sie verhalten sich auch Menschen gegenüber freundlicher. Optimal für das Zusammenleben mit Menschen geeignet sind Katzen, die gut mit Menschen sozialisiert sind und auch genetisch die Anlage zur Freundlichkeit besitzen („boldness" (McCune, 1995). Es lohnt sich also, bei der Auswahl einer Zuchtkatze auch den Vater genauer in Augenschein zu nehmen und insbesondere seine Kontaktbereitschaft mit Menschen zu überprüfen.

SOUVERÄN Es hängt auch von den genetischen Grundlagen ab, wie aufgeschlossen eine Katze auf ihre Umwelt zugeht.

Angst und Aggression

ANGST UND AGGRESSION SIND NATÜRLICHE VERHALTENSWEISEN. ANGST DIENT DEM SCHUTZ DER KATZE, INDEM SIE GEFÄHRLICHE ODER LEBENSBEDROHLICHE DINGE ERKENNT UND IHNEN AUS DEM WEG GEHEN KANN, AGGRESSION DIENT U.A. DER VERTEIDIGUNG VON WICHTIGEN RESSOURCEN.

Jedes Lebewesen versucht, sich durch sein Verhalten in den bestmöglichen Zustand zu versetzen. Essen, Schlafen und Trinken und auch Sozialkontakte dienen letztendlich einem biologischen Ziel: Der Organismus soll in einem möglichst guten Zustand erhalten oder in diesen versetzt werden und für Nachkommen sorgen.
Auch Angst und Aggression dienen diesem Ziel. Beides sorgt dafür, dass der Abstand zu Bedrohungen aufrechterhalten oder vergrößert oder dass die Bedrohung sogar ganz ausgeschaltet wird.
Angst ist also grundsätzlich biologisch sinnvoll. Sie soll ein Lebewesen vor Bedrohungen schützen und dient so, wie auch der Schmerz, dem Überleben des einzelnen Individuums. Angst zu haben ist aber nicht eine erlernte Erwartung von etwas Schädlichem, sondern angeboren.

ANGSTAUSLÖSER

Angeborene Angstauslöser sind einer Tierart angepasst, sie sind artspezifisch. So kann der Geruch eines Fressfeindes bei einer Tierart ein angeborener Angstauslöser sein. Es ist z.B. Ratten und Mäusen angeboren, dass ihnen Katzengeruch Angst macht. Ein anderer angeborener Angstauslöser bei diesen Tierarten ist ein Gebiet ohne Deckungsmöglichkeit. Für Menschen ist Dunkelheit ein angeborener Angstauslöser, aber nicht bei Katzen. Es gibt auch artübergreifende angeborene Angstauslöser, z.B. Schmerz oder plötzliche laute Geräusche.

ERLERNTE ANGSTAUSLÖSER

Damit Lebewesen das ihnen angeborene Angstsystem wirklich effektiv nutzen können, gibt es neben den angeborenen Angstauslösern auch erworbene, also erlernte Angstauslöser. Jedes Lebewesen lernt aus seinen Erfahrungen im täglichen Leben. Schlechte Erfahrungen führen dazu, dass sich vor bestimmten Dingen Angst entwickeln kann und dass diese Dinge in der Zukunft so gut wie möglich vermieden werden. Auf diesem Weg können letztendlich zusätzlich zu den angeborenen Angstauslösern alle über die Sinne erfassbaren Reize bei entsprechenden Erfahrungen zu erlernten Angstauslösern werden. So kann z.B. ein bestimmter Geruch, ein bestimmtes Geräusch oder ein bestimmter Anblick ein erlernter Angstauslöser werden. Jedes Mal, wenn so etwas auftaucht, löst es dann automatisch bei dem betreffenden Lebewesen Angst aus.
Katzen besitzen also einerseits angeborene arttypische Angstauslöser. Andererseits müssen sich Katzen während der Sozialisationsphase an die Umgebung, in der sie aufwachsen, gewöhnen, und ihre Sozialpartner kennenlernen. Alles, was eine Katze in dieser Zeit nicht kennenlernt, wird sie in ihrem weiteren Leben als fremd und daher angstauslösend empfinden. Zudem kommt es durch unangenehme Erlebnisse zu erlernten Angstauslösern. Angst entsteht also einerseits durch Unbekanntes und andererseits durch schlechte Erfahrungen. Dieses System dient als Schutz vor gefährlichen oder gar lebensbedrohlichen Dingen. Es sorgt dafür, dass die Katze versucht, ihnen aus dem Weg zu gehen.

REAKTIONSMÖGLICHKEITEN

Wenn ein Säugetier Angst hat, reagiert es aufgrund einer engen Zusammenarbeit von Wahrnehmung, Stoffwechsel und bestimmten Verhaltensweisen in der dieser Situation am besten angemessenen Art und Weise. Typisch ist, dass bei Angst die körperlichen Reaktionen und arttypischen Verhaltensweisen automatisch, blitzschnell und ohne nachzudenken erfolgen. Im Prinzip stehen Säugetieren verschiedene Reaktionsmöglichkeiten zur Verfügung:

ÜBERSPRUNGHANDLUNG

Unter Übersprunghandlungen versteht man Verhaltensweisen, die eigentlich nicht in die Situation zu passen scheinen. Bei Katzen ist das häufig Putzen und Lecken. Zu Übersprunghandlungen kommt es in Konflikten, die ein bestimmtes Ausmaß nicht überschreiten und in denen noch keine unmittelbare Gefahr besteht.

FLUCHT

Flucht kann eine erfolgreiche Strategie sein, wenn die Gefahr zwar nah ist, aber die Chance besteht, sich ihr durch einen raschen Ortswechsel zu entziehen.

ERSTARREN Ein Versuch, sich so unsichtbar wie möglich zu machen, ohne den Überblick zu verlieren.

ERSTARREN

Erstarren ist einerseits eine wirksame Strategie, wenn die Gefahr noch weit weg ist und sozusagen die Hoffnung besteht, dass eine Konfrontation dadurch vermieden werden kann. Andererseits ist Erstarren auch möglich, wenn die Gefahr unausweichlich und so nah ist, dass keine Fluchtmöglichkeit mehr existiert.

DROHVERHALTEN

Drohverhalten ist ein Versuch, ein bedrohliches Gegenüber von einer weiteren Annäherung abzuschrecken oder es sogar zu vertreiben. Die Intensität des Drohverhaltens, sichtbar in Körperprache und Lautäußerung, ist ein Maßstab für die Abwehrbereitschaft.

ÜBERSPRUNGSHANDLUNG Diese Katze weiß, dass sie beobachtet wird. Sie reagiert darauf mit Putzen.

KATZENSTREIT Die halb liegende Körperposition an der Wand verhindert einen geordneten Rückzug ebenso wie einen Erfolg versprechenden Angriff. Da bleibt eigentlich nur Gegenwehr auf dem Rücken.

ANGRIFF

Durch einen Angriff soll eine Bedrohung vertrieben oder vernichtet werden. Dabei besteht jedoch ein hohes Risiko, selbst verletzt zu werden. Daher wird ein Angriff normalerweise erst riskiert, wenn andere Verhaltensweisen nicht zum Ziel führen, wenn sie von vornherein nicht Erfolg versprechend erscheinen, oder aber, wenn aus früheren Erfahrungen gelernt wurde, dass durch aggressives Verhalten Konflikte erfolgreich gelöst werden können.
Die beschriebenen Verhaltensweisen können aber, je nachdem wie sich eine Konfliktsituation entwickelt, jederzeit umschlagen. Aus einer Erstarrung kann z. B. ein explosionsartiger Angriff werden.

DEFENSIVES VERHALTEN

Auch Katzen reagieren bei Angst mit den beschriebenen Verhaltensweisen. Bei einer weiter entfernten Gefahr erstarrt die Katze und verhält sich ruhig. Sie nutzt die Deckung, die sich ihr bietet, um von dort die Bedrohung genau zu beobachten. Dabei nimmt sie eine ähnliche Körperhaltung ein wie beim Belauern einer Beute in Sichtweite: Sie duckt sich, hält den Kopf möglichst flach und legt die Ohren so an, dass sie möglichst nicht zu sehen sind. Die ängstliche Grundstimmung erkennt man u. a. an den Augen: Die Pupillen sind weiter geöffnet als in einer Jagdsituation. Wenn es erforderlich erscheint und sich die

Möglichkeit bietet, bringen sich Katzen durch Flucht in Sicherheit. Geschwindigkeit, Sprünge und Klettern erlauben eine rasche Entfernung aus der Gefahrenzone. Anschließend können die Dinge von einem sicheren Platz aus im Auge behalten werden.

KLEIN GEMACHT

Wenn keine Fluchtmöglichkeit besteht, erstarrt die Katze zunächst in geduckter Körperhaltung mit tief gehaltenem Kopf. Je weiter sich die Bedrohung annähert, desto tiefer drückt sich die Katze auf den Untergrund. Dabei bleibt sie sprungbereit. Die Augen sind aufgerissen und eher rund, die Pupillen weit geöffnet. Dadurch erscheinen die Augen dunkel. Das Maul ist unterschiedlich weit geöffnet. Die Ohren werden zunehmend dicht an den Kopf angelegt. Schließlich zeigt sie Drohverhalten, das sich immer weiter steigert. Die Katze knurrt, faucht, spuckt oder schreit sogar. Ab und zu springt sie in einem kurzen Scheinangriff aus ihrer geduckten Haltung fauchend und spuckend, mit drohend erhobener Pfote, nach vorn. Dabei schlägt sie mit ausgefahrenen Krallen in Richtung ihres Gegenübers und auf den Boden und zieht sich anschließend rasch wieder in die Ausgangsposition zurück.

ZEICHEN HÖCHSTER ANGST

Im weiteren Verlauf nimmt die Intensität von Fauchen, Spucken und Knurren zu, Schreien kann sich bis zum Kreischen steigern. Bei weiterer Annäherung kann sich die Katze auf den Rücken rollen, um so die Hinterläufe mit voller Kraft zur Abwehr einsetzen zu können. Gleichzeitig umklammert sie ihren Gegner mit den Vorderbeinen, hält ihn fest und beißt zu. Unter Umständen kann es in einer solchen Situation zur Entleerung von Analdrüsen, Blase und sogar Darm kommen, alles Anzeichen höchster Angst.

VERZWEIFELTE FLUCHTVERSUCHE ODER ANGRIFFE

Es kann jedoch auch sein, dass die Katze sich nicht auf den Rücken rollt, sondern in einem verzweifelten Fluchtversuch explosionsartig nach vorn schießt. Katzen können so in höchstem Entsetzen versuchen, über einen Menschen „hinwegzurennen", nicht selten quer über das Gesicht und dabei mit ihren voll ausgefahrenen Krallen ernsthafte Verletzungen hinterlassen. Aber es ist auch möglich, dass die Katze in ihrer Angst vorspringt und ihr Gegenüber angreift, oft mit dem sprichwörtlichen Sprung ins Gesicht. Sie versucht, sich mit ausgefahrenen Krallen festzuklammern, beißt und kratzt und setzt dabei, so gut wie möglich, auch ihre Hinterbeine ein. Zu derartig intensiven Verteidigungsangriffen (Angstaggression, defensive Aggression) kommt es normalerweise nur, wenn die Katze sich in die Enge getrieben fühlt. Da aber Angst auf ganz persönlichen Erfahrungen beruht, ist das Gefühl der Bedrohung eine ganz individuelle, subjektive Empfindung und objektiv nicht immer nachvollziehbar.

Info

AUF DEN RÜCKEN GEDREHT

Keinesfalls darf man das Auf-den-Rücken-Rollen bei einer Katze mit dem eines Hundes verwechseln. Hunde signalisieren damit Demut. Bei einer Katze ist es ein Zeichen für höchste Verteidigungsbereitschaft. Übrigens bedeutet auch die erhobene Pfote bei Hunden und Katzen nicht dasselbe. Hunde signalisieren damit ebenfalls Demut, bei Katzen ist es eine Drohgeste.

DEUTLICHE ANZEICHEN

Mittels ihrer Körpersprache und Lautäußerungen zeigen Katzen sehr deutlich an, wenn und wie stark sie sich bedroht fühlen. Der emotionale Zustand einer Katze und ihre Bereitschaft zur Verteidigung lassen sich daher normalerweise ziemlich gut einschätzen und durch entsprechendes eigenes Verhalten kontrollieren. Eine Ausnahme bildet Abwehrverhalten aufgrund von Schmerzen, Schock und Schreck. In diesen Fällen kann es spontan zu einem Angriff kommen, ohne dass vorher Drohverhalten gezeigt wird. Ein derartiger Angriff erfolgt reflexartig. Dabei werden alle Körperkräfte eingesetzt, es wird also ungehemmt mit voller Kraft gebissen und mit den Krallen zugeschlagen. Diese Gefahr besteht vor allem bei der Versorgung verletzter Tiere und bei einem Tier, das einen massiven Schreck erleidet. Es ist daher sinnvoll, bei der Behandlung geeignete Handschuhe zu tragen.

KÖRPERLICHE REAKTIONEN BEI ANGST UND AGGRESSION

Spätestens beim Angriff befindet sich die Katze in einem Zustand höchster Erregung, aber schon sofort zu Beginn von Flucht und Kampfverhalten stellt der Körper blitzschnell leicht verfügbare Energie für die möglicherweise erforderliche Leistung bereit. Dazu setzt die Nebenniere Stoffe frei, die zu gesteigerter Atem- und Pulsfrequenz, erhöhtem Blutdruck, Blutzuckerspiegel und Schweißsekretion führen (Adrenalin und Noradrenalin). Die Pupillen weiten sich, Körperspannung und Aufmerksamkeit sind gesteigert. Die Funktion der Keimdrüsen und die Schmerzempfindung werden reduziert. Aufgrund der im Körper freigesetzten Stoffe ist der Erregungszustand nach dem Angriff nicht sofort vorbei, sondern kann individuell unterschiedlich lang andauern.

ZUGEHAUEN **Die Körpersprache des Angreifers zeigt deutlich: Es handelt sich um defensive Aggression. Der andere ist zu nah gekommen. Für den grauen Tiger kommt diese intensive Abwehr überraschend.**

ERHÖHTER ERREGUNGSLEVEL

Jeder Mensch kennt das aus eigener Erfahrung. Nach einem intensiven Angsterlebnis oder einer heftigen Auseinandersetzung kann es Stunden oder sogar Tage dauern, bis man sich wieder beruhigt hat. Das gilt auch für Katzen. Die hohe Erregbarkeit kann lang anhalten. Auch wenn die Katze wieder ruhig erscheint, können schon Kleinigkeiten spontan Abwehrverhalten auslösen. Dieser Zustand hängt von der persönlichen Empfindlichkeit des einzelnen Tieres ab und kann einige Stunden oder sogar tagelang anhalten. Am sinnvollsten ist es, einem Tier nach einem derartigen Erlebnis Rückzugsmöglichkeiten anzubieten und ihm ungestörte Ruhe zu gewährleisten. Beruhigungsversuche bergen die Gefahr, dass man unbewusst und unbeabsichtigt weitere unerwünschte Reaktionen auslöst.

VORSICHT, KATZENBISSE

Katzen sind zwar klein, aber durchaus wehrhaft und können erstaunlich schwere Kratz- und Bissverletzungen verursachen. Insbesondere Katzenbisse gehören umgehend in ärztliche Behandlung. Die langen Eckzähne können zu tiefen Stichkanälen führen, in deren Tiefe die eingeschleppten Keime äußerst günstige Voraussetzungen zur Vermehrung finden. Die Folge sind nicht selten schwere Entzündungen, Abszesse und sogar Blutvergiftungen. Eine rechtzeitige antibiotische Behandlung kann das verhindern.

OFFENSIVE AGGRESSION

Bei Katzen kommt es zu offensiver Aggression gegenüber Artgenossen vor allem im Wettbewerb um wichtige Ressourcen wie das Territorium und bei der Fortpflanzung. Auch hier ist es von Vorteil für die Beteiligten, wenn es gar nicht erst zu einem Ernstkampf kommt. Durch offensives Drohverhalten soll der Gegner daher von vornherein so beeindruckt werden, dass er abgeschreckt wird und kampflos das Feld räumt.

GROSS GEMACHT

Bei offensivem Aggressionsverhalten besteht das Ziel darin, möglichst groß und beeindruckend zu erscheinen. Das mehr oder weniger gesträubte Fell, vor allem im Bereich des Schwanzes, und die durchgedrückten Gelenke vergrößern den Körperumfang. Durch die gestreckten Hinterläufe wird der Hinterkörper nach oben gedrückt, etwas höher als Nacken und Kopf. Dadurch erscheint das ganze Tier mächtiger. Der Schwanz ist an der Schwanzwurzel erst ein bisschen nach oben gebogen und hängt danach nach unten (wie ein Henkel). Er kann aber auch peitschend hin und her geschlagen werden oder steil nach oben gerichtet sein.
Die Ohren sind aufgerichtet und unterschiedlich weit zur Seite gedreht oder sogar so weit nach hinten, dass die Ohröffnung direkt nach hinten zeigen kann. Die Pupillen sind etwas vergrößert.

GROSS GEMACHT Auch ein Katzenkind kann sich schon richtig aufplustern. Mehr Schein als Sein heißt die Devise.

ERNST ZU NEHMENDES SÄBELRASSELN Bei einem Katerduell schreien sich beide an. Noch vermeidet der rechte Kater direkten Blickkontakt und zögert so den Beginn des Kampfes hinaus.

DROHDUELL

Beide Gegner bewegen sich vorsichtig mit gestelzten Bewegungen im Zeitlupentempo umeinander herum. Dabei versucht jeder, eine vorteilhaftere Stellung, z.B. eine erhöhte Position auf einem Stein, zu gewinnen. Mit Knurren, Heulen und Schreien versuchen sie sich gegenseitig zu beeindrucken. Auffallend ist, wie der Kopf schräg gehalten und langsam hin und her gedreht wird, sowie die schmatzenden und schluckenden Kaubewegungen.

ATTACKE!

Direkter Blickkontakt findet allenfalls kurz statt; längerer Blickkontakt kann, ebenso wie schnelle Bewegungen, spontan einen Angriff bewirken. Dabei stürzt sich meist der Überlegene auf den anderen und beide Tiere rollen anschließend in ein Knäuel ineinander verkrallt über den Boden.

Wenn einer der beiden die Oberhand gewinnt, kann der andere versuchen zu flüchten. Das führt meist zu einer Verfolgungsjagd. Manchmal wird dabei der Unterlegene endgültig verjagt und so die Auseinandersetzung beendet. Aber durch plötzliches Abbremsen und Präsentieren der Körperseite kann der Verfolger auch gestoppt und das Drohduell anschließend wieder aufgenommen werden. Drohduelle können sich, vor allem bei der Fortpflanzung, sehr lange hinziehen.
Eine Auseinandersetzung kann ihr Ende in der Flucht des Unterlegenen finden, entweder ohne dass es überhaupt zum Kampf gekommen ist oder nach verlorenem Kampf. Aber auch ein würdevoller Abgang ist möglich. Dabei zieht sich der Unterlegene langsam und schrittweise zurück. Indem er immer wieder anhält und seine Körperseite präsentiert, hält er den Sieger von einer Verfolgungsjagd ab.

ECHTE BLESSUREN **Kämpfe können erhebliche Verletzungen zur Folge haben. Da eine hohe Infektionsgefahr besteht, sollten sie in jedem Fall tierärztlich behandelt werden.**

UMGERICHTETE AGGRESSION

Wenn das aggressive Verhalten nicht gegen den eigentlichen Verursacher der aggressiven Erregung gerichtet wird, sondern gegen den Nächstbesten, der sich in Reichweite befindet, spricht man von umgerichteter Aggression. Eine Katze kann z. B. im Zimmer durch ein lautes Geräusch von der Straße so erschreckt werden, dass sie spontan auf den neben ihr stehenden Halter losgeht. Oder sie könnte die Katze, mit der sie zusammenlebt und eigentlich befreundet ist, angreifen, nur weil diese gerade zufällig in der Nähe ist, während eine fremde Katze draußen vor dem Fenster vorbeigeht. Von der Intensität der Erregung, in der sich die Katze in diesem Augenblick befindet, hängt die Stärke des Angriffs ab. Ernsthafte Biss- und Kratzverletzungen aufgrund umgerichteter Aggression sind keine Seltenheit.

ORGANISCHE URSACHEN FÜR AGGRESSIVES VERHALTEN

Für aggressives Verhalten können auch organische Ursachen verantwortlich oder daran beteiligt sein. Grundsätzlich muss man an alle Erkrankungen denken, die mit Schmerzen verbunden sind. Auch Hauterkrankungen, die mit Juckreiz einhergehen, können zu gesteigerter Reizbarkeit führen. Weiterhin kommen Stoffwechselerkrankungen infrage, z. B. Leberfunktionsprobleme. Veränderungen des Gehirns müssen ebenfalls berücksichtigt werden, allerdings sind Gehirntumore eher selten eine Ursache für verändertes Verhalten. Bei älteren Tieren muss man berücksichtigen, dass eingeschränkte Sinnesleistungen wie nachlassende Seh- oder Hörfähigkeit die Schreckhaftigkeit steigern und die Abwehrbereitschaft erhöhen können.

Jagdverhalten

KATZEN GEHEN ALLEIN AUF DIE PIRSCH. DIE GRÖSSE IHRES JAGDREVIERS HÄNGT VOM BEUTEAUFKOMMEN AB. GEDULDIG SETZT SICH DIE KATZE VORS MAUSELOCH UND WARTET BEI DER ANSITZJAGD DARAUF, DASS SICH IHR OPFER ZEIGT. DOCH DANN GEHT ES SCHNELL: EIN SPRUNG, EIN PFOTENHIEB UND EIN EXAKTER BISS – DAS LEBEN DER BEUTE IST AUSGEHAUCHT.

Jagdverhalten unterscheidet sich sowohl in der Motivation als auch neurophysiologisch von aggressivem Verhalten: Es sind andere Gehirnbereiche beteiligt. Man kann durch die künstliche Reizung dieser Bereiche (lateraler Hypothalamus) für das Jagen erforderliche körperliche Verhaltensweisen auslösen. Wenn man auf der rechten Seite des Gehirns die Reizung ausführt, erfolgen auf der linken Seite des Körpers sichtbar die entsprechenden Reaktionen und umgekehrt.

PERFEKTE JÄGER

Katzen gelten als perfekte „Jagdmaschinen". Sie jagen im Prinzip alles, was nicht größer ist als sie selbst. Das sind in erster Linie Mäuse und Ratten. Aber auch andere kleine Säugetiere wie Eichhörnchen und Kaninchen oder Jungtiere anderer Arten werden erbeutet. Ebenso kommen Reptilien, Vögel, Insekten und Schmetterlinge als Beute infrage. Das Beutespektrum einer Katze richtet sich letztendlich danach, welche Tiere in ihrem Lebensraum vorkommen. Die Welpen frei laufender Katzen lernen schon frühzeitig durch die Beute, die ihre Mutter ins Nest trägt, Geruch und Geschmack und, ein bisschen später, auch die Bewegungen der Beutetiere kennen.

DAS JAGDREVIER

Katzen jagen allein. Häufig suchen sie dazu gezielt bestimmte Gebiete auf. Der Hinweg wird, wie auch der Heimweg, meist mehr oder weniger zügig zurückgelegt. Allerdings beobachtet die Katze auch schon auf dem Weg in das eigentliche Revier ihre Umgebung aufmerksam. Wenn sich schon hier eine Möglichkeit zur Jagd bietet, so nimmt sie die Gelegenheit durchaus wahr. Hat die Katze ihr Jagdrevier erreicht, sucht sie sich geeignete Stellen zum „Ansitz". So fallen im Umfeld von Bauernhöfen oft einzelne Katzen auf, die in einiger Entfernung zum Hof eine Stelle gefunden haben, wo sie in Ruhe ansitzen. Knistern oder die Kontaktlaute von Mäusen wecken zwar auch das jagdliche Interesse einer Katze, aber in erster Linie wird die Beute durch Sehen lokalisiert. Hauptauslöser für Jagdverhalten ist Bewegung. Besonders gut sind daher für Katzen solche Gebiete zur Jagd geeignet, die Beutetieren keine guten Deckungsmöglichkeiten bieten, also abgeerntete Felder oder gemähte Wiesen.

JAGDSTRATEGIEN

Beim Jagen zeigen Katzen ganz bestimmte Verhaltensweisen. Zunächst wird nach einer Beute Ausschau gehalten. Sobald ein mögliches Opfer in das Blickfeld der Katze gerät, erstarrt sie und beginnt mit der Jagd. Sie schleicht sich so weit wie möglich an, und in einem günstigen Moment, wenn der Abstand zur Beute passt, springt sie vor und versucht, die Beute zu greifen. Bei größeren Beutetieren kann sich ein Kampf entwickeln, in dessen Verlauf die Katze versucht, die Beute zu Boden zu ringen und zu beißen.
Angepasst an Beutetier und die individuelle Situation kommen verschiedene Jagdstrategien zum Einsatz.

ANSITZEN

Beim Ansitzen sitzt die Katze längere Zeit ruhig an geeigneten Stellen, z. B. in der Nähe eines Mäuselochs und beobachtet es konzentriert. Sobald eine Maus erscheint und sich ein bisschen vom rettenden Eingang entfernt hat, erfolgt ein sogenannter „Mäuselsprung“. Dabei springt die Katze fast senkrecht hoch und landet in hohem Bogen mit den Vorderpfoten möglichst punktgenau auf der Maus. Zur Balance wird dabei der Schwanz eingesetzt.

AUFGELAUERT

Bei Beutetieren, die sich in voller Sicht der Katze auf dem Boden bewegen, nimmt die Katze zunächst eine Lauerstellung ein. Dabei versucht sie, jede mögliche Deckung zu nutzen. Man kann Katzen dabei beobachten, wie sie ganz ruhig im Gras sitzen, so tief geduckt, dass sie gerade noch knapp über die Grasspitzen hinwegspähen können. Dabei lassen sie ihre Beute nicht eine Sekunde aus den Augen. Die Ohren werden so flach gehalten, dass sie möglichst nicht über das Gras hinausragen. Aus dieser Position versucht sich die Katze immer näher an ihr Opfer heranzuschleichen. Die einzelnen Pfoten werden bei jedem Schritt in Zeitlupe angehoben und ebenso langsam wieder auf den Boden gesetzt. Bei Gelegenheit werden auch ein paar schnelle Schritte eingelegt, um so die Distanz zur Beute schneller zu überwinden. Auch beim Anschleichen nutzt die Katze jede Deckung. Wenn das Beutetier Anzeichen von erhöhter Aufmerksamkeit zeigt, erstarrt die Katze mitten in der Bewegung zur völligen Bewegungslosigkeit. Erst in ausreichender Nähe riskiert sie einen raschen Endspurt, um mit gezieltem Sprung der Beute habhaft zu werden.

AUS DER LUFT GEGRIFFEN

Bei auffliegenden Tieren, seien das Vögel oder Schmetterlinge, springen Katzen oft fast senkrecht in die Höhe und versuchen, ihr Opfer mit den Pfoten zu erhaschen.
Je nach Situation kann der Sprung auf die Beute direkt aus dem Lauf erfolgen oder es kann ihm eine konzentrierte, sorgfältige Positionierung vorhergehen. Dazu trippelt die Katze in geduckter Körperhaltung mehrmals von einem Hinterlauf auf den anderen, um die bestmögliche Absprungstellung zu finden. Kleinere Beutetiere wie Schmetterlinge und Insekten werden meist auf der Stelle knuspernd verzehrt. Größere Beutetiere wie Mäuse werden mit einem Biss in den Nacken/Halsbereich getötet.

GEZIELTER BISS

Die Kenntnis der Stelle, an der der Tötungsbiss erfolgen muss, ist Katzen angeboren. Es ist der Übergang vom Körper zum Hals und anschließend zum Kopf, also die schmalste Stelle am Körper der Beute. Lernen müssen

BEREIT Die „Beute“ muss nur noch in Reichweite kommen.

ZACK! Zum Fangen werden Pfoten, Krallen und Gebiss eingesetzt.

GEANGELT Ein gezielter Griff kann die Beute aus der Luft holen.

SCHATTENSPIELE Katzen, die keinen Freilauf haben, richten ihr Jagdverhalten auf verschiedene Objekte. Vor allem bei jungen Katzen kann Jagen durch alles ausgelöst werden, was sich bewegt, sogar durch den eigenen Schatten.

Katzen jedoch, mit welcher Intensität sie zubeißen müssen, damit die Beute getötet wird. Dieser Lernprozess beginnt, sobald die Mutter den Welpen lebendige Beute ins Nest trägt.

ANGEBORENE BEISSHEMMUNG

Derzeit geht man bei Katzen von einer angeborenen Beißhemmung aus. Sie müssen also lernen, die Beißhemmung zu überwinden, um die Beute töten zu können. Andererseits hat man in den letzten Jahren festgestellt, dass es nicht stimmt, dass Hunde eine angeborene Beißhemmung haben, sondern sie frühzeitig erlernen, im täglichen Umgang mit Mutter und Geschwistern, während der Sozialisation. Wissenschaftlich ist eine angeborene Beißhemmung bei Katzen nicht erwiesen. Eine mangelnde Beißhemmung bei Kätzchen jedoch lässt sich durchaus nachweisen. Wenn man sich etwas wirklich Attraktives auf den Finger schmiert und einem hungrigen Kätzchen, das schon festes Futter annimmt, den Finger hinhält, beißt es mit voller Kraft in den Finger.

GUT GETARNT Deckung wird geschickt genutzt. Das verhindert, dass eine mögliche Beute zu früh gewarnt wird.

JAGDERFOLG

Der Jagderfolg hängt von einer Reihe von Faktoren ab. Einerseits spielt die Verfügbarkeit möglicher Beutetiere eine wichtige Rolle. Andererseits sind die körperliche Geschicklichkeit der Katze, ihre Reaktionsgeschwindigkeit, ihre Sprungkraft und natürlich ihre Erfahrung von Bedeutung. Katzen, die viel Gelegenheit haben, ihr Jagdverhalten anzuwenden und zu trainieren, werden bessere und geschicktere Jäger. Eine Spezialisierung auf den Fang bestimmter Beutetiere, z. B. Vögel, ist nicht belegt, obwohl manche Katzen diesen Eindruck durchaus erwecken. Katzen mit Welpen scheinen sehr erfolgreiche Jäger zu sein. Möglicherweise ist ihre Motivation erhöht, weil sie die Welpen versorgen müssen. Wissenschaftlich ist das allerdings nicht bewiesen. Vielleicht entsteht dieser Eindruck, weil sie aufgrund der Welpen mehr Beutetiere nach Hause tragen, sodass ihre Leistung für die Halter augenfälliger wird. Bisher wurde ein Einfluss des Geschlechts auf den Jagderfolg wissenschaftlich nicht belegt. Ob und inwieweit die Kastration den Jagderfolg beeinflusst, wurde noch nicht untersucht.

JAGEN, AUCH OHNE HUNGER

Hunger spielt als Auslöser von Jagdverhalten eine untergeordnete Rolle. Biologisch gesehen ist das sehr sinnvoll. Ein Tier, das hungrig ist, befindet sich schon in einem Mangelzustand, einem Energiedefizit. Dadurch ist seine Leistungsfähigkeit möglicherweise schon eingeschränkt. Jeder Jagdversuch kostet weitere Energie, und nicht jeder Jagdversuch ist von Erfolg gekrönt. Erfolglose Jagdversuche verbrauchen Energie und vermindern die Erfolgsaussichten weiter. Es ist also zweckmäßig, dass Jagdverhalten unabhängig von Hunger ausgelöst wird, am besten schon, bevor Hunger überhaupt eintritt. Hauptauslöser für Jagdverhalten ist, wie schon weiter vorn gesagt, Bewegung. Das stellt sicher, dass Tiere schon jagen, ehe sie der Hunger dazu zwingt und bevor ihre Leistungsfähigkeit gelitten hat. Die Ansicht, dass hungrige Katzen besser jagen, ist aus diesem Grund nicht haltbar. Schlechte Fütterung beeinträchtigt die Leistungsfähigkeit und gegebenenfalls die Gesundheit. Beides hätte geringeren Jagderfolg zur Folge. Da, wo von Katzen also gute Leistungen bei der Schädlingsbekämpfung erwartet werden, sollte ihre Leistungsfähigkeit durch eine angemessene Futterversorgung unterstützt werden. Allerdings kann man auch davon ausgehen, dass vollgefressene bzw. übergewichtige Katzen nicht so geschickte Jäger sind.

JAGDZEITEN

Bei frei laufenden Katzen treten während des Tages und während der Nacht jeweils zwei Phasen erhöhter Jagdaktivität (Peaks) auf. Die Katzen passen ihr Jagdverhalten der Jahreszeit, dem Wetter und den Lebensgewohnheiten ihrer Beutetiere an. Entsprechend verschiebt sich die Zeit, in der die Peaks stattfinden, im Jahresverlauf.

STREIFGANG DURCHS REVIER Beim Umherstreifen wird die Umgebung genau beobachtet und gleichzeitig nach Beute Ausschau gehalten. Das sind vorwiegend Mäuse, willkommen sind auch Schmetterlinge, kleine Insekten und anderes.

Die Jagddauer ist individuell sehr verschieden. Im Durchschnitt kann man von ungefähr einer halben Stunde ausgehen. Kater jagen im Mittel kürzer als Katzen. Das mag daran liegen, dass Kater aufgrund ihrer Körpergröße auch größere Beutetiere fangen können. Katzen, die Welpen haben, sind bei der Jagd weniger geduldig und wechseln schneller von einem Jagdplatz zum anderen.

ENTWICKLUNG VON JAGDVERHALTEN

Frei laufende Katzenmütter bieten ihren Jungen schon früh feste Nahrung in Form getöteter Beutetiere an. Ab dem Alter von etwa vier Wochen werden die Welpen auch mit lebenden Beutetieren konfrontiert. Jagdverhalten ist angeboren und Katzenwelpen reagieren grundsätzlich intensiv auf jede Art von Bewegung. Die Bewegungen der schon mehr oder weniger geschwächten Beute lösen sofort Interesse bei ihnen aus. Sie beobachten sie zunächst genau und erforschen sie, indem sie sie erst einmal vorsichtig mit den Pfötchen berühren oder anstupsen. Die Intensität, mit der das geschieht, ist individuell unterschiedlich. In immer intensiveren Aktionen sammeln Katzenwelpen „im Spiel" Erfahrung im Umgang mit lebenden Beutetieren.
Katzenwelpen, die nicht mit lebender Beute versorgt werden, reagieren natürlich ebenfalls auf Bewegungen intensiv mit Jagdverhalten. Das hat schon mancher Katzenhalter morgens im Bett schmerzhaft an seinen Zehen erfahren!

MEINS!

Katzenwelpen verteidigen einmal erhaschte Beutetiere meist heftig gegen Geschwister und Mutter. Es passiert allerdings eher selten, dass eine Katze versucht, einer anderen eine Beute aus dem Maul zu nehmen. Ein hingelegtes Beutetier jedoch wird durchaus entwendet.

JAGDVERHALTEN AUS MENSCHLICHER SICHT

Das Jagdverhalten von Katzen löst bei vielen Menschen, selbst bei Katzenliebhabern, sehr zwiespältige Gefühle aus. Es gibt auch immer wieder Anlass zu zum Teil sehr kontroversen Diskussionen zwischen Katzenhaltern und Katzenliebhabern auf der einen und den Menschen, die aus unterschiedlichen Gründen Probleme mit dem Jagdverhalten von Katzen haben, auf der anderen Seite. Eigentlich weiß jeder Katzenhalter und Katzenliebhaber, dass Katzen hoch entwickelte und hoch spezialisierte Landraubtiere und perfekte Jäger sind. Das ist ihnen angeboren. Aber vielen Katzenhaltern ist nicht bewusst, was das bedeutet, es sei denn, sie nutzen diese Fähigkeit der Katze gezielt bei der Bekämpfung von Ratten und Mäusen.

Überdies sind die meisten Katzenliebhaber nicht nur an Katzen interessiert, sondern ganz allgemein Tierliebhaber. Viele Katzenhalter akzeptieren also eher gezwungenermaßen, dass ihre Katze ein Jäger ist.

ABSPRUNG **Die körperliche Geschicklichkeit und gute Sprungkraft machen Katzen zu perfekten Jägern.**

PROBLEME MIT DEM JAGDVERHALTEN

Halter frei laufender Katzen werden jedoch zwangsläufig immer wieder einmal mit dieser Seite ihrer Katze konfrontiert und empfinden die folgenden drei Bereiche häufig als problematisch:

1. Lebende oder tote Beutetiere werden mit nach Hause gebracht.
2. Das „Spiel" mit der Beute
3. Vogelfang

UNLIEBSAME GESCHENKE

Es ist unerfreulich, wenn man auf dem Kopfkissen, im Schuh, vor dem Bett oder an anderen aus menschlicher Sicht ähnlich ungeeigneten Stellen tote oder womöglich noch halb lebendige Beutetiere vorfindet, die die Katze dort sorgfältig deponiert hat. Außerdem wirkt es auf Tierfreunde, auch Katzenfreunde, abstoßend, wenn ein Tier, auch eine Maus, „umsonst" getötet wird. Viele Katzenhalter belastet es deshalb, wenn ihre Katze immer wieder Beutetiere nach Hause bringt und sie nicht einmal frisst. Da aber der Auslöser für Jagdverhalten nicht Hunger, sondern Bewegung ist, ist das nicht überraschend.

WARUM TUT SIE DAS NUR?

Die Frage, weshalb manche Katzen ihre erbeuteten Tiere mit nach Hause bringen, wird nach wie vor heiß diskutiert. Es werden alle möglichen Erklärungen herangezogen, unter anderem:

AUGE IN AUGE MIT DEM FEIND In die Ecke getrieben hat die Maus wenig Aussicht auf Entkommen.

CHANCENLOS Sie hat weit und breit keine Deckungsmöglichkeit vor dem überlegenen Feind.

ABENDBROT Mit genüsslich geschlossenen Augen macht sich die Katze an den Verzehr ihrer Beute.

- Katzen mit Welpen müssen selbstverständlich die Welpen mit Beute versorgen. Es könnte also ein „mütterlicher" Versuch sein, dem menschlichen Sozialpartner Futter zuzutragen.
- Die Katze demonstriert so, wie gut ihre Fähigkeiten als Jäger sind und damit ihre „Ranghöhe".
- Es ist einfach ein Geschenk an die Bezugsperson.

VORRATSHALTUNG

All das sind jedoch nur Spekulationen. Fest steht jedoch, dass Katzen durchaus in der Lage sind, eine gewisse Vorratshaltung zu betreiben. Am wahrscheinlichsten ist daher, dass das Verhalten ein Versuch ist, einen Vorrat, ein „cache", anzulegen. Das bietet jedoch keine Erklärung dafür, warum auch lebende Beutetiere heimgetragen werden.
Da die meisten Katzen sowohl lebende als auch tote Beutetiere mitbringen, kann es kaum daran liegen, dass sie den korrekten Tötungsbiss nicht beherrschen.

SICHERES VERSTECK

Grundsätzlich sollte man jedoch davon ausgehen, dass Katzen ihre Beute an eine Stelle tragen, die ihnen sicher erscheint. So gesehen ist das Zutragen toter oder lebender Beutetiere in jedem Fall ein Beweis dafür, dass sich die Katze hier zu Hause fühlt, und damit ein Vertrauensbeweis. Allein schon aus diesem Grund sollte man nicht mit lautstarkem Abscheu oder gar Strafe reagieren.

DAS „SPIEL" MIT DER BEUTE

Manchmal töten Katzen ihre Beute sofort und verzehren sie. Aber das geschieht nicht immer. In vielen Fällen lässt die Katze die gefangene, noch lebende Beute scheinbar wieder entkommen. Sie lässt sie erst eine kurze Distanz weglaufen und fängt sie anschließend in einer wilden Jagd wieder ein. Wieder eingefangen wird das noch lebende Tier immer wieder hoch geschleudert und aufgefangen und mit heftigen Tatzenschlägen durch die Gegend befördert. Die Katze jagt hinterher und stürzt sich mit vollem Körpereinsatz wieder und wieder auf ihre Beute. Dieses wilde Spiel kann sich lange hinziehen.
Früher oder später endet das grausame „Spiel". Manchmal tötet die Katze ihr Opfer schließlich und frisst es auf. In anderen Fällen stirbt das Opfer irgendwann von selbst und wird dann vielleicht aufgefressen. Bisweilen gelingt der Beute doch noch die Flucht, aber wahrscheinlich stirbt sie dann aufgrund der erlittenen Verletzungen im Verborgenen.
Nicht selten jedoch verliert die Katze nach einer Weile das Interesse. Sie lässt die gefangene Maus einfach tot oder halbtot liegen, beachtet sie nicht weiter und macht keinerlei Anstalten, sie zu fressen.

MEISTERSÄNGER Der Gesang aus voller Kehle und sicherer Position macht klar, wem das Revier gehört.

GANZ SCHÖN GRAUSAM

Menschen erscheint dies als sinnlose Quälerei, ein grausames Spiel. Bei Katzenwelpen wird das „Spiel“ mit dem Opfer noch akzeptiert, weil man es damit erklärt, dass Welpen erst lernen müssen, wie man mit der Beute umgeht. Für die erwachsene Katze gilt das nicht, und daher fehlt meist jedes Verständnis für ihr Verhalten.

Bis heute liegt keine eindeutige Erklärung auf der Hand. Momentan wird es als Konfliktverhalten gedeutet. Man geht davon aus, dass sich eine Katze, die mit der Beute „spielt“, in einem Konflikt befindet. Ursache dafür könnte z. B. die Größe der Beute, deren Abwehrverhalten bzw. Abwehrfähigkeit oder mangelnder Hunger sein.

VOGELFANG

Vögel, im Gegensatz zu Ratten und Mäusen, gelten bei fast allen Menschen als attraktiv oder werden, abgesehen von wenigen Arten, zumindest nicht als Schädlinge betrachtet. Daher verurteilen es die meisten Menschen, sogar Katzenliebhaber, wenn Katzen auch Vögel fangen. Es wird außerdem immer wieder behauptet, frei laufende Katzen seien die Ursache dafür, dass die Vogelzahlen, insbesondere bei Singvögeln, zurückgehen. Es trifft zu, dass Katzen Vögel fangen, vor allem natürlich Jungvögel, die noch keine geschickten Flieger sind. Aber auch andere Tiere, z. B. Krähen, Eichhörnchen, Ratten oder Marder, jagen Vögel und rauben Nester aus. Die Zahl der durch Katzen gefangenen und getöteten Vögel liegt nicht in einem Bereich, der eine Gefährdung für unsere Vogelwelt bedeutet.

In Deutschland müssen die eigentlichen Ursachen für einen Rückgang der Vogelpopulation an anderen Stellen gesucht werden. Zunehmend dichte Bebauung und intensive landwirtschaftliche Nutzung engen die Lebensräume immer weiter ein. Geeignete Nistplätze gehen verloren, weil Hecken und Dickichte verschwinden und durch überschaubare Rasenflächen ersetzt werden.

In Ländern wie Australien liegt die Sache allerdings anders. Dort sind Katzen erst mit den Europäern ins Land gekommen. Für die einheimische Tierwelt, die seit Jahrhunderten eine andere Entwicklung genommen hat und in keiner Weise auf Katzen vorbereitet ist, stellen Katzen dort eine echte Gefahr dar.

VOGELSCHUTZ

Es gibt verschiedene Ansätze, Vögel vor Katzen zu schützen.

- Katzen, die an Freilauf gewöhnt sind, während der Brut- und Aufzuchtzeiten von Vögeln überhaupt nicht nach draußen zu lassen, wäre eine massive Veränderung und Einschränkung der Lebensqualität der Katze. Das kann zu unerwünschten Verhaltensweisen im Haus bzw. der Wohnung führen und ist daher für Katze und Halter schwer durchführbar.

- Es wäre theoretisch möglich und auch zumutbar, den Freilauf zeitlich zu begrenzen, um so die jagdlichen Aktivitäten einzuschränken. In der Praxis ist das jedoch nur eingeschränkt machbar. Katzen halten sich nun einmal nicht an bestimmte Heimkehrzeiten. Außerdem würden manche Tiere schnell lernen, dass Hausarrest ansteht, und versuchen, das zu vermeiden, indem sie länger wegbleiben oder gar umziehen.
- Aber man kann frei laufende Katzen daran gewöhnen, ein Halsband mit Glöckchen zu tragen. So werden Vögel eher gewarnt und haben eine bessere Chance zu fliehen. Ein Katzenhalsband muss dicht am Hals anliegen und gut sitzen. Es sollte außerdem eine Sollbruchstelle haben, damit eine Katze, die irgendwo hängen bleibt, sich wieder befreien kann und nicht stranguliert wird.

FAST NUR MÄUSE

Nicht nur der Schaden, den Katzen in der Vogelpopulation anrichten, wird weit überschätzt. Es wird auch immer wieder behauptet, dass „wildernde" Katzen erheblichen Schaden anrichten. In Untersuchungen des Mageninhaltes abgeschossener „wildernder" Katzen stellte sich heraus, dass der Anteil von anderen Beutetieren als Mäusen vergleichsweise gering war.

FRUSTRIEREND Ein Vogel, der nah in Sichtweite und dennoch außer Reichweite ist, kann bei der Katze „Schnattern" auslösen. Dieses Verhalten ist ein Anzeichen von Anspannung und Frustration.

Spielverhalten

DIE VERHALTENSWEISEN, DIE KATZEN BEIM SPIELEN ZEIGEN, STAMMEN VORWIEGEND AUS DEM FUNKTIONSKREIS „JAGDVERHALTEN". DAMIT GENIESSEN MENSCHEN, VOR ALLEM BEI KATZENWELPEN, DASSELBE VERHALTEN, DEM SIE AN ANDERER STELLE SO ZWIESPÄLTIG GEGENÜBERSTEHEN.

KEIN SPASS **Gejagt wird mit vollem Körpereinsatz – gut, dass die Beute nicht eine Hand, sondern ein Spielzeug ist.**

JAGDSPIELE

Von frühester Jugend an lassen sich Katzen gern durch schnelle Bewegungen zu Verfolgungsjagden verlocken. Erst mit zunehmendem Alter nimmt diese Bereitschaft ab. Jagdspiele können von allem, was sich bewegt, ausgelöst und auf Objekte jeder Art gerichtet werden. Fliegende Blätter können spielerisch, aber unter Einsatz aller Energie, ebenso verfolgt und gefangen werden wie Artgenossen, der menschliche Sozialpartner bzw. seine Gliedmaßen oder Tiere, mit denen eine Katze in sozialer Gemeinschaft lebt.
Bei Katzen, die sich gut verstehen, kann es durchaus zu Sozialspielen kommen. Aber an heftigen Jagdspielen haben nicht immer beide Seiten wirklich Spaß, besonders der Gejagte findet es nicht immer lustig.

AUF OBJEKTE UMLENKEN

Weil zum Jagdverhalten nicht nur Verfolgen, sondern auch Fangen, Mit-den-Krallen-Festhalten und Beißen gehört, kommt es bei Jagdspielen mit der bloßen Hand nicht selten zu mehr oder weniger intensiven und schmerzhaften Kratzverletzungen.
Am besten gewöhnt man Katzen von Anfang an daran, ihr spielerisches Jagdverhalten auf Objekte zu richten. Damit kann man vermeiden, dass eine Katze lernt, menschliche Gliedmaßen als mögliche Beute zu betrachten. Katzen können außerdem im Zusammenleben mit Menschen auch gut andere Spiele lernen, u.a. Apportieren, Gegenstände-Finden und Versteckspiele mit den menschlichen Bezugspersonen.

[a] WAS WAR DA? Die Aufmerksamkeit der Beiden ist gefesselt.

[b] WILL MITSPIELEN Während die Eine das Hölzchen erhascht und genüsslich darauf herumkaut, hat die im Vordergrund nur das Nachsehen.

[c] ZUGELANGT Spielzeug oder Beute – die Katzenpfote ist bestens geeignet, Objekte zu ergreifen und heranzuziehen.

[d] OBERFLÄCHENVERGRÖSSERUNG Mit gespreizten Zehen und ausgefahrenen Krallen sind die Pfoten noch erheblich größer.

[e] ANGESPANNT Die Katze ist sehr konzentriert und zum Zugriff bereit.

GABRIELE METZ

RASSEKATZEN
und Hausmiezen

OB EINE RASSEKATZE ODER EINE STAMMBAUM-LOSE SCHÖNHEIT ZUKÜNFTIG DAS LEBEN BEREICHERN SOLL, IST REINE GESCHMACKSSACHE. DIE FASZINATION „KATZE" LÄSST SICH MIT BEIDEN GLEICHERMASSEN AUSKOSTEN.

Was ist eine Rassekatze?

DIE ENTSCHEIDUNG IST GEFALLEN: ZUKÜNFTIG SOLL EINE KATZE DIE FAMILIE BEREICHERN. ODER VIELLEICHT SOGAR GLEICH MEHRERE? FALLS SICH ZUM JETZIGEN ZEITPUNKT NOCH KEINE KONKRETE VORSTELLUNG VOM AUSSEHEN UND WESEN DES STUBENTIGERS ABZEICHNET, BEGINNT NUN DIE QUAL DER WAHL.

Hierbei stellt sich auch eine wichtige Grundsatzfrage: Soll es eine Rassekatze oder eine Katze ohne Papiere sein? „Das ist doch völlig egal. Katze ist Katze, und da will ich auch gar keinen Unterschied machen", mögen Sie nun vielleicht denken. Aber es gibt vermutlich doch einen – wenn nicht sogar gleich mehrere.

JEDE KATZE IST WERTVOLL

Bevor im Einzelnen auf mögliche Unterschiede zwischen Rasse- und Hauskatzen eingegangen wird, sei betont, dass jeder Stubentiger ein wertvolles Wesen ist, das den ganzen Respekt und die bedingungslose Zuneigung seiner Besitzer verdient. Eine Katze ist nicht mehr wert, weil sie vielleicht 1000 Euro gekostet hat. Finanziell gesehen mag dies zwar zutreffen, aber ideell besteht keinerlei Unterschied.

Eine herrenlose Katze aus dem Tierheim vermag ihrer neuen Familie ebenso viel Lebensfreude und Abwechslung zu schenken wie ein edles Kätzchen mit einem ellenlangen Stammbaum. Diesbezüglich besteht keinerlei Unterschied zwischen Rassekatze oder Straßenmieze.

FREIHEITSDRANG FÜR OUTDOOR-KATZEN

Dennoch gibt es einige Unterschiede, die vielleicht nicht auf jede Katze zutreffen, aber ohne Frage häufig zu beobachten sind: Sogenannte „Wald-und-Wiesenkatzen" tragen ihren Namen nicht umsonst. Die meisten Katzen, die keiner bestimmten Rasse angehören, schätzen ihre Unabhängigkeit und verfügen über einen ausgeprägten Freiheitsdrang. Sie sind glücklich, wenn sie Haus oder Wohnung nach Belieben verlassen können, um in der „freien Wildbahn" Abenteuer zu bestehen. Weiche Kuschelkörbchen und Nickerchen in Satinkissen sind ihnen oftmals ein Gräuel. Verstecke im hohen Gras oder unter Gebüschen üben einen weitaus größeren Reiz aus, weil es dort auch einfach mehr zu beobachten gibt. Verwehrt man einer gestandenen Straßenmieze diesen Freizeitspaß und sperrt sie in der Wohnung ein, kann es zu nervigen Verhaltensstörungen und Protestaktionen kommen.

KURZE AUSZEIT Ein kleines Nickerchen auf dem Strohballen ist ganz nach Katzengeschmack.

RASSELBANDE Rassekatzen fühlen sich auch in Wohnungshaltung wohl, wenn sie gnügend Abwechslung haben.

GLÜCKLICH IN VIER WÄNDEN

Wer keine Möglichkeit hat, seiner Katze Freilauf zu gewähren, sollte über die Anschaffung einer Rassekatze nachdenken oder ein Hauskätzchen wählen, das nicht über den beschriebenen Freiheitsdrang verfügt. Es gibt eine Vielzahl von Rassen, die sich in katzengerecht gestalteten Wohnräumen „pudelwohl" fühlen und in keiner Weise Verhaltensstörungen entwickeln, wenn man ihnen keinen Freilauf ermöglicht.

Ein weiterer Unterschied zwischen Haus- und Rassekatzen kann in der Fellpflege bestehen. Dies trifft allerdings nicht für kurzhaarige Rassekatzen zu. Halblanghaarige oder langhaarige Rassekatzen sind teilweise sehr pflegeintensiv. Perser müssen beispielsweise täglich gebürstet und gekämmt werden; bei Semilanghaarkatzen (Halblanghaarkatzen) sollte man mindestens ein- bis zweimal pro Woche zum Pflegeequipment greifen. Hauskatzen verfügen in der Regel über kurzes, pflegeleichtes Fell.

AUS DREI MACH 100!

Nun zu den Rassekatzen und ihrer Entstehung: Rund 100 verschiedene Katzenrassen erfreuen weltweit Liebhaber der schnurrenden Zunft. Eine kunterbunte Vielfalt, die verblüfft. Denn als Anfang des 19. Jahrhunderts Katzenausstellungen aufkamen, gab es nur drei unterschiedliche Typen: bullige europäische Hauskatzen, Langhaarschönheiten aus Vorderasien und schlanke Grazien aus dem fernen Osten. Allesamt Nachfahren von drei „Urtypen":

- der bereits circa 6000 v. Chr. erstmals dokumentierten **AFRIKANISCHEN FALBKATZE** *(Felis silvestris lybica)*, die als Vorfahr aller Hauskatzen und vieler Rassekatzen gilt (z. B. Europäisch Kurzhaar, Abessinier, Britisch Kurzhaar, Somali, Egyptian Mau, Sokoke und Kanaani)

- der **SIAMKATZE** (hieraus entstanden unter anderem: Burmakatze, Orientalisch Kurzhaar, Javanese, Balinese, Thaikatze, Snowshoe Cat, Bombay, Burmilla)

- der **ANGORAKATZE** (hieraus entstanden unter anderem: Perser, Maine Coon, Norwegische Waldkatze, Exotic Shorthair, Ragdoll, American Curl, Heilige Birma, Sibirer, Neva Masquerade, Türkisch Angora, Türkisch Van, Anatoli, Highlander)

Und nun zu einem Überblick, der die beliebtesten und auch seltene Katzenrassen vorstellt. Freuen Sie sich auf die schönsten Rassekatzen.

Rassen im Fokus

HUNDERASSEN GIBT ES WIE SAND AM MEER, BEI KATZEN IST DIE VIELFALT NICHT GANZ SO GROSS, OBWOHL INZWISCHEN RUND 100 RASSEN GEZÜCHTET WERDEN. HIER FINDEN SIE SCHLANKE, PUMMELIGE, LANGHAARIGE UND HAARLOSE SCHMUSEKATZEN - SICHER IST FÜR JEDEN ETWAS DABEI.

FÉDÉRATION INTERNATIONALE FÉLINE (FIFE)

41 Organisationen aus circa 40 Ländern vereinen sich heute in der Fédération Internationale Féline (FIFe). Der Weltdachverband der Katzenzuchtvereine zählt um die 75 000 Mitglieder. Der von der Französin Marguérite Ravel gegründete Verband entstand vorerst inoffiziell. Das war im Jahr 1949 bei einem internationalen Treffen in Paris, an dem der belgische Verband (Royal Cat Society of Flanders), der französische Verband (French Cat Federation) und der italienische Verband (Italian Cat Society) teilnahmen. Noch im selben Jahr gab es die erste Rassekatzenausstellung des Verbands in Paris. Der feierliche Auftakt der Verbandsgeschichte wurde immerhin von 200 ausgestellten Katzen begangen. Die Veranstalter freuten sich über die internationale Ausstellerschaft, die aus Frankreich, Belgien, Italien, der Schweiz, Belgien und Holland zum Katzenevent an der Seine anreiste. Sie alle bildeten die Basis für eine internationale Rassekatzenzucht.

GUT ETABLIERT

Heute liegen die durchschnittlichen Meldezahlen pro Veranstaltung natürlich weitaus höher. An die 1 500 Katzen sind keine Seltenheit auf einer FIFe-Schau. Die offizielle Gründung der FIFe erfolgte 1950 bei der ersten Hauptversammlung im belgischen Gent. Seitdem sind viele neue Mitgliedsvereine hinzugekommen. Über 200 internationale Richter stehen im Dienst der FIFe. Jährlich müssen rund 110 000 Ahnentafeln ausgestellt und 3 000 neue Zwingernamen registriert werden. Auf den durchschnittlich 650 Katzenausstellungen pro Jahr sind über 200 000 Rassekatzen zu sehen.

GRUPPENEINTEILUNG

Die FIFe unterteilt Rassekatzen in vier Gruppen:

- Kategorie I: Perser und Exotic Shorthair
- Kategorie II: Semilanghaar
- Kategorie III: Kurzhaar und Somali
- Kategorie IV: Siamesen und Orientalen

MASKIERT Heilige Birmas gehören zu den Maskenkatzen.

POPULÄR Britisch Kurzhaar erfreuen sich großer Beliebtheit.

ANGESEHEN Perser blicken auf eine lange Zuchtgeschichte zurück.

DER KLASSIKER Sie ist nach wie vor äußerst begehrt in der Rassekatzenzucht. Als eine der ältesten und nach wie vor eine der beliebtesten Rassen führt die Perserkatze die Liga der durchgezüchteten Schönheiten an.

PERSER & EXOTIC SHORTHAIR

Perserkatzen gelten als eine der ältesten Katzenrassen und verdienen deshalb ohne Frage den Status der Kategorie I. Dass sich die Exotic Shorthair gleich anhängt, ist nicht verwunderlich. Schließlich ist sie eigentlich auch eine Perserkatze – allerdings im kurzhaarigen Look. Doch erst einmal zurück zu der schnurrenden Diva, die weltweit Herzen von Katzenfreunden höher schlagen lässt. Das lange Fell der Perserkatze ist an Opulenz unübertroffen. Ihr liebenswertes Püppchengesicht wirkt auf viele anziehend. Hinzu kommt das verschmuste, liebenswerte Wesen, das den Klassiker unter den Katzenrassen so unvergleichlich macht.

EROBERUNG IM STURM

Um 1870 in England entstanden, machte sich die Perserkatze auf zu einem Siegeszug ohnegleichen. Nachdem selbst die englische Queen Victoria ihre Wohnräume mit einem blauen Perserpärchen teilte, gab es kein Halten mehr. Weltweit rissen sich Katzenfreunde regelrecht um die langhaarigen Schönheiten, die in den folgenden Jahrzehnten Einfluss auf zahlreiche weitere Rassen nehmen sollten. Denn ohne die Perserkatze würde es viele der heute an die 100 verschiedenen Rassen gar nicht geben.

ZUCHTEXTREME

Perser sorgten allerdings auch für Sorgenfalten. Und zwar auf den Gesichtern von Katzenliebhabern, die den immer extremer werdenden Typ kritisch beäugten. Übertrieben platte Nasen brachten Atemprobleme und chronisch verstopfte Tränenkanäle mit sich. Verantwortungsbewusste Züchter steuerten dieser Entwicklung durch die Zucht eines gemäßigteren Typs entgegen. Mit Erfolg: Heute gibt es eine große Anzahl gesunder Perserkatzen „mit Nase“, die eine ausgesprochen hohe Lebenserwartung haben.

GEPFLEGTE HAARPRACHT

Intensive Pflege bleibt den Besitzern der prachtvollen Samtpfoten jedoch nicht erspart. Das üppige Fell bedarf täglicher Pflege. Ohne das aufwendige Bürsten und Kämmen verfilzt das Haar sehr schnell und wirkt dann ganz und gar nicht mehr majestätisch. Wer den unbestritten hohen Pflegeaufwand scheut, aber den Persertyp liebt, sollte sich besser gleich für eine Exotic Shorthair entscheiden. Die hat fast alles von einer Perserkatze, nur eben kein langes Fell. Bei der Plüschvariante der Perser reicht gelegentliches Bürsten aus. Und wenn man mit einem leicht feuchten Fensterleder sanft über das Fell streicht, verleiht ihm das einen wunderschönen Glanz.

DIE PFLEGELEICHTE Mit all den positiven Charaktereigenschaften der Perserkatze ausgestattet, entlastet die Exotic Shorthair ihre Menschen dank des kurzen, pflegeleichten Fells.

DIE KURZHAARVARIANTE

Der kurzhaarige Ableger der Perserzucht stammt aus den USA. Körperbau und Wesen sind weitgehend gleich, dafür setzen sich Exotics im Minikleid in Szene. Der luftige Look ist der Einkreuzung der American Shorthair zu verdanken. Eigentlich versprach sich die American-Shorthair-Szene eine Fell- und Typverbesserung durch die Einkreuzung von Persern. Dabei entstand – eigentlich als Zufallsprodukt – die kurzhaarige Perservariante.

WEISS, SCHWARZ, BLAU UND KUNTERBUNT

Was Perser und Exotic Shorthairs gemeinsam haben, ist eine überwältigend abwechslungsreiche Farbenvielfalt: Weiß, Schwarz, Blau, Rot, Creme, Chocolate, Lilac, alle Schildpattvariationen, alles noch mal als Bicolour, Harlekin, Van, mit Tabbymustern versehen, Silber, Golden, Colourpoints... Noch Wünsche?

SANFT UND ANSCHMIEGSAM

Perser- und Exotic-Fans wissen schon, warum sie sich meistens ein Leben lang diesen Rassen verschreiben. Schließlich gesellt sich zur überwältigenden Optik auch ein außerordentlich anschmiegsames Wesen. Beide Rassen sind zwar eher mit einem gemächlichen Gemüt ausgestattet, dafür lieben sie die Gesellschaft. Und das darf ruhig auch eine aktiver veranlagte Katze sein. Perser und Exotics können einer quirligen Abessinier den lieben langen Tag beim Spiel zusehen. Und manchmal spielen sie sogar mit. Wenn es allerdings ums Schmusen und zärtliche Streicheleinheiten geht, liegen Perser und Exotics ganz weit vorn. Sie schätzen es sehr, Zuwendung zu erfahren, und genießen gemütliche Kuschelstunden auf der Couch mit ihrem Besitzer.

ERHÖHTE CATNAP-GEFAHR

Was Freigang angeht, sollten Perser- und Exotic-Halter zurückhaltend sein. Das lange Fell der Perserkatze eignet sich nicht für abenteuerliche Ausflüge ins Gartendickicht. Blätter, Zweige und Gestrüpp verfangen sich sofort darin. Selbst bei täglicher Pflege ist dem Ganzen nur schwer Herr zu werden. Exotics haben diese Probleme nicht und dennoch lassen die meisten Exotic-Halter ihre Schmuser nicht hinaus ins Freie. Zum einen fühlen sich die plüschigen Schnurrer in einer Wohnung oder einem Haus auch rundum wohl. Zum anderen besteht aufgrund des auffallenden Looks der Exotic, der sich deutlich von dem normaler Hauskatzen unterscheidet, eine hohe Diebstahlgefahr. Das gilt übrigens für alle eindeutig als Rassekatzen identifizierbaren Miezen.

Perser

AUSSEHEN

Mittelgroß und gedrungen kommen Perser daher, wobei ihr langes Fell ins Auge sticht. Das sorgt auch für einen enormen Pflegeaufwand. Bürsten ist ein Muss. Große runde Augen, ein breiter, runder Kopf, dessen kleine Ohren mit Haarbüscheln versehen sind, zeichnen die Perserkatze aus. Ebenso charakteristisch wie der kurze buschige Schwanz sind die stumpfe Nase und die Halskrause. Perser stammen aus England und gelten als eine der ältesten Katzenrassen. Seit 1870 gibt es eine gezielte Zucht der verschmusten, ruhigen Püppchengesichter, die in vielen Farben gezüchtet werden.

CHARAKTER

Perserkatzen sind von gemächlichem Gemüt. Stress, Hektik oder Übereifer liegen ihnen völlig fern, sie mögen es gemütlich. Dafür sind die langhaarigen Wellness-Fans ganz wild auf zärtliche Streicheleinheiten und schätzen die Nähe zu ihren Menschen.
Dann schnurren sie auch genüsslich, wobei ihre Gesprächigkeit ansonsten nicht mit der teilweise beeindruckenden Geräuschkulisse orientalischer Rassen zu vergleichen ist. Wer eine ruhige, ausgeglichene Katze mit hohem Kuschelfaktor sucht, wird die Perserkatzen lieben.

Exotic Shorthair

AUSSEHEN

Die mittelgroßen bis großen, gedrungenen Katzen sind eine kurzhaarige Alternative für Perserfans. Die Pflege der mit einem runden, massiven Kopf ausgestatteten Exotic Shorthair ist weitaus unkomplizierter. Ein breiter Schädel und eine gerundete Stirn kennzeichnen die in allen Perserfarben existierende Rasse. Die kurze breite Nase hat einen Stopp; die niedrig platzierten Ohren stehen weit auseinander. Das dichte plüschige Fell lädt zum Streicheln ein, wie auch die großen runden Augen. Exotic Shorthairs stammen aus den USA und haben alles in allem ein ruhiges, sanftes Wesen.

CHARAKTER

Das Wesen der plüschigen Kurzhaarschönheiten gleicht in vielen Punkten dem der Perserkatze. Logisch, denn der Genpool, der Exotics zugrunde liegt, ist weitgehend identisch mit dem der Perserzucht. Lediglich die Einkreuzung der American Shorthair könnte zu feinen Abweichungen geführt haben. So gibt es ab und zu Exotic Shorthairs, die etwas lebhafter wirken als die meisten Perser. Aber im Großen und Ganzen gehören auch diese „Perser im luftigen Sommerdress" zu den ruhigeren Vertretern in der Welt der Rassekatzen.

HALBLANGHAARKATZEN

Sie stammen aus den USA, aus Norwegen, Russland, der Ukraine und der Türkei. Und sie haben die Herzen der Katzenfreunde in aller Welt längst im Sturm erobert. Halblanghaarkatzen – offiziell Semilanghaar genannt – verzaubern die Menschen mit einem wunderschönen und relativ pflegeleichten Fell. Hinzu kommt ein ausgesprochen freundliches und manchmal kumpelhaftes Wesen, das die meisten halblanghaarigen Schönheiten zu unkomplizierten Familienmitgliedern macht.

NEUN UND MEHR RASSEN

Die FIFe kennt neun unterschiedliche Halblanghaarrassen. Die WCF erkennt einige weitere an – zum Beispiel die Highlander oder die Highland Fold. Bei genauerem Hinsehen kristallisiert sich schnell heraus: Die ganzen Rassen fallen zwar unter die Kategorie Halblanghaar, doch es gibt welche mit kürzerem und welche mit längerem Fell. Manche haben sogar Wellen oder Locken. Hauptsache, die Felllänge konkurriert nicht mit der überwältigenden Haarlänge einer Perserkatze und gestattet auch keine Verwechslungen mit einer kurzhaarigen Rassevertreterin.

DIE SHOOTING STARS DER KATZENSZENE

Halblanghaarkatzen stehen hoch im Kurs. Sie sind die Shooting Stars der Katzenszene. Daran gibt es keinen Zweifel, wenn man die Entwicklung ihrer weltweiten Beliebtheit betrachtet. Maine Coons und Norwegische Waldkatzen gehören seit vielen Jahren zu den beliebtesten Rassekatzen. Heilige Birma, Ragdolls, Sibirer und Nevas sind seltener, aber längst keine Raritäten. Selten ist höchstens die American Curl, was am relativ überschaubaren Liebhaberkreis nach hinten gerollter Katzenöhrchen liegen könnte. Ansonsten scheint kaum ein Katzenliebhaber widerstehen zu können, wenn er eine halblanghaarige Schönheit sieht. Zumal diese auch noch Attraktivität mit einem durchaus überschaubaren Pflegeaufwand vereint.

VORSICHT, SCHWARZE SCHAFE!

Die enorme Popularität der Maine Coons und der Norweger bringt allerdings nicht nur Vorteile mit sich. Da der Absatz dieser Rassen brummt, wittern auch skrupellose Geschäftetreiber ein schnelles Geschäft. Oft wissen sie wenig über sinnvolle Verpaarungen und artgerechte Aufzucht. Sie investieren weder in Gesundheitsvorsorge noch in hochwertige Nahrung, sparen an Impfungen und Wurmkuren. Das ermöglicht ihnen, Kätzchen zu Dumpingpreisen auf den Markt zu bringen… Die Rechnung zahlt allerdings meist später

NICHT MEHR WEGZUDENKEN Maine Coons erlebten einen beispiellosen Popularitätsschub.

GEZIELTE ZUCHT Verantwortungsvolle Züchter achten auf Typ, Farbvielfalt und vor allem auch auf Gesundheit.

der neue Besitzer, der mit seinem kränklichen Tier Dauergast beim Tierarzt wird. Deshalb ist gerade bei sehr beliebten Rassen darauf zu achten, dass die Kätzchen aus einem verantwortungsvollen Züchterhaushalt kommen. Die Gesundheitsprophylaxe spielt hierbei eine wichtige Rolle. Denn sowohl bei Maine Coons als auch bei Norwegischen Waldkatzen und anderen haben sich durch eine nachlässige Selektion einige gesundheitliche Probleme eingeschlichen, die seriöse Züchter jedoch durch Untersuchungen ausschließen können.

VOLLES HAAR MIT WENIG AUFWAND

Ist erst ein seriöser Züchter gefunden, steht der Auswahl eines Kittens nichts mehr im Wege. Von Monat zu Monat wird es mehr Fell entwickeln und dabei einen überschaubaren Pflegeaufwand erfordern. Denn der Vorteil von Halblanghaarkatzen gegenüber der Felldiva Perser ist: Sie haben viel Fell, sind aber leichter zu pflegen. Die meisten Semilanghaarrassen geben sich mit gelegentlichem Bürsten zufrieden. Kenner bürsten ihre Tiere lieber weniger als zuviel, weil permanentes Bürsten die Unterwolle bei einigen Rassen schädigt. Und eine Norwegische Waldkatze ohne Unterwolle sieht nicht so attraktiv aus wie eine mit intaktem Fell. Während des zweimal jährlich anstehenden Fellwechsels und im Winter (trockene Heizungsluft) ist der Pflegeaufwand größer. Auch ältere Katzen neigen zu schwierigem Fell. Verändert sich der Fellzustand bei einer Katze ohne erkennbaren Grund, sollten gesundheitliche Probleme ausgeschlossen werden.

EIN KUMPEL DURCH DICK UND DÜNN

Unproblematisch ist nicht nur die Pflege der Halblanghaarschönheiten. Auch ihr unkompliziertes Wesen lässt sie punkten.

Der Norwegische Waldkatzennachwuchs freut sich schon darauf, das Leben seiner Besitzer aufzumischen.

Andere Katzen, Hunde und auch kleine Kinder akzeptieren Norweger und Co in der Regel gern. Natürlich müssen die Rahmenbedingungen stimmen und alle schrittweise aneinander gewöhnt werden. Aber ist der fröhliche Haufen erst zusammengeschweißt, erweist er sich als unzertrennlich.

KATZENKLAU

Action gefällt den halblanghaarigen Schönheiten, und somit stellt sich auch die Frage nach Freigang. Abhängig von der Länge des Fells können hierbei ähnliche Probleme entstehen wie bei der Perserkatze. Aber was noch schlimmer ist: Die Attraktivität der Semilanghaargruppe lockt Langfinger an. Und die haben in der Regel keine Probleme, die zutrauliche Samtpfote zu entwenden. Überzeugte Wald- und Wiesenkatzen sind Fremden gegenüber oft misstrauischer, was sie manchmal vor ungewollten Übergriffen schützt.

MIT AUSGANG Die Norwegische Waldkatze genießt „Wildlife" im katzensicher umzäunten heimischen Garten.

Maine Coon

AUSSEHEN
Sie sind groß und kräftig. Deshalb nennt man Maine Coons auch „Gentle Giants" – freundliche Riesen. Tiere mit einem Gewicht von über zehn Kilogramm sind keine Seltenheit. Ein kantiger Kopf mit hohen Wangenknochen und einer konkaven Nasenlinie ist typisch, wie auch die großen, weit auseinanderstehenden Augen, die leicht oval sind. Der lang gestreckte Körper mit dem üppig behaarten Schwanz passt zu dieser Halblanghaarrasse, die es in allen Farben außer in Pointzeichnung, Chocolate, Cinnamon, Lilac und Fawn gibt. Maine Coons stammen aus dem US-Bundesstaat Maine.

CHARAKTER
Maine Coons sind Kumpeltypen. Ihr ausgeglichenes, souveränes Wesen schafft beste Voraussetzungen für ein Leben in einer aktiven Familie. Sie reagieren nicht gleich über, wenn es etwas turbulenter zugeht. Kinder und andere Haustiere wie Hunde werden in der Regel gut akzeptiert. Die freundlichen Riesen sind zwar nicht so aktiv wie typische Schlankrassen, aber dennoch lebhafter als Perser. Da sie durchaus auch mal ihre wilden fünf Minuten bekommen, unbedingt einen standfesten und extrem belastbaren Kratzbaum anbringen.

Norwegische Waldkatze

AUSSEHEN
Ursprünglich mittelgroß – in den letzten Jahren größer geworden – gehören Norwegische Waldkatzen zu den beliebtesten Rassekatzen. Ihr mittellanges, pflegeleichtes Fell zeigt immer seltener die einst typischen langen Grannenhaare und Wasser abweisendes Deckhaar, aber attraktiv ist es immer noch mit seiner üppigen Hemdbrust, der Halskrause und den kecken Knickerbockern. Die aus Norwegen stammenden Charmeure werden in allen Farben außer in Pointzeichnung, Chocolate, Lilac, Cinnamon und Fawn gezüchtet. Das Wesen der Norwegischen Waldkatze ist freundlich und anschmiegsam.

CHARAKTER
Sie sind freundlich, liebenswert, verschmust und unternehmungslustig. Norwegische Waldkatzen bringen beste Voraussetzungen für das Familienleben mit. In der Regel verstehen sie sich problemlos mit Kindern, Hunden und anderen Katzen. Sie schätzen Abwechslung und spielen ausgelassen, aber sie stehen nicht unter Dauerstrom. Viele Norweger apportieren gern und lassen sich auch kleine Kunststücke beibringen. Hauptsache, ihr Mensch beschäftigt sich mit ihnen.

Ragdoll

AUSSEHEN

Sie sind große kräftige Erscheinungen und haben dabei den Charme einer Fee. Ragdolls wirken trotz ihrer Größe elegant, was unter anderem durch ihren mittelgroßen Kopf mit der breiten, modifizierten Keilform und den gut ausgebildeten Wangen gelingt. Verlockend wie ein kristallklarer Bergsee sind ihre großen, ovalen blauen Augen – das macht sie für viele Liebhaber unwiderstehlich. In der Ragdollzucht gibt es verschiedene Farbmuster: Bicolour, Colourpoint und Mitted. Und zwar in den Farben Seal, Blau, Chocolate und Lilac. Ragdolls stammen ursprünglich aus den USA und sind für ihr ruhiges, verschmustes Wesen bekannt.

CHARAKTER

Schmusen und Schlafen gehören zu den Lieblinsbeschäftigungen der Ragdoll. Auch sie ist eine ausgezeichnete Familienkatze, die sich bestens in den turbulenten Alltag mit Kindern, Hunden und anderen Katzen einreiht. Es gibt Stunden, da ist sie gern mittendrin, aber auch Momente, in denen sie sich lieber zurückzieht. Solange diese Möglichkeit gegeben ist, sind Ragdolls rundum zufrieden. Ihre Sanftheit ist mit der der Norwegischen Waldkatze zu vergleichen, vom Temperament her ähneln sie eher der Maine Coon.

Heilige Birma

AUSSEHEN

„Birmchen" – wie Liebhaber die Rasse nennen – sind mittelgroße, kräftige Katzen. Den weder zu runden, noch zu spitzen Kopf zieren mandelförmige blaue Augen in leichter Schrägstellung. Es fühlt sich gut an, mit den Händen über das halblange, seidige Fell zu streichen, das nur mäßig Unterwolle aufweist. Die Körperfarbe ist hell mit einem warmen Goldton auf dem Rücken. Gesicht, Ohren, Schwanz und Beine sind dunkler. Birmchen haben immer vier weiße Pfoten. Der Ursprung der äußerst verspielten Rasse ist in Frankreich zu suchen, von wo sie nach England gelangte.

CHARAKTER

Man muss einfach die Hände ausstrecken und das herrliche Fell der Heiligen Birma streicheln. Und das genießt sie sicherlich in vollen Zügen, denn die charmanten Schnurrer sind äußerst verschmust. Ihr Wesen ist sanft und auf Zärtlichkeit eingestellt, wobei diese vorzugsweise mit dem vertrauten Menschen ausgelebt wird. Fremden gegenüber geben sich viele Birmas erst einmal etwas zurückhaltender. Vom Temperament her sind Heilige Birmas lebhafter als Perserkatzen, aber auch nicht so quirlig wie zum Beispiel die Abessinier.

Sibirische Katze

AUSSEHEN

Mittelgroß wirken Sibirische Katzen, deren kurzer breiter Kopf zu den rundlichen Proportionen passt. Die großen, leicht ovalen Augen sind ausdrucksvoll und schräg gestellt. Der Körper ist muskulös und schwer. Er steht auf großen runden Pfoten, zwischen deren Zehen Haarbüschel hervorlugen. Ein buschig behaarter Schwanz ergänzt die von mittellangem Fell geprägte Optik. Unter dem groben Deckhaar liegt weiche Unterwolle. Es gibt alle Farben außer Chocolate und Cinnamon. „Sibis" sind bodenständige Kumpeltypen und stammen aus Russland und der Ukraine.

CHARAKTER

Sibirische Katzen sehen ganz schön wild aus. Doch in Wirklichkeit sind sie gar nicht so unnahbar. Es ist ein eher robustes, freundlich gestimmtes Wesen, das sie ausmacht. Wobei die Bindung an den Besitzer oft sehr stark ist und Fremden gegenüber schon mal ein skeptischer Blick riskiert wird. Die meisten Sibirer gliedern sich problemlos ins Familienleben ein und verkraften auch ein aktives Rudel. Selbstbewusstsein und der Wunsch nach Streicheleinheiten sind sehr ausgeprägt.

Neva Masquerade

AUSSEHEN

(Wird von der FIFe nicht gesondert geführt.) Auch „Nevas" gehören zu den mittelgroßen Katzen. Ihr mäßig lang gestreckter Körper ist kräftig gebaut und geht in einen kurzen Nacken über. Er steht auf stämmigen, nicht zu hohen Beinen mit runden, kräftigen Pfoten. Zwischen den Zehen sind Haarbüschel zu sehen. Das mittellange Fell erreicht an Hals, Brust, Hosen und Schwanz eine beachtliche Länge. An Nacken und Schultern ist es kürzer. Als Farben stehen Colourpoint und Tabby Point mit Weiß und Bicolour zur Verfügung. Ihre Heimat ist Russland.

CHARAKTER

Nevas wirken feenhafter als Sibirische Katzen, was an ihrer zarten Farbgebung liegt. Doch ihr Wesen ist ebenso unkompliziert wie das der Sibis. Sie sind sanft und anschmiegsam, aber auch verspielt und unternehmungslustig. Allerdings brauchen sie keine Dauerbeschäftigung, sondern schätzen auch ruhigere Momente. Das Nervenkostüm der attraktiven Maskenkatze ist ausgesprochen gut, was sie zu einem unkomplizierten Familienmitglied macht.

Türkisch Angora

AUSSEHEN

Ein mittelgroßer, von feinem Knochenbau geprägter Körper ist typisch für die Türkisch Angora. Wie auch der kleine bis mittelgroße, keilförmige Kopf, den große mandelförmige Augen mit leichter Schrägstellung veredeln. Charakteristisch ist auch die Höherstellung der Hinterpartie, die in einem langen, spitz zulaufenden Schwanz endet. Am Körper ist das seidig glänzende Fell mittellang. Am Hals ist es länger. Die aus der Türkei stammende, elegante Rasse hat keine Unterwolle. Es gibt alle Farben außer den Abzeichen des Burma-Faktors, Chocolate, Lilac, Cinnamon und Fawn.

CHARAKTER

Sie sind selbstbewusste Persönlichkeiten. Verschmust und verspielt, wenn es sich um vertraute Personen handelt – prüfend und abschätzend, wenn Fremde nahen. Türkisch Angora haben ihren eigenen Kopf und tanzen längst nicht nach jeder Pfeife. Doch wenn man mit einem angemessenen Maß an Respekt mit ihnen umgeht, gibt es in der Regel keine Probleme. Fast scheint es, als würden Türkisch Angora viel nachdenken und auch eine gute Menschenkenntnis haben. Immerhin ist sie ja auch eine der ältesten Rassen überhaupt.

Türkisch Van

AUSSEHEN

Mittelgroß bis groß ist die Türkisch Van, deren Kopf einem kurzen, nach unten abgestumpften Dreieck ähnelt. Die ovalen, leicht schräg gestellten Augen verbreiten orientalisches Flair. Ihre Farbe erinnert an Bernstein oder besticht in Orange, Blau oder mit zwei Farben (Odd-Eyed). Ein muskulöser Körper mit kräftigem Knochenbau ist typisch für die aus Anatolien stammende Rasse, der eine Vorliebe für Wasser nachgesagt wird. Das seidige Fell ist kalkweiß, im Sommer kurz und im Winter lang. Was nicht fehlen darf: der farbige Schwanz und der „Schmetterling" auf dem Kopf.

CHARAKTER

Intelligenz, Selbstbewusstsein und oft genug auch Chefallüren ... all das zeichnet die immer seltener werdende Rasse Türkisch Van aus. Leben mehrere Katzen im Haushalt, übernimmt die robuste Türkin gern die Führung. Manchmal lebt sie ohnehin lieber als Einzelkatze als im Großrudel.

Im Umgang mit ihren Menschen ist die Rasse Türkisch Van anschmiegsam und verschmust. Sie schätzt Spiele, die sie herausfordern. Denn als echter Denkertyp fällt Mitdenken den anatolischen Schmusern in der Tat nicht sonderlich schwer.

SHOOTINGSTAR Britisch Kurzhaarkatzen erobern seit Jahren die Herzen der Menschen. Das liegt zum einen an ihrem unverwechselbaren Look und liebenswerten Wesen, zum anderen auch an ihrer Beliebtheit bei Werbefilmern.

KURZHAAR UND SOMALI

Kurzes Fell, markante Profile und klare Konturen kennzeichnen die FIFe-Kategorie Kurzhaar und Somali. Somali? Hat die nicht halblanges Fell? Stimmt. Die halblanghaarige Verwandte der Abessinier ist deshalb bei vielen anderen Katzenzuchtverbänden auch in der Semilanghaargruppe zu finden. Die FIFe betrachtet sie jedoch eher als Untergruppe der Abessinier und die gehört schließlich eindeutig zu den kurzhaarigen Katzen. Daher der leicht verwirrende Zusatz. Wer sich mit schwanzlosen Rassen auskennt, ahnt bereits, dass es in der Kurzhaarkategorie noch eine Vertreterin gibt, deren Fell eher zur Halblanghaarkategorie gehören müsste: die Kurilische Bobtail. Offiziell gibt es sie jedoch als Langhaar- und als Kurzhaarvariante. Auf FIFe-Ausstellungen jedenfalls bei den Kurzhaarkatzen nach der selbstbewussten Rarität suchen! Kurzhaarkatzen liegen jedenfalls nach wie vor im Trend, wenn es darum geht, eine möglichst pflegeleichte Rasse zu halten. Die meisten von ihnen kommen fast ganz ohne Bürste und Kamm aus.

JEDE IST ANDERS

Alle anderen Rassen haben kurzes Fell oder gar keines. Und trotz dieser pflegeleichten Gemeinsamkeit gibt es viele individuelle Züge. Kategorie III vereint zierliche Grazien und opulente Brummer. Fledermausohren und kleine feine Lauscher. Üppige Gesichter und hohl wirkende Wangen. Breite buschige Schwänze und peitschenförmige Steuerruder. Und auch vom Wesen her gibt es bei den Kurzhaarigen für jeden Geschmack etwas: haltlose Draufgänger, tollkühne Abenteurer, nervöse Sensibelchen, Hektiker und Phlegmatiker, Schmuser und unnahbare Gesellen.

KLASSIKER UND SELTENE RARITÄTEN

Neben den Klassikern der Kurzhaarszene, zu denen Britisch Kurzhaar, Abessinier und Burmesen gehören, locken auch seltene Exemplare, für die Raritätensammler rund um den Globus fliegen: Japanese Bobtails, Manxkatzen und Kurilisch Bobtail gibt es schließlich nicht an jeder Straßenecke. Ganz zu schweigen von Sokokekatzen, Burmillas oder Snowshoe Cats, deren Pfötchen aussehen, als wären sie gerade durch tiefen Pulverschnee getigert.

GANZ SCHÖN NACKIG

Macht all das nicht Lust auf das Abenteuer Katze? Gerade die Kurzhaargruppe bietet eine schier überwältigende Vielfalt. Bis hin zu Nacktkatzen, die nach wie vor die Gemüter spalten. Die einen finden die haarlosen Schnurrer schrecklich, andere können gar nicht genug von den liebenswerten „Schmuse-E.T.s" bekommen. Kränker als andere Rassen sind die ungewöhnlichen Mäusefänger jedenfalls nicht. Im Gegenteil: Viele von ihnen werden sehr alt.

TOLERANZ STATT RASSISMUS

Überhaupt wäre es gut, mit einigen landläufigen Vorurteilen aufzuräumen. Und ein bisschen mehr Toleranz wäre gut für die Szene. Nur weil einer lieber lebhafte Abessinier mag, muss er nicht spöttisch auf schwanzlose Rassen zeigen. Vielmehr sollten sich Katzenfreunde an der kunterbunten Welt der Rassekatzenzucht erfreuen, die auf eine lange, traditionsreiche Geschichte zurückblickt. Und kurzhaarige Katzen haben bei dieser Geschichte von Anfang an eine überragende Rolle gespielt. Kein Wunder, denn viele halten lieber eine pflegeleichte Kurzhaarkatze als einen maunzenden „Haarball", der die Belastbarkeit von Bürsten und Kämmen täglich auf die Probe stellt.

Letztendlich ist das aber eine reine Geschmackssache. Und zum Teil auch von der Werbung geprägt. Die blauen Briten wären vermutlich nie so populär geworden, hätte sie nicht die Werbeindustrie entdeckt. Was da unter dem Decknamen Kartäuser durch die Köpfe geistert, ist übrigens meistens eine Britisch Kurzhaar Blau. Die echten Kartäuser heißen eigentlich Chartreux, stammen aus Frankreich und sind in Deutschland extrem selten.

FELD-WALD-UND-WIESENKATZEN ZÜCHTEN?

Immer seltener wird übrigens auch die kurzhaarige Europäisch Kurzhaar. Die Königin der Hausgärten hat einen schweren Stand. Es gibt zwar eine gezielte Zucht, die sich die Erhaltung der rassetypischen Merkmale auf die Flaggen geschrieben hat, aber das Interesse an der EKH ist gering. Die meisten glauben, es mache keinen Sinn, Geld für eine Katze auszugeben, die vielerorts halbwild durch deutsche Städte und Wälder streift. Dabei sind unter diesen „Wildlingen" nur noch sehr wenige, die tatsächlich aussehen wie eine Europäisch Kurzhaar. Eine gezielte Zucht ist deshalb durchaus angebracht. Ansonsten gehören die selbstbewussten, mittelgroßen bis großen Katzen mit den rundlichen Konturen, den runden Köpfen und den dicken Schwänzen bald der Vergangenheit an. Ohne Kontrolle läuft die Zukunft dieses ureuropäischen Typs auf kleine zierliche Katzen mit dürren Schwänzen und schlechter Substanz hinaus.

KAUM ZUCHTINTERESSE Bald ausgestorben? Eine typvolle Europäisch Kurzhaar-Katze.

Abessinier

AUSSEHEN

Sie sind mittelgroß und aufgrund ihres festen, muskulösen Körperbaus sehr griffig. Mit ihrem keilförmigen Kopf und der breiten Stirn wirken Abessinier anmutig, was durch die großen mandelförmigen Augen betont wird. Ein Eyecatcher ist die leuchtende Augenfarbe, die in Bernsteinfarben, Grün oder Gelb verzaubert. Der eigentliche Clou bei den Abessiniern ist jedoch ihre Fellfarbe – das Ticking. Jedes einzelne – entweder sorrel- oder wildfarbene – Haar zeigt zwei oder drei Farbbänder und dunkle Spitzen. Der Ursprung der klugen, unternehmungslustigen Rasse liegt in England.

CHARAKTER

Energie ohne Ende, temperamentvoll bis zum Abwinken, quirlig, klug und einfallsreich ... Abessinier haben ein unvergleichliches Wesen, das Liebhaber der Rasse süchtig macht. Kein Moment des Tages entgeht ihnen. Sie wollen bei allem dabei sein und lassen sich auch nicht von Hindernissen aufhalten. Denn Springen und Klettern liegt den agilen Athleten mindestens ebenso im Blut wie das Aushecken immer neuer Abenteuer. Wer eine ruhige Katze sucht, ist hier völlig falsch. „Abys" garantieren Daueraction und sorgen für allerhand Trubel.

Bengalen

AUSSEHEN

Sie sind Wildkatzen fürs Wohnzimmer. Zumindest, was die Optik angeht. Bengalen aalen sich mit einem geschmeidigen, muskulösen Körper auf der Couch. Ihre großen ovalen und leicht mandelförmigen Augen blicken wie die einer Wildkatze. Dieser Eindruck verstärkt sich durch das Fell, das dunkle Tupfen auf hellerem Grund zieren. Das Fell ist kurz bis mittellang, üppig und weich. Die ersten Zuchtprogramme erfolgten in den USA – eine Verpaarung der Felis Bengalis mit einer Hauskatze. Heute ist die selbstbewusste und manchmal extrem eigenständige Rasse auch in Europa beliebt.

CHARAKTER

Einst gerieten Bengalen in Verruf, weil viele von ihnen als undomestizierbar galten. Menschenscheu bis aggressiv traten sie auf, doch daran hat sich einiges geändert. Die Zucht hat enorme Fortschritte gemacht und dabei Wert auf familientaugliche Wesenzüge gelegt. Mit Erfolg. Bengalen von guten Züchtern sind verschmust und verspielt. Hinzu kommen Intelligenz und Instinktsicherheit, was durchaus zum Treffen eigener Entscheidungen führen kann. Wer eine gestandene Katzenpersönlichkeit mit einer Portion Unabhängigkeit sucht, wird Bengalen lieben.

Britisch Kurzhaar

AUSSEHEN

Es sind die rundlichen Formen und der püppchenhafte Ausdruck, der BKHs so unwiderstehlich macht. Der massive Kopf passt gut zu den großen runden Augen. Der muskulöse, gedrungene Körper wird durch einen kurzen dichten Schwanz ergänzt. Das kurze dichte Fell fühlt sich fest an und hat viel Unterwolle. Die aus England stammende Rasse verzaubert ihre Fans mit einer schier verwirrend großen Farbvielfalt, und mit ihrem ausgeglichenen, liebenswerten Wesen. Mit einer Ausnahme: Schildpattfarbene BKHs sind oft eigensinniger als andere Farbschläge.

CHARAKTER

Übermut ist eher selten. Unermüdliche Energie auch. Britisch Kurzhaar gehören zu den ruhigen Vertretern der Rassekatzenwelt, wobei sie jedoch keinesfalls das Prädikat „Schlaftablette“ verdienen. Sie haben auch ihre „wilden fünf Minuten“ und den Willen, eine Zeit lang hinter einer Plüschmaus herzujagen. Doch gemütliche Schlummerstündchen und zärtliche Streicheleinheiten stehen hoch im Kurs. Ein großes Plus der Rasse ist die Gabe, sich in die Familie einzupassen.

Britisch Kurzhaar Blau

AUSSEHEN

Mit Kartäusern sind oft Britisch Kurzhaar Blau gemeint und nicht die französische Rasse Chartreux, die diese Bezeichnung verdient und bei der FIFe einen eigenen Standard hat. Die blauen Bären sind behäbig und von schwerem Typ. Ihr runder Kopf ist massiv und breit. Ein kräftiges Kinn, eine kurze breite Nase und große Kulleraugen runden das Bild ab. Kupferfarben oder Dunkelorange sollen die Augen sein, was der Katze eine faszinierende Ausstrahlung verleiht. Der kurze dicke Schwanz mit der gerundeten Spitze passt zum gedrungenen Körper der aus England stammenden Schmuser.

CHARAKTER

Cool, lässig, unerschütterlich ... Britisch Kurzhaar Blau beherrschen Haus oder Wohnung mit herrschaftlicher Manier. Sie kann so schnell nichts aus der Ruhe bringen. Als robuste Kumpeltypen eignen sich die blauen Bären bestens als Familienkatze. Ihr Nervenkostüm ist stabil, was turbulenten Haushalten zugute kommt. Schlafen, Schmusen und eine kleine Hatz hinter dem Spielball her – das ist ganz nach britischem Geschmack.

Burma

AUSSEHEN

Wenn Eleganz und ein athletischer Körperbau zusammenfließen, kommt eine Burma heraus. Der mittellange, muskulöse Körper ist kompakt und fühlt sich fest an. Der gerade, mittellange Schwanz ist eine passende Ergänzung, wie auch der kurze keilförmige Kopf mit den weit auseinanderstehenden, ausdrucksvollen Augen. Die goldgelben Augen spiegeln die Lebhaftigkeit der aus dem südostasiatischen Raum stammenden Rasse, die sich durch Menschenbezogenheit auszeichnet. Typische Farben? Braun, Blau, Chocolate, Lilac, Rot, Creme, Braun-, Blau-, Chocolate- und Lilac-Tortie.

CHARAKTER

Sie sind die Sportler der Katzenwelt. Athletisch und muskulös, dabei geschmeidig und extrem sprungtalentiert erobern Burmakatzen jeden Haushalt im Sturm. Wie auch das Herz ihres Menschen, den sie mit überschwänglicher Zuwendung überhäufen. Intelligenz und Selbstbewusstsein machen die topfitten Schmuser meistens zum Chef im Katzenrudel. Gesellschaft haben sie übrigens gern – solange sich diese unterordnet. Und an Gesprächigkeit mangelt es einer Burma auch nicht. Sie teilt sich gern ihren Besitzern mit und erzählt ihm ihre Katzengeschichten.

Burmilla

AUSSEHEN

Elegant und mittelgroß soll sie sein. Viele Burmillas wirken aber eher klein. Ihr Körper ist dennoch muskulös und steht auf kräftigen Beinen. Der Kopf gleicht einem kurzen stumpfen Keil mit sanften Konturen. Ein klares Grün ist als Augenfarbe besonders begehrt. Die Ohren sind mittelgroß, weit gesetzt und leicht nach vorn geneigt. Der mittellange Schwanz ist gerade. Das Fell ist sehr kurz, seidig und glänzt wunderschön. Alle Burmillas zeigen entweder die Farbe Silver Shaded oder Silver Shell – in Non-Orange- oder Orange-Variationen.

CHARAKTER

Burmillas sind sensibel und haben feine Antennen, was die Auswahl ihres Menschen angeht. Laute, robuste Typen liegen ihnen weitaus weniger als leise, einfühlsame Zeitgenossen, denn sie selbst sind ausgesprochen sensibel. Kommen Fremde zu Besuch, gehen Burmillas ganz gern erstmal in Deckung, um später vielleicht zaghaft einen ersten Kontakt zu wagen – nur bei Sympathie, versteht sich. Sind Burmillas jedoch mit ihrem Menschen allein, offenbaren sie eine Woge der Zuneigung. Schmusestunden sind hoch willkommen und auch ein ausgelassenes Spielchen mit der Jagdangel macht ihnen Spaß.

Devon Rex

AUSSEHEN

Wie von sanften Donauwellen übersät wirkt das weiche kurze Fell der Devon Rex, das es in allen Farben und Pointvarianten gibt. Der ungewöhnliche Look entsteht durch das fehlende Deckhaar. Doch es gibt einen zweiten Blickfang bei dieser Rasse: Die großen ovalen, weit gesetzten Augen, die wie Schmuckstücke in einem kurzen breiten Kopf sitzen. Augenbrauen und Schnurrhaare sind gekräuselt. Die Rasse entstand in England und gilt als anschmiegsam und liebenswert. Devons haben oft eine „Dackelbeinstellung" – sie sind leicht o-beinig – und werden oft sehr alt.

CHARAKTER

Devons sind ausgesprochen kluge Köpfe. Ihren flinken Augen entgeht nichts und auch das rege Ohrenspiel verrät, dass hinter dem leicht gewellten Stirnhaar eine Menge im Gang ist. Rassetypisch ist auch die ausgesprochen ausgeprägte Menschenbezogenheit. Engster Körperkontakt ist erwünscht. Kuscheln und Schmusen können Devons stundenlang. Sie lieben es, wenn man ihnen mit leisen Worten schmeichelt. In einer harmonisch aufeinander abgestimmten Katzengruppe kommen sie gut zurecht, manchmal übernehmen sie sogar die Chefposition des Rudels.

Egyptian Mau

AUSSEHEN

Sie verkörpert getupfte Eleganz, und das in drei schönen Farben: Smoke, Silber und Bronze. Egyptian Maus gelten als extravagant. Womit nicht nur der geheimnisvolle Skarabäus auf der charakterstarken Katzenstirn gemeint ist. Mittellanges, glänzendes Fell lädt zum Streicheln ein. Wunderschön sind die mindestens zwei Ticking-Bänder, die jedes einzelne Haar zieren. Der Ursprung der sehr neugierigen Rasse liegt in den USA, nicht im alten Ägypten. Obwohl immer wieder behauptet wird, die Mau sei eine Unterart der im äthiopischen Hochland lebenden afrikanischen Wildkatze.

CHARAKTER

Egyptian Maus tragen einen exotischen Namen und mindestens ebenso extravagant ist ihre Persönlichkeit. Die eleganten Schönheiten strahlen viel Selbstbewusstsein aus und stellen es Artgenossen gegenüber auch hemmungslos unter Beweis. In Katzengruppen belegen Maus meistens einen der höheren Hierarchieplätze – oft sind sie der unumstrittene Anführer des Rudels. Ihrem Menschen gegenüber sind Egyptian Maus anhänglich und zärtlich, wobei ihre Zuwendung auch stürmisch bis hin zur ruppigen Natur sein kann.

Europäisch Kurzhaar

AUSSEHEN

Jeder kennt sie. Die Europäisch Kurzhaar ist die in Mitteleuropa ansässige Hauskatze, die mit Selbstbewusstsein durch die Gärten schleicht. Robustheit, Langlebigkeit und Naturverbundenheit zeichnen sie aus. Leider gibt es immer weniger typische Exemplare. Dem versucht die gezielte Zucht entgegenzusteuern – mit mäßigem Erfolg. Das Interesse an einer „natürlichen Rassekatze" ist gering. Zuchtziel ist die Erhaltung des robusten, muskulösen Körperbaus. Runde offene Augen. Ein mittellanger Schwanz mit dickem Ansatz. Kurzes dichtes, glänzendes Fell.

CHARAKTER

Eine echte Europäisch Kurzhaar weiß genau, was sie will. Erweist sich das Gegenüber als begriffsstutzig, setzt es auch schon mal einen Pfotenhieb mit gezückten Krallen. Die für Mitteleuropa typischen Hauskatzen sind tatsächlich oft eher Einzelgänger. Katzen wird das generell nachgesagt, was bei vielen Rassekatzen allerdings überhaupt nicht zutrifft. Im Fall der EKH schon. Sie liebt außerdem Freigang und ist deshalb als reine Wohnungskatze nur bedingt geeignet.

Ocicat

AUSSEHEN

Bemuskelt, aber nicht plump schleicht sich die Ocicat in die Herzen der Katzenliebhaber. Schade, dass die mit einem langen kräftigen Körper ausgestattete Rarität so selten ist. Ihre großen mandelförmigen Augen sind bezaubernd. Das kurze Fell zeigt eine faszinierende Farbbänderung. Es ist glatt, liegt fest an und hat eine seidige Textur mit viel Glanz. Die Fellfarbe der pfiffigen, selbstbewussten Katze zeigt ein Ticking: Alle Haare mit Ausnahme der Schwanzspitze sind gebändert. Die Tupfen sind dunkel getippt. Die Grundfarbe ist hell getippt. Ocicats stammen aus den USA.

CHARAKTER

Sie ist kein Draufgängertyp und auch nicht gleich mit jedem per Du. Doch wenn die Ocicat erstmal ihren Menschen gefunden hat, überhäuft sie ihn mit Zuneigung. Im Umgang mit Artgenossen ist sie weniger gesellig eingestellt. Es gibt zwar Rassevertreter, die diesbezüglich eine Ausnahme darstellen, aber längst nicht jede Ocicat schätzt vierbeinige Konkurrenz im Haus. Da die Rasse freiheitsliebend ist, hält sie sich gern im Freigehege auf. Der Wohnraum sollte ausreichende Klettermöglichkeiten und erhöhte Liegeplätze bieten.

Russisch Blau

AUSSEHEN

Grün leuchtende Augen, die an Smaragde erinnern. Blaugraues Fell mit einem silbernen Schimmer. Ein mittelgroßer, muskulöser Körper ... Die Russisch Blau, die eine der vier blauen Rassen (Britisch Kurzhaar Blau, Korat, Chartreux) ist, bietet alle Vorzüge einer exklusiven Katzenrasse. Ihre Herkunft ist rätselhaft. Nachweisbare Zuchtansätze gab es in England. Russisch-Blau-Katzen sind anschmiegsam, allerdings nur bei ihren Bezugspersonen. Fremden gegenüber bewahren sich die edlen Schönheiten eine gepflegte Distanz. Ihr Fell hat eine unvergleichlich samtene Textur.

CHARAKTER

So sehr die Russisch Blau auf ihren Menschen fokussiert ist, so misstrauisch begegnet sie mitunter Fremden. Die blaue Grazie hat ein sensibles Gemüt, das eher leise Töne als Krawall schätzt. Deshalb sollte ihr Besitzer eine gehörige Portion Einfühlungsvermögen mitbringen. Liebevolle, leise Worte, sanftes Kuscheln und Spiele, die Kopf und Körper fordern – all das gefällt der Russisch Blau.

Schneebengale

AUSSEHEN

Das Ziel der Zucht ist es, eine Hauskatze zu züchten, die optisch an den Schneeleoparden erinnert, dabei aber das Wesen der Hauskatze zeigt. Schneebengalen sind geschmeidige Katzen mit gut entwickelter Muskulatur. Ihr langer, athletischer Körper darf weder orientalisch noch fremdartig wirken. Dazu passt der breite Kopf mit seinen runden Konturen und der dicke mittellange Schwanz mit abgerundeter Spitze. Das kurze bis mittellange Fell ist dicht und hat eine ungewöhnlich weiche Textur. Schneebengalen gibt es in den Farben Seal Lynx Point Tabby, Seal Mink Tabby und Seal Sepia Tabby – und das jeweils getupft und marmoriert. Die großen Augen sind oval und weit auseinanderstehend. Bei der Farbvariante Seal Lynx sind die Augen blau. Bei Seal Mink aquamarin bis grün und bei Seal Sepia goldfarben oder grün.

CHARAKTER

Schneebengalen sind freundlich, neugierig und aufgeschlossen. Auf ein zugängliches Wesen wird innerhalb der Zucht Wert gelegt. Schließlich sollen die schönen „Halbwilden" nur optisch an einen Schneeleoparden erinnern. Die verspielten, gesprächigen Katzen sind eine Herausforderung für jeden Züchter, weil sie viel seltener sind als braune Bengalen.

Somali

AUSSEHEN

Die halblanghaarige Verwandte der Abessinier hat auffallend schönes Fell. Jedes einzelne Haar zeigt zwei oder drei Farbbänder. Die Haarspitzen sind dunkel. Die mittelgroße Katze mit dem feinen dichten Fell wird in Wildfarben und Sorrel sowie den Verdünnungen dieser Farben gezüchtet. Der feste Körper wirkt trotz seiner guten Muskulatur geschmeidig. Der lange, spitz zulaufende Schwanz ist gut behaart. Somalis sind sehr selbstbewusste, unternehmungslustige Katzen. Ihre Verspieltheit artet mitunter in Wildheit aus, doch das kann einen echten Somali-Fan nicht schrecken.

CHARAKTER

In puncto Aktivität, Einfallsreichtum und Verspieltheit steht die Somali ihrer kurzhaarigen Verwandten, der Abessinier, in nichts nach. Auch sie heckt ständig neuen Schabernack aus, fordert ihre Menschen zu kurzweiligen Spielen auf und kann davon gar nicht genug bekommen. Als selbstbewusste Persönlichkeit setzt sich die Somali in einer Katzengruppe souverän durch. Sie sieht sich gern auf der Chefposition, kann sich aber auch unterordnen, wenn es erforderlich ist. Somalis sind immer da, wo etwas los ist. Deshalb eignen sie sich auch für aktive Familien.

Sphynx

AUSSEHEN

Sie schmückt die Grazilität einer Balletttänzerin und eine makellose nackte Haut. Maximal ein Hauch von einem Haarflaum bedeckt den mittellangen, muskulösen Körper der Sphynx, deren gezielte Zucht in den USA begann. In Ermangelung des Fells präsentiert sich der Körper in unterschiedlichen Farben: Sphynxe werden tatsächlich in allen erdenklichen Farbvarietäten gezüchtet. Freunde der Rasse begeistern sich für die zitronenförmigen großen Augen der nackten Schmuser, die sich kuschelig warm anfühlen und ein ausgesprochen liebenswertes und anhängliches Wesen haben.

CHARAKTER

Freundlich, zärtlich, verschmust, einfach liebenswert... Liebhaber der nackten Individualisten überschlagen sich förmlich vor lobender Worte, wenn es um das Wesen der Sphynx geht. Und tatsächlich: Sie geht offen und selbstbewusst auf Menschen zu, schätzt sie mit intelligentem Blick ein und entscheidet dann, ob ihr Gegenüber es auch wert ist, mit Zärtlichkeiten bedacht zu werden. Ist das der Fall, gibt es kein Halten mehr. Denn Sphynxe sind ausgiebige Schmuser.

SCHWANZLOSE RASSEN

Japanese Bobtail

AUSSEHEN

Sie ist eine mittelgroße Katze mit auffallend kurzem Schwanz. Fünf bis acht Zentimeter ist der kräftige Stummel lang. Er darf gerade oder auch kurvig sein und wird stolz aufrecht getragen. Ansonsten ähnelt die Japanese Bobtail einer ganz normalen Katze. Ihr Körper ist lang, schlank und elegant. Es gibt alle Farben außer Silber, Ticked Tabby und Pointed. Das kurze weiche Fell ist seidig. Der Kopf ist fast ein perfektes gleichschenkliges Dreieck. Die Augen der schwanzlosen Samtpfote sind groß, oval und weit geöffnet. In Japan gilt die Bobtail als Glückskatze.

CHARAKTER

Eine schwanzlose Schönheit zu sein, ist an und für sich schon ungewöhnlich genug. Doch auch der Charakter der Japanese Bobtail tanzt mitunter aus der Reihe. Dem Menschen gegenüber anhänglich und liebenswert, zeigt sie anderen Katzen gegenüber gern ein überzeugendes Selbstbewusstsein. Das muss nicht in Unverträglichkeit gipfeln, kann es aber, wenn die Katzengruppe ungeschickt zusammengestellt wurde.

Manx

AUSSEHEN

In gleich drei Stummelschwanzvarianten kommt die Manx daher. Rumpy steht für einen fehlenden Schwanz inklusive Einbuchtung am Ende des Rückgrats. Stumpy Riser bezeichnet ein nach oben verlängertes Kreuzbein. Stumpy ist ein kurzer, meist unregelmäßig geformter Stummelschwanz mit einer Länge von maximal drei Zentimetern. Manxkatzen stammen aus den USA. Es gibt die selbstbewussten und manchmal launischen Raritäten in vielen Farben. Sie sind mittelgroß, haben einen kurzen Rücken und tiefe Flanken. Ihr Gleichgewichtssinn ist durch den fehlenden Schwanz nicht eingeschränkt.

CHARAKTER

Ruhig und anhänglich sind sie und aufgrund ihres freundlichen Wesens auch ideale Familienkatzen. Obwohl ihnen aufgrund des fehlenden oder nur teilweise vorhandenen Schwanzes ihre unumstritten robuste Gesundheit gern in Abrede gestellt wird, erweisen sich Manx als langlebig und wenig anfällig für Krankheiten. Ihr geselliges, fröhliches Wesen wurde zu Beginn des 20. Jahrhunderts übrigens treffend vom englischen Maler Louis Wain auf die Leinwand gebannt.

DIE ORIENTALEN

Sie sind etwas für Kenner. Für Menschen, die das Besondere lieben. Die fünf Vertreter der Orientalenfamilie – Balinesen, Orientalisch Langhaar, Orientalisch Kurzhaar, Siam und Seychellois – haben ein unvergleichliches Äußeres und auch ein unvergleichliches Wesen.

LAUTSTARKE FÜHRUNGSKRÄFTE

Agilität, Selbstbewusstsein, Herrscherallüren – Orientalen schreiten mit großen, unaufhaltsamen Schritten durchs Leben. Sie lassen sich nur ungern unterbuttern. Sind viel lieber Rudelchef und Rädelsführer, wenn es um besonders gewagte Kapriolen im eigenen Revier geht. Und wenn ihr Besitzer das verschwörerische Köpfchenreiben und Umschwänzeln nicht gleich richtig interpretiert, wird dem Orientalenwunsch mit kräftiger Stimme lauthals Nachdruck gegeben.

PLAPPERMÄULER UND PLAUDERTASCHEN

Ja, sie haben eine unüberhörbare Stimme, die lieben Orientalen. Unübertroffen und ein regelrechter Nachbarschaftsschreck ist sie, wenn eine Orientalendame rollig ist. Aber auch im neutralen Zustand bringen die schlanken Grazien geradezu erstaunliche Tonleitern hervor. Das sollte man wissen, bevor eine orientalische Katze Einzug in die eigenen vier Wände hält. Die einen mögen eine gesprächige Samtpfote, andere bevorzugen weniger geschwätzige Zeitgenossen.
Aber sie können auch leise und zärtlich sein. Ausgiebig mit ihrer Bezugsperson schmusen und dabei wohlig schnurren. Streicheleinheiten darf es ruhig en masse geben. Fehlen sie, hängt der Haussegen im Orientalenreich schnell schief.

ENGE VERWANDTSCHAFT

Die unüberseh- und vor allem unüberhörbaren Parallelen innerhalb der Orientalenfamilie kommen nicht von ungefähr. Schließlich gibt es enge Familienbande. So haben Javanesen, die in manchen Verbänden auch unter den Namen Mandarin und Orientalisch Langhaar bekannt sind, ihre Existenz der Verpaarung von Balinesen und Orientalisch Kurzhaarkatzen zu verdanken. Sie sind eigentlich halblanghaarige Orientalisch Kurzhaar. Balinesen wiederum sind eigentlich halblanghaarige Siamesen.

EINFLUSS DER SIAMKATZEN

Siamkatzen und Orientalisch Kurzhaar gehören – wie auch die Perserkatze – zu den ältesten und einflussreichsten Katzenrassen überhaupt. Durch ihren Einfluss entstanden zahlreiche andere wunderschöne Rassen und viele faszinierende Farbschläge. Abgesehen von Typ und Farbe brachten sie auch gehörig Charakter in so manche Rasse. Die dafür zuständigen Gene sind stark. Schüchterne oder übersensible Orientalen gibt es ausgesprochen selten.

FRÜHE IMPORTE

Die ersten Orientalenimporte gelangten bereits um 1850 nach England. Eine Pointkatze mit blauen Augen und einer pastellzarten Körperfarbe begeisterte die Cat Fancy der ersten Stunde. Es handelte sich um eine Royal Siam. Außerdem wurde immer wieder eine einfarbige Orientalin mit bernsteinfarbenen Augen, eine Foreign, beschrieben. Die Wogen der Begeisterung schlugen hinsichtlich der Siamkatze besonders hoch. Die einfarbige Orientalin, obwohl offensichtlich äußerst typvoll, erntete einen bescheideneren Applaus. Extrovertiert aussehende Russisch Blau, Burmesen und imposante Britisch-Kurzhaar-Katzen liefen ihr den Rang ab.
Doch dann kam auch die große Zeit der einfarbigen Orientalen. Immerhin lenkt die Fellfarbe in keiner Weise vom markanten Typ ab, sondern unterstreicht ihn dezent.

NEUE RASSEN

In jüngster Zeit kam eine neue Rasse hinzu. Von einer Urlaubsreise auf die im Indischen Ozean liegenden Seychellen inspiriert, entstand die Seychellois – in einer kurzhaarigen und einer langhaarigen Variante. Ein sonniger Urlaubstraum, konsequent umgesetzt im verregneten England. Was bei der Seychellenkatze zuerst ins Auge sticht, ist der einfarbig dunkle Schwanz der stark orientalisch geprägten Katze. Auch die übrigen Points der in England durch die Kreuzung von Siamesen, Persern und OKHs entstandene Rasse bilden einen deutlichen Kontrast zum hellen Körper. Da seit der Entstehung in den 80er-Jahren des 20. Jahrhunderts kein durchgängig einheitlicher Seychellois-Typ gefestigt werden konnte, erkennen die meisten Katzenzuchtverbände diese Rasse nicht an. Dennoch gibt es überzeugte Liebhaber, die sich bereits Ende der 80er-Jahre in einer eigenen Organisation, der Seychellois Cat Society, zusammenschlossen. Ob Innovation oder Klassiker – die Orientalenfamilie bietet ohne Frage Anreize für jede Farb- und Typpräferenz. Man muss sich nur auf dieses Abenteuer einlassen wollen.

PLAUDERTASCHEN Orientalen haben ihre eigene Fangemeinde. Nicht jedem gefallen die markanten Köpfe der schlanken Grazien, dennoch gibt es viele Katzenliebhaber, die die gesprächigen und schlauen Schmuser schätzen.

Balinesen

AUSSEHEN

Sie stammen aus den USA. Mittelgroß und ausgewogen wirkt der keilförmige Kopf der selbstbewussten Balinesen. Aus ihm blicken mandelförmige Augen, deren Schrägstellung den orientalischen Ausdruck unterstreicht. Die optimale Augenfarbe ist ein reines klares Blau. Der lange schlanke Körper wirkt elegant, wie auch der lange dünne Schwanz. Rassetypisch ist das feine seidige, mittellange Fell, das im Halsbereich eine Krause bildet. Als Farbvarianten gibt es Weiß, Solid Point und Tabby Point. Das Gesicht schmückt eine Maske. Ohren, Beine und Schwanz zieren Abzeichen.

CHARAKTER

Sie sind pfiffig, klug und stets zu Schabernack aufgelegt. Balinesen wissen genau, wie sie sich das Leben kunterbunt und abwechslungsreich gestalten. Um ihren unbändigen Tatendrang in geregelte Bahnen zu lenken, sollte der Haushalt ausreichend Kurzweil für die abenteuerlustigen Samtpfoten bieten: Mehrere Kratzbäume, Kletterseile, Aussichtsplattformen und gern auch Körbe, mit denen man hin und her schaukeln kann. Und Schmusestunden dürfen natürlich auch nicht zu kurz kommen.

Orientalisch Langhaar

AUSSEHEN

Manche nennen sie auch Javanesen oder Mandarin. Gemeint ist dieselbe intelligente und aktive Rasse. Hinter dieser Rasse verbirgt sich eine halblanghaarige Orientalisch Kurzhaar mit tiefgrünen Augen. Sie entstand durch die Verpaarung von Balinesen und Orientalisch-Kurzhaar-Katzen. Das feine seidige Fell ist am Hals, an den Schultern und am Schwanz länger als am übrigen Körper. Die Rasse hat keine Unterwolle, tritt dafür aber in vielen schönen Farben in Erscheinung: Solid, Schildpatt, Smoke, Tabby, Silver-Tabby sowie verschiedene Van-Harlekin-Varianten bieten für jeden Geschmack etwas.

CHARAKTER

Action, please! Kein Tag vergeht ohne Abenteuer – zumindest, wenn es nach dem Geschmack der Orientalisch Langhaar geht. Sie hat ein kluges Köpfchen und hält ihren Besitzer gern auf Trab. Ihr Bewegungsdrang ist ausgeprägt: Klettern, Springen und Jagdspiele stehen hoch im Kurs. Freigehege werden gern angenommen, vor allem dann, wenn sie gute Sicht auf Schmetterlinge und Vögel bieten. In gemischten Katzengruppen sind sie der Chef.

Orientalisch Kurzhaar

AUSSEHEN
Die Orientalisch Kurzhaarkatze mit den großen Ohren ist extravagant. Denn ihr selbstbewusstes und manchmal draufgängerisches Wesen ist ebenso bemerkenswert wie ihr „Fledermaus-Look“. Der keilförmige, gut proportionierte Kopf bietet den passenden Rahmen für die mittelgroßen mandelförmigen Augen, deren Schrägstellung für mystisches Flair sorgt. Der lange dünne Schwanz erinnert an eine Peitsche und passt gut zum grazilen Körper. Das kurze feine, glänzende Fell besticht in einfarbigen Tabby- und Schildpatt-Varianten. Die einfarbige Variante der Siamkatze ist äußerst gesprächig.

CHARAKTER
Wer intelligente Katzen mag, die gern eigene Entscheidungen treffen, wird die Orientalisch Kurzhaar lieben. Sie ist eloquent, einfallsreich und charmant. Und mit diesen Eigenschaften wickelt sie Orientalen-Fans spielend leicht um die Pfote. Je mehr Bewegungsanreize es gibt, umso besser, denn die extravagante Schönheit liebt ein aktives Leben. Andere Rassen unterliegen der schlanken Erscheinung meistens in puncto Selbstbewusstsein.

Siam

AUSSEHEN
Sie ist der Klassiker der Orientalenfamilie. Die Wurzeln der extravaganten und manchmal extrem wirkenden – stets pointfarbenen – Siamkatze liegen in Thailand. Die moderne Zucht übertrifft sich selbst, was Eleganz, den keilförmigen Kopf und das leuchtende Tiefblau der Augen angeht. Der mittelgroße, lange schlanke Körper geht in einen langen dünnen, peitschenartigen Schwanz über. Das kurze Fell liegt glatt an und zeigt einen feinen Glanz. Siamkatzen sind etwas für Kenner. Sie sind Könige der Lebhaftigkeit, haben jede Menge Köpfchen und sind gern Chef im Familienverband.

CHARAKTER
Ihre Intelligenz wirkt fast unheimlich und außerdem scheinen sie eine ausgezeichnete Menschenkenntnis zu haben. Siamesen biedern sich nicht an. Sie buhlen nie um die Gunst ihrer Umwelt. Entweder mögen sie jemanden und überhäufen ihn mit Zuwendung oder sie verachten ihn und bringen das durch Ignoranz zum Ausdruck. Als Familienkatzen eignen sich Siamesen gut, denn sie lieben Trubel und Action. Und wenn sie mal ihren Freiraum brauchen, dann nehmen sie ihn sich auch.

INTERESSANTE RASSEN MIT WCF-ANERKENNUNG

AUF EIN WORT – DIE WORLD CAT FEDERATION

Rund 540 Einzelorganisationen bilden den Stamm der World Cat Federation (WCF). Sie sind weltweit angesiedelt – unter anderem auch in den USA. Der WCF-Hauptsitz liegt in der deutschen Ruhrgebietsstadt Essen. Die Teilnahme an Besprechungen des Europaparlaments in Strasbourg und Mitverantwortung bei der Entwicklung der Tierschutzgesetzgebung gehören zu den Aufgaben des Dachverbands. Wie auch: internationale Zwingerschutzeintragungen; Ausbildung, Training und Prüfung internationaler Richter; Standardfestlegungen der einzelnen Rassen; die Erstellung von Ausstellungsregeln und -klassen; das Knüpfen und die Pflege internationaler Kontakte.

Don Sphynx

(auch vorläufige FIFe-Anerkennung)

AUSSEHEN

Sie gehört zu den nackten Schönheiten der Katzenwelt und erfreut sich vor allem in ihrer Heimat Russland größerer Beliebtheit. Die Haut der Don Sphynx ist elastisch und fühlt sich an wie Samt, was am feinen Haarflaum liegt, der sich wie ein Hauch Morgentau über die Haut zieht. Die markanten Hautfalten am Kopf, am Hals, an den Beinen und auf dem Bauch sind rassetypisch. Wie auch die „Affenfinger" – lange Zehen, mit denen sich die Don Sphynx regelrecht festklammern kann. Da kein Fell da ist, variiert in der Zucht die Hautfarbe der Nacktkatze. Zugelassen sind alle Farben.

CHARAKTER

Sie suchen engen Körperkontakt und klammern sich wie ein Äffchen an ihrem Menschen. Eine Don Sphynx kann einfach nicht ohne Zärtlichkeit und Zuwendung leben. Ihre aufmerksamen Augen verfolgen genau, was die Bezugsperson gerade macht. Lange Trennungen sind eine Qual für die menschenbezogene Katze. Fast scheint es, als sei der russischen Diva der Kontakt zum Menschen wichtiger als der zu Artgenossen. Mit denen streitet sie sich nämlich gern mal.

Scottish Fold/ Highland Fold

AUSSEHEN

Das ausdrucksvolle Eulengesicht ist eine Begleiterscheinung der kurzhaarigen Scottish und der halblanghaarigen Highland Fold. Der Hingucker sind die dicht an den Kopf gefalteten Ohren. Die mittelgroßen, mit gerundeten Konturen ausgestatteten Katzen gehen auf schottische Bauernhofkatzen zurück. Der gut gerundete Kopf mit dem kurzen Nacken wird durch dicke Wangen ergänzt. Die großen runden Augen blicken lieblich. Die Ohren sind vorwärts-abwärts gefaltet – begehrt sind kleine, eng gefaltete Ohren. Sie sollten wie ein Käppchen am Kopf anliegen und die runden Formen des Kopfes betonen.

CHARAKTER

Nicht nur die Optik ist ungewöhnlich – auch das Wesen der Faltohrkatzen ist einzigartig. Sowohl die Scottish als auch die Highland Fold sind unverwechselbare Persönlichkeiten. Selbstbewusst, mit klaren Prinzipien und notfalls auch mit hohem Durchsetzungsvermögen gegenüber Artgenossen. Trotz allem steht den ungewöhnlichen Samtpfoten der Sinn mitunter auch nach Streicheleinheiten. Und die fordern sie dann auch umgehend ein.

Selkirk Rex

AUSSEHEN

Lustige Löckchen, die den gesamten Körper überziehen, sind das auffälligste Merkmal der „Kirkis“. Es handelt sich um große, muskulöse Katzen mit einem gedrungenen Körperbau, die gern ihren gerundeten, massiven Kopf durchsetzen. Große runde Augen zieren die aus den USA stammende Rasse. Ihre Farbe sollte immer gut zur Farbe des kurzen plüschigen, gewellten Fells passen. Die selbstbewussten Lockenschöpfe werden in allen Farben und Pointfarben gezüchtet. Perser, Britisch Kurzhaar und Exotic Shorthairs nahmen und nehmen zum Teil auch heute noch Einfluss auf die Zucht.

CHARAKTER

Ihnen entgeht nichts. Was auch immer gerade in der Familie los ist – eine Selkirk Rex ist mitten drin. Dabei dauert es manchmal eine Weile, bis sie einen Menschen in ihr Herz geschlossen hat. Ist das jedoch geschehen, liebt sie ihn bedingungslos und möchte am liebsten jede Stunde des Tages mit ihm verbringen. Selbstbewusstsein und Verspieltheit zeichnen die Rasse aus.

Thaikatze

Der alte Siamtyp ist zurück. Dieser Eindruck entsteht zumindest, wenn eine Thaikatze den Raum betritt. Die mittelgroßen Katzen mit dem runden Kopf wirken robust, aber nicht plump – eher athletisch. Der rundliche Kopf brachte der in verschiedenen Pointvarianten existierenden Rasse in den USA den Spitznamen „Appleheads“ ein. Die mittelgroßen Augen der Thai stehen weit auseinander. Das Oberlid ist mandelförmig, das Unterlid rund, was den Augen einen ganz besonderen Ausdruck verleiht. Die Rasse ist für ihre Menschenbezogenheit bekannt. Aber sie ist auch sehr temperamentvoll.

CHARAKTER

Thaikatzen haben sensible Antennen, mit denen sie Stimmungen aufnehmen. Bei ausgeglichenen, fröhlichen Menschen fühlen sie sich am wohlsten. Zuviel Trubel ist den meisten Thais eher unangenehm, es gibt allerdings auch Ausnahmen. Der ausgeprägte Spiel- und Jagdtrieb erfordert einen aktiven Besitzer, der es versteht, eine Wohnung katzengerecht einzurichten. Thais lieben hoch gelegene Liegeplätze, von denen aus sie das ganze Revier überblicken können.

Tonkanese

Natural Mink, Champagne Mink, Blue Mink, Platinum Mink und Honey Mink ... Die Farbwelt der aus Thailand stammenden Tonkanesen gleicht einer pastellfarbenen Verführung. Das zart gefärbte Fell glänzt wie das eines Nerzes, wobei die Unterseite des Körpers immer etwas heller ist als der Rest. Muster und Streifen werden nicht gern gesehen. Die attraktiven Points der geselligen und unternehmungslustigen Rasse dürfen jedoch gern einen dunkleren Ton zeigen. Tonkanesen entstehen aus einer Verpaarung von Burmakatzen mit Thai- oder Siamkatzen. Sie sind gut bemuskelt, aber elegant.

CHARAKTER

Empfindsam bis hoch sensibel kommen Tonkanesen daher. Ihrem Menschen schließen sie sich eng an, suchen seine Nähe und schmusen für ihr Leben gern. Doch ungewohnte Situationen und fremde Menschen können die zart gefärbten Wesen ganz schön durcheinander bringen. Tonkanesen schätzen eher leise Töne und brauchen unbedingt die Möglichkeit, sich zurückzuziehen, wenn es mal turbulent zugeht.

Wer passt zu wem? – Der große Katzen-Guide

KATZENRASSE	FÜR STADT-MENSCHEN (WOHNUNGS-HALTUNG)	FÜR AKTIVE HALTER	FÜR PFLEGE-FREAKS	VERTRÄGLICH-KEIT MIT ANDEREN KATZEN	SCHMUSE-FAKTOR
Abessinier	XXX	XXXX	X	XXX	XXX
American Curl Longhair	XX	X	XXX	X	XX
American Curl Shorthair	XX	X	X	X	XX
Balinesen	XXX	XXXX	X	XX	XXXX
Bengalen	XX	XXX	X	X	X
Britisch Kurzhaar Blau	XX	X	X	XXXX	XXXX
Britisch Kurzhaar	XX	X	X	XXXX	XXXX
Burma	XXX	XXXX	X	XXXX	XXXX
Burmilla	XXX	XXX	X	XX	XXXX
Devon Rex	XXXX	XXX	X	X	XXXX
Don Sphynx	XXXX	XXX	X	X	XXXX
Egyptian Mau	XXXX	XXXX	X	XX	XXX
Europäisch Kurzhaar	X	X	X	X	XX
Exotic Shorthair	XXXX	–	X	XXXX	XXXX
Heilige Birma	XXXX	X	XXX	XXXX	XXXX
Highland Fold	XXXX	X	XXX	XX	XXX
Japanese Bobtail	XX	XX	X	X	XX
Maine Coon	XXXX	X	XX	XXXX	XXXX
Manx	X	X	X	X	X
Neva Masquerade	XXX	X	XXX	XXX	XXXX
Norwegische Waldkatze	XXXX	X	XX	XXXX	XXXX
Ocicat	XXX	XX	X	X	XX
Orientalisch Kurzhaar	XXXX	XXXX	X	XX	XXXX
Orientalisch Langhaar	XXXX	XXXX	XX	XX	XXXX
Perser	XXXX	–	XXXX	XXXX	XXXX
Ragdoll	XXXX	X	XXX	XXXX	XXXX
Russisch Blau	XXXX	XXX	X	XXX	XXXX
Scottish Fold	XXXX	X	X	XX	XXX
Selkirk Rex	XXXX	X	XXX	XX	XXX
Siam	XXXX	XXXX	X	XX	XXXX
Sibirische Katze	XXX	X	X	XXX	XXXX
Singapura	XX	XXX	X	X	XXX
Somali	XXXX	XX	XXX	XXXX	XXXX
Sphynx	XXXX	XXX	XX	X	XXXX
Thaikatze	XXX	XXX	X	XX	XXX
Tonkanese	XXX	XXXX	X	XX	XXX
Türkisch Angora	XXX	XX	XXX	XX	XXXX
Türkisch Van	XX	XX	X	X	XXX

– = passt gar nicht X = passt etwas XX = passt gut XXX = passt sehr gut XXXX = passt optimal

GABRIELE METZ

Auswahl, Haltung und PFLEGE

DIE VORFREUDE IST RIESIG, DIE WAHL IST GETROFFEN UND BALD ZIEHT IHRE KATZE EIN. HIER FINDEN SIE ALLES, WAS SICH IHR STUBENTIGER WÜNSCHT, UM GLÜCKLICH ZU SEIN: VON DER AUSSTATTUNG ÜBER DIE PFLEGE BIS HIN ZUM LECKEREN KATZENMENÜ.

Die Auswahl der Katze

IRGENDWIE FEHLT ETWAS IM LEBEN. EIN ANSCHMIEGSAMER VIERBEINER, DEM ES NICHT AN SELBSTBEWUSSTSEIN MANGELT? EIN SCHNURRENDER ZEITGENOSSE, DER JEDEN MORGEN ERWARTUNGSVOLL AUF DER MATTE STEHT UND SICH AUF KLEINE ABENTEUER FREUT? EIN KUSCHELWEICHER FREUND, DER AUCH AN TRÜBEN WINTERTAGEN SONNENSCHEIN INS HAUS BRINGT? DANN MUSS EINE KATZE HER. ODER AM BESTEN GLEICH ZWEI.

Die Entscheidung steht, und schon beginnt die Qual der Wahl. Rasse- oder Mischlingskatze? Kater oder Katze? Zuchttier oder Tierheimwaise? Was passt am besten zu einem selbst und zum persönlichen Lebensstil? Die folgenden Kapitel bieten interessante Antworten auf diese grundlegenden Fragen. Sie informieren kurz und unterhaltsam über alles, was Katzen brauchen, um glücklich zu sein. Angefangen bei der katzengerechten Wohnungseinrichtung und der Eingewöhnungsphase über die Ernährung und Pflege der haarigen Schmuser bis hin zu den Themen Geschlechtsreife und Urlaub mit oder ohne Katze.

SIND SIE KATZENFIT?

Eines vorab. Und das, ohne ein Blatt vor den Mund zu nehmen. Eine Katze schafft man sich nicht einfach so an. Die mäusefangende Zunft ist eine anspruchsvolle Spezies, die eines Menschen bedarf, der auch fit für Katzen ist. Mal eben ins Tierheim und aus einer Spontanentscheidung heraus einen Stubentiger mitnehmen? Das ist sicherlich kein guter Start ins gemeinsame Leben. Um sich wohlzufühlen, brauchen Katzen mehr als einen Karton im Keller und freien Zugang zu einem an einer stark befahrenen Straße liegenden Garten. Was so oft als „Leben in Freiheit" propagiert wird, entpuppt sich manchmal als Ergebnis unüberlegter Bequemlichkeit, für die die Katze die Rechnung zahlt.

Wer alle Vorzüge eines Lebens mit Katze genießen möchte, sollte sich vor der Anschaffung einige Fragen stellen und diese ehrlich beantworten. Stubentiger hinterlassen schon einmal Kratzspuren an Sofas oder Tapeten. Sie werfen Futterreste neben den Napf oder plantschen im Wasser. Haarballen werden mit Vorliebe dann hochgewürgt, wenn gerade frisch geputzt ist. All das kann ganz schön stressig sein, darf einen überzeugten Katzenhalter jedoch nicht aus der Ruhe bringen.

HABE ICH GENÜGEND ZEIT FÜR EINE KATZE?

Der Faktor Zeit wird oft unterschätzt. Es reicht nicht, eine Katze morgens um 7 Uhr in den Garten zu lassen und sie abends wieder ins Haus zu locken. Noch schlimmer ist es, wenn die Katze den lieben langen Tag zu Hause sitzt und die Wände anstarrt, weil es ansonsten nichts zu erleben gibt. Katzen sind menschenbezogene Wesen, die Zuwendung suchen. Sie möchten Anteil am Leben ihrer Menschen haben. Bleibt ihnen das verwehrt, entwickeln sie oft Verhaltensstörungen und Unarten. Man sollte auf jeden Fall Zeit einplanen, um sich der Ernährung, der Pflege und dem Spiel widmen zu können. Zeit für Zärtlichkeiten muss auch noch vorhanden sein. Ist all das schwierig, sollte man lieber keine Katze anschaffen. Denn als überflüssiges Anhängsel, um das sich niemand kümmert, fühlt sich kein Stubentiger wohl.

GANZ SCHÖN ELEGANT Ein besonders sanfter Ausdruck und elegante Proportionen machen den femininen Typ dieser Katze aus. Weibliche Samtpfoten sind oft etwas kleiner und leichter als das männliche Gegenstück.

DARF ICH EINE KATZE HALTEN?

Sie wohnen zur Miete? Dann sollten Sie vor der Anschaffung unbedingt mit Ihrem Vermieter sprechen. Und zwar unabhängig davon, was im Mietvertrag steht. Die Rechtsprechung entscheidet bezüglich der Haltung von Katzen und Hunden in Mietwohnungen und -häusern oft uneinheitlich. Deshalb ist es ratsam, im Vorfeld die Genehmigung des Vermieters und eventueller Mitmieter einzuholen. Alles andere kann zu viel Ärger und langwierigen Rechtsstreitigkeiten führen. Alles kostbare Zeit, die man besser mit seiner Katze verbringt.

BIN ICH ALLERGISCH?

Allergien sind nach wie vor auf dem Vormarsch und viele Menschen leiden an einer Katzenhaarallergie. Deshalb ist es gut, vor der Anschaffung einer Katze auszuschließen, dass bereits eine Allergie besteht. Das klappt ganz wunderbar, indem man die Urlaubsbetreuung der Katzen Bekannter oder Verwandter übernimmt. Läuft beim Betreten der Wohnung gleich die Nase, und die Augen röten sich bei direktem Kontakt, ist Skepsis angebracht. Besser zum Hausarzt gehen und das Ganze mithilfe eines Allergietests abklären lassen. Eine Allergie kann sich allerdings auch erst im Lauf der Zeit entwickeln. Davor ist niemand gefeit. Sind Katzenhaarallergiker in der direkten Verwandtschaft, ist das Risiko, eine Allergie zu entwickeln, höher.

WILL ICH VERANTWORTUNG FÜR EIN TIER ÜBERNEHMEN?

Katzen haben eine durchschnittliche Lebenserwartung von 15 Jahren. Manche feiern sogar noch ihren 20. Geburtstag. Das ist eine lange Zeit, in der die Samtpfote rund 10 950 Mal gefüttert werden will. Es stehen mindestens 5 475 Katzentoilettenreinigungen an, circa 30 Entwurmungen und mindestens 30 Tierarztbesuche. Man sollte all das gern auf sich nehmen, oder auf die Anschaffung einer Katze verzichten. Nichts ist schlimmer, als den Stubentiger nach einigen Jahren abzugeben, nur weil man ihm überdrüssig geworden ist.

TRÄGT DER REST DER FAMILIE DIE ENTSCHEIDUNG MIT?

Singles können diese Zeilen überspringen, alle anderen sollten weiterlesen. Wenn eine Katze die Familie bereichern soll, müssen auch alle hinter dieser Entscheidung stehen. Es macht keinen Sinn, eine Partnerschaft zu belasten, nur weil einer eine Katze haben will. Egoistische Entscheidungen sorgen für Stress, der sich negativ auf das Wohlbefinden aller Beteiligten auswirkt.

KATER ODER KATZE?

GRÖSSE UND GEWICHT

Es gibt tatsächlich mehr als nur den kleinen Unterschied, wenn es um Kater und Katzen geht. Deshalb ist vor der Anschaffung eines schnurrenden Mitbewohners auch über das Geschlecht nachzudenken. Da wäre zum einen die Optik. Kater sind meistens größer, imposanter und schwerer. Wie ausgeprägt dieser Unterschied ist, hängt allerdings vom Typ und der Rasse ab. Bei manchen Rassen ist der Unterschied zwischen Männlein und Weiblein deutlich ausgeprägt. Zum Beispiel bei Maine Coons oder bei Norwegischen Waldkatzen. Typvolle Kater bringen eindeutig mehr Kilos auf die Waage und beeindrucken mit ihrer Rückenhöhe. Es gibt andere Rassen, bei denen der Unterschied nicht so deutlich ist. Bei manchen sieht man gar keinen. Aber meistens wünschen sich Züchter schon, dass ihre Tiere einen geschlechtstypischen Ausdruck haben. Dazu gehört bei Katern ein eindeutig maskuliner Look. Katzendamen dürfen hingegen ruhig lieblicher und eleganter wirken. Das Geschlecht sollte bei der Auswahl der Katze jedoch nicht entscheidend sein, sondern vielmehr der Charakter.

ECHTES SCHWERGEWICHT Massig, selbstbewusst und ganz direkt: typisch Kater eben! Bei den meisten Rassen sind die männlichen Vertreter größer und schwerer als die Katzen. Dafür sind sie meistens auch sehr verschmust.

NUR IN GUTE HÄNDE Seriöse Katzenzüchter sind bemüht, ein passendes Zuhause für ihren Nachwuchs zu finden.

ZUCHTAMBITIONEN

Bei Katzenbesitzern mit Zuchtambitionen ist die Entscheidung „Kater oder Katze?" natürlich ein ganz zentrales Thema. Ein eigener Deckkater ist schließlich nur dann sinnvoll, wenn auch passende Zuchtkatzen im Haushalt leben oder wenn er so typvoll ist, dass andere Züchter Schlange stehen, um sich seine Gene zu sichern. Da die Haltung eines potenten Katers recht anspruchsvoll ist (Markieren, Unverträglichkeit, ungewollte Deckakte), bevorzugen viele Züchter die Haltung von Zuchtkatzen. Wenn sie einen Deckkater benötigen, wird eben „fremd gedeckt". Andere richten sich auf die Ansprüche des Katers ein. Das kann in Form eines Freigeheges mit beheizbarem Aufenthaltsraum sein oder ein eigenes Katerzimmer, das sich der Zuchtstar mit einer kastrierten Katzendame zur Unterhaltung teilt.

SCHMUSEKATER

Der optische Eindruck lässt sich übrigens nicht einfach auf das Wesen übertragen. Katzendamen sehen zwar meist liebenswerter aus, werden aber von ihren männlichen Verwandten in puncto Anhänglichkeit und Schmusebedürfnis oft haushoch übertroffen. Diese Tendenz potenziert sich, wenn der Kater kastriert ist, was er auf jeden Fall sein sollte, wenn keine gezielte Zucht geplant ist. Unkastrierte Kater sind unabhängiger, weniger verschmust und entwickeln oft einen penetranten Eigengeruch. Sie neigen auch zum Streunen, wandeln unkontrolliert auf Liebespfaden und kurbeln womöglich eine Katzenpopulation an, die entweder ein Leben lang besitzerlos bleibt oder im Tierheim endet. Deshalb achten verantwortungsvolle Katzenzüchter bei der Abgabe eines Katers penibel darauf, ob er als Liebhaber- oder als Zuchttier erworben wird. Ist er ein reines Liebhabertier, raten sie den neuen Besitzern auf jeden Fall zu einer Kastration. Ist er ein Zuchtkater, überprüfen sie meistens die Rahmenbedingungen, um Missständen vorzubeugen.

ABENTEUERSPIELPLATZ Wohnungskatzen lieben und brauchen ein abwechslungsreiches Umfeld.

SÜSSE WINZLINGE Katzenzucht ist ein schönes, aber auch ein aufwendiges Hobby. Man muss viel Zeit, Geld und vor allem Idealismus investieren, um den Zuchtkatzen und ihrem Nachwuchs gerecht zu werden.

Die volle Integration eines Deckkaters ins Familienleben ist schwierig, seine Haltung meistens ein Kompromiss, der jedenfalls nie in einem gekachelten Kellerraum enden sollte, in dem der begehrte Schnurrer ein jämmerliches Dasein fristet.

ZUCHTKATZEN

Zuchtkatzen bieten da ganz andere Möglichkeiten. Sie lassen sich meistens problemlos in das Familienleben integrieren. Gut, es nervt mitunter, wenn sie rollig sind und dann eine beachtliche Lautstärke entwickeln, aber die meiste Zeit verhalten sie sich unauffällig. Und sie bieten die Möglichkeit, das Wunder einer Katzengeburt zu erleben. Die aufopfernde Aufzucht der Kätzchen durch die Mutterkatze und zahllose Besuche potenzieller Kätzchenkäufer ... Die Kaffeemaschine wird in diesen Wochen fast ununterbrochen laufen und der Keks- und Kuchenabsatz beim benachbarten Bäcker in schwindelerregende Höhen schnellen. Schließlich gibt man die Nachzucht nicht an jeden ab, sondern nur an Menschen, die Sympathie ausstrahlen und Katzen-Know-how haben.

HIER STIMMT DIE CHEMIE

Letztendlich sollte bei der Auswahl eines Kätzchens auch das Herz mitentscheiden. Wenn die Chemie zwischen dem Kätzchen und dem Interessenten stimmt, ist das Geschlecht zweitrangig. Und im Zweifelsfall kann auch ein kastriertes Katzenpärchen für abwechslungsreiche Jahre sorgen.

FREILAUF- ODER WOHNUNGSKATZE?

Bei diesem Thema herrscht offener Krieg. Zwischen überzeugten Verfechtern der „Freiheit-für-alle-Katzen"-Front und denen, die ihre Samtpfote nicht den draußen lauernden Gefahren aussetzen wollen. Eines vorab: Es gibt tatsächlich Katzen, die ein ausgeprägtes Freiheitsbedürfnis haben und in einer Wohnung unglücklich wären. Aber: Es gibt auch Stubentiger, die genau diesem Spitznamen alle Ehre machen, weil sie sich auch ohne Freigang rundum wohlfühlen. Welches „Modell" besser zum eigenen Lebensstil passt, sollte sich jeder vor der Anschaffung einer Katze gut überlegen.

FRISCHLUFTFANATIKER UND FREIHEITSLIEBENDE

Im Grunde genommen ist die Sache doch ganz einfach. Sogenannte Wald-und-Wiesen-katzen tragen ihren hübschen Namen nicht umsonst. Sie schätzen meist ein Leben mit hohem Frischluftfaktor. Vor allem dann, wenn sie aus einer Aufzucht mit Freigang stammen oder sogar „wild“ geboren wurden. Wer versucht, solch eine Katze einzusperren, begreift den Fehler meistens sehr schnell. Zerfetzte Tapeten, in Streifen gelegte Gardinen und Urinspritzer am Ledersofa sprechen eine klare Sprache. Nicht, dass die freiheitsliebende Fraktion generell etwas gegen Wohnräume hätte ... Gerade im Winter gewinnen warme Plätzchen auch bei Frischluftfanatikern an Popularität. Aber sie müssen zumindest hinaus ins Freie können, wenn ihnen der Sinn danach steht.

VORSICHT, STRASSENVERKEHR!

Dieses ungeschriebene Katzengesetz sollte sich jeder bewusst machen, bevor er sich für einen überzeugten Freigänger entscheidet. Denn katzengerechter Freigang besteht nicht darin, die liebe Mieze einfach neben einer stark befahrenen Straße an die Luft zu setzen und ihrem Schicksal zu überlassen. Jährlich verenden tausende von Katzen unter den Reifen rasender Autos. Erschreckend viele Katzenhalter vertrauen darauf, dass ihr Liebling die Gefahr „Straße“ instinktiv richtig einschätzt. Ein folgenschwerer Trugschluss. Denn die Todesstatistik beweist das Gegenteil. In Städten gibt es oft wenig Raum für Freigänger. Womit sich die Zielgruppe der Freigängerhalter auf die ländliche Bevölkerung beschränkt. Ein schönes Haus, etwas abgelegen, mit eigener Zufahrt, ist sicherlich das passende Ambiente für eine Katze mit eigenständigen Allüren. Auch der klassische Bauernhof kommt infrage. In normalen Wohngebieten ist Freilauf ein gewisses Risiko, auch wenn viele Katzen im Lauf der Zeit lernen, auf den Verkehr zu achten.

GLÜCKLICHE WOHNUNGSKATZEN

Wer diese und andere Risiken ausschließen möchte, sollte sich eine Katze zulegen, die sich auch ohne Freilauf wohlfühlt. Und die gibt es. Sogar in großer Zahl. Die meisten Rassekatzen vermissen rein gar nichts, wenn sie in katzengerecht gestalteten Räumen leben. Würde es sie stören, käme es über kurz oder lang zu Verhaltensauffälligkeiten wie Unsauberkeit, Zerstörungswut, Lethargie oder Autoaggression. Das ist in der Regel nicht der Fall. Wohnungskatzen, deren Besitzer ausreichend Zeit mit ihren Schmusern verbringen, für ein interessantes Umfeld sorgen und vielleicht sogar Kontakt zu Artgenossen ermöglichen, sind meist fröhlich, ausgeglichen, unternehmungslustig und verschmust.

FLINKE PFOTEN Draußen gibt es viel zu entdecken ... und zu fangen.

WAR DA WAS? Freigänger haben gute Ohren und schnelle Reaktionen.

AUSZEIT! Ein Nickerchen im hohen Gras ist eine feine Sache!

GANZ SCHÖN SICHER!

Der Vorteil an Wohnungskatzen ist, dass es eigentlich ganz egal ist, wo man wohnt. Eine Hauptverkehrsstraße? Ein katzenhassender Nachbar mit Flinte? Immerhin werden jährlich rund 15 000 Katzen von Jägern erschossen. Und das sogar mit gesetzlichem Freibrief. Das Landesjagdgesetz NRW gestattet das Erschießen wildernder Katzen. Als wildernd gilt jede Katze, die sich weiter als 200 Meter vom nächsten Wohnhaus befindet. Alles kein Problem, solange sich Mieze das Treiben von der sicheren Fensterbank aus ansieht.

DIEBSTAHLGEFÄHRDET

Viele Züchter geben ihre Rassekätzchen ohnehin nur an Wohnungshalter ab. Mit gutem Grund, denn das opulente Fell einer Perserkatze ist ebenso wenig für Streifzüge durchs Gestrüpp geeignet wie die mit einem zarten Flaum versehene Haut der Sphynx. Doch das ist längst nicht alles, was verantwortungsvollen Züchtern Sorgen bereitet: Viele fürchten auch die Diebstahlgefahr. Rassekatzen haben nun einmal ihren Preis, und wenn eine von ihnen scheinbar „herrenlos" herumläuft, bekommen manche Zeitgenossen lange Finger. Hier wird das ansonsten hoch geschätzte zutrauliche Wesen der Rasseschönheiten zum Problem. Viele sind ausgesprochen menschenfreundlich und leicht anzulocken. Da helfen weder Chip noch Tätowierung im Ohr. Wer eine wertvolle Rassekatze entwenden möchte, schlägt trotzdem zu.

SCHÖN UND ZAHM? Das Diebstahl-Risiko ist recht hoch, wenn eine kostspielige Rassekatze frei herumlaufen darf.

EINE KATZE ODER BESSER IM TEAM?

„Katzen sind Einzelgänger." Dieses Vorurteil hält sich hartnäckig, obwohl unzählige Beispiele das Gegenteil beweisen. Es mag zwar unverträgliche Katzen geben, die aufgrund mangelnder Sozialisierung mit Artgenossen oder schlechten Erfahrungen einen Groll gegen die eigene Spezies hegen, aber viele Samtpfoten arrangieren sich ganz wunderbar mit anderen Miezen.

Viele Rassekatzen erweisen sich sogar als überaus gesellig. Maine Coons, Norwegische Waldkatzen, Burmesen und auch Abessinier sind nur einige Beispiele hierfür. Doch welche Gründe gibt es, um mehrere Katzen zu halten? Zum Beispiel eine Berufstätigkeit des Katzenhalters. Aber auch den Aspekt „artgerechte Haltung". Denn ein Mensch kann nie einen Artgenossen ersetzen.

STUNDEN ZU ZWEIT Zwei Katzen beschäftigen sich viele Stunden am Tag miteinander. Gemeinsames Spielen und Jagen stehen ganz oben auf der Top Ten der Lieblingsbeschäftigungen. Langeweile kommt so kaum auf.

NICHT ZU LANG ALLEIN

Sicherlich steht es außer Frage, dass die Haltung einer einzelnen Samtpfote nicht empfehlenswert ist, wenn ihr Besitzer täglich viele Stunden außer Haus weilt. Stubentiger haben ein ausgeprägtes Bedürfnis nach körperlicher Nähe und schätzen die Anwesenheit ihrer Bezugsperson. Zwar verschlafen sie auch einen Teil des Tages, doch darauf sollte man sich als berufstätiger Mensch allerdings nicht verlassen. Einzelkatzen neigen zu Verhaltensstörungen, wenn sie zu oft und zu lang allein gelassen werden. Manche Vierbeiner reagieren mit Unsauberkeit: Man kommt abends nach Hause und darf sich gleich ans Putzen und Waschen machen. Zusätzlich befällt einen beim Anblick der beleidigten Katze ein schlechtes Gewissen. Das schlägt aufs Gemüt und sorgt für Frust. Dabei sollen Samtpfoten eigentlich die Laune heben. Doch das nach einem stressigen Tag abends mal die Luft raus ist, ist verständlich. Da hilft nur eines: mindestens zwei Katzen halten.

ZWEI UND MEHR KATZEN

Wer ganztägig arbeitet und sich trotzdem nach der Gesellschaft eines Haustiers sehnt, sollte sich mindestens zwei Vierbeiner zulegen. Auch eine Dreier- oder Vierergruppe hat selten Langeweile und macht kaum mehr Arbeit als ein Pärchen. Allerdings müssen die Katzen zueinander passen und sich gut verstehen.

GUTE GESELLSCHAFT

Der Kontakt zu Artgenossen sorgt für Kurzweil und ermöglicht Schmusestunden, zu denen der Zweibeiner überhaupt nichts beitragen muss. Katzen liegen gern stundenlang beisammen und lecken sich gegenseitig zärtlich über das Fell und die Öhrchen. Wenn der Mensch abends nach Hause kommt, sind sie keinesfalls so nach Liebkosungen ausgehungert, wie das bei einer Einzelkatze der Fall wäre.

Die Anschaffung mehrerer Schnurrer entbindet einen natürlich nicht von gewissen Pflichten. Die Vierbeiner müssen trotzdem liebevoll umhegt, regelmäßig gepflegt und ausreichend beachtet werden. Wer dazu weder Lust noch Zeit hat, sollte lieber auf den Kauf eines Haustieres verzichten.

ZWEI UND MEHR KATZEN

Wer passt zu wem? Das gilt weniger für Farbschläge oder andere optische Eigenarten als für Charakter und Geschlecht. Ein vierbeiniges Energiebündel lebt am liebsten mit einem Temperamentsbolzen. So kann es sich täglich mit Gleichgesinnten ins Abenteuer Katzenalltag stürzen und die schnurrenden Kumpel machen nicht gleich schlapp. Ruhiger veranlagte Katzen fühlen sich hingegen schnell durch unermüdliche Artgenossen gestresst. Dann lieber mehrere relaxte Schnurrer miteinander kombinieren. Was das Geschlecht angeht, funktionieren Kombinationen wie ein Kater und ein oder mehrere Katzen ganz gut. Vorausgesetzt, die Rasselbande ist kastriert, ansonsten drohen ungewollter Nachwuchs und hormonell bedingte Streitereien.

FAST OHNE STREIT Katzen, die aneinander gewöhnt sind, kommen in der Regel problemlos miteinander aus.

Tipp

WENN ES BRENZLIG WIRD

- Erziehen Sie Ihre Katzen. Zeigen Sie ihnen deutlich, dass Sie der Chef im Haus sind und Unstimmigkeiten keinesfalls dulden.
- Stäuben Sie die zerstrittenen Katzen mit Babypuder ein. Manche Vierbeiner lassen sich durch den identischen Geruch von Streitigkeiten abhalten.
- Sie können versuchen, Ihre Katzen mithilfe von Bachblüten (Beech) friedfertiger zu stimmen.
- Lassen Sie Ihre Katzen kastrieren, falls sie potent sind und aus hormonellen Gründen immer wieder streiten.
- Sie sind Züchter und wollen Ihre wertvollen Zuchttiere nicht kastrieren lassen? Dann besteht unter Umständen nur die Möglichkeit, die Katzen räumlich voneinander zu trennen. Das ist zwar für keinen der Beteiligten schön, dafür aber effektiv.
- Herrscht ständig Streit, muss man eventuell eine Katze abgeben. Vielleicht gibt es ja Freunde oder Verwandte, die Freude daran haben.

TIERHEIM ODER ZÜCHTER?

Die Adoption einer Tierheimkatze ist eine gute Tat und schon unzählige Male haben sich auf diesem Weg Freunde gefunden. Doch es gibt auch die Gegenseite: Menschen, die kurz danach feststellen mussten, dass sie nicht mit ihrem neuen Familienmitglied zurechtkommen. Die Konsequenz: Viele vermittelte Katzen landen erneut im Tierheim.

TIERHEIMKATZEN

Wer sich dazu entschließt, einer Tierheimkatze eine neue Heimat zu bieten, sollte sich diese Entscheidung gut überlegen und erst dann einen Stubentiger adoptieren, wenn alle äußeren Umstände geklärt sind. Katzen stellen nun einmal bestimmte Anforderungen an ihre Besitzer, und diesbezüglich stehen Tierheimkatzen ihren reinrassigen Artgenossen vom Züchter in nichts nach.
Einige Tierheimkatzen haben eine abenteuerliche Vergangenheit hinter sich, die eine gewisse Verhaltensproblematik mit sich bringen kann. (Was selbstverständlich nicht auf alle Katzen aus dem Tierheim zutrifft. Viele gliedern sich problemlos in ihre neuen Familien ein.) Darauf sollte man vorbereitet sein und den Willen haben, solche Schwierigkeiten durchzustehen.

GEDULD, LIEBE UND VERSTÄNDNIS

Die meisten Verhaltensstörungen verschwinden, wenn man der betroffenen Katze Geduld, Liebe und Verständnis entgegenbringt. Angstverhalten, Aggressivität und Unsauberkeit sind immer wieder ein Thema. Hat man eine Tierheimkatze adoptiert, die zu einer deutlichen Verhaltensstörung neigt, sollte man ganz gezielt auf diese Problematik eingehen.

ÄNGSTLICHE KATZEN

Eine ängstliche Katze darf keinesfalls unter Druck gesetzt werden. Vielmehr sollte man ihr die Möglichkeit geben, sich jederzeit zurückzuziehen, und es ihr überlassen, wann sie Kontakt zum Menschen sucht und wann nicht. Vielleicht möchte sie ihre neue Familie erst einmal einige Wochen lang beobachten, bevor sie damit beginnt, Vertrauen aufzubauen. Es spricht allerdings nichts dagegen, einen verängstigten Stubentiger ab und zu sanft aus der Reserve zu locken: Liebevolles Zureden, der Einsatz von Leckerchen und interessantem Spielzeug können durchaus helfen, die Beziehung zur Katze zu verbessern.

AGGRESSIVES VERHALTEN

Aggressives Verhalten hat oft eine ganz einfache Ursache: Angst. Katzen, die sich als sehr ängstlich erweisen, können aggressiv

FRÜH GEPRÄGT UND GUT ERZOGEN Kätzchen aus einem liebevollen Züchterhaushalt haben ein gutes Urvertrauen und exzellentes Sozialverhalten. Sie bleiben mindestens zwölf Wochen bei ihrer Mutter.

reagieren, wenn sie sich in die Enge getrieben fühlen. Deshalb ist es wichtig, scheue Katzen nicht mit Zwangsmaßnahmen zu therapieren, die sie nur noch unsicherer machen würden. Aggressivität kann natürlich auch eine Reaktion auf menschliche Verhaltensfehler sein: Viele Katzen verabscheuen es beispielsweise geradezu, festgehalten zu werden.

UNSAUBERKEIT

Unsauberkeit von Katzen ist ein Problem. Ein Besitzerwechsel, eine neue Umgebung, zu wenig Aufmerksamkeit... Es gibt viele Umstände, die dazu führen können, dass eine Katze unsauber wird. Bei Tierheimkatzen kommen mehrere Faktoren zusammen: Sie wurden ausgesetzt, abgegeben oder eingefangen. Das Tierheim ist ein unbekannter Ort; die meisten Katzen sind es nicht gewöhnt, eingesperrt zu sein. Dann kommt ein neuer Besitzer und wieder wird alles anders. Sensible Stubentiger können auf diese Lebensumstände mit einer vorübergehenden Unsauberkeit reagieren, die jedoch in fast allen Fällen in den Griff zu bekommen ist.

RASSEKATZE VOM ZÜCHTER

Wer auf der Suche nach einer liebevoll aufgezogenen Katze ist, die aus einer durchdachten Verpaarung stammt, wendet sich an einen Züchter. Und zwar an einen seriösen, der bei einem anerkannten Katzenzuchtverband registriert ist und nichts zu verbergen hat. Besucher sind in vernünftigen Züchterhaushalten nach Anmeldung gern gesehen. Die Mutterkatze ist anwesend und macht einen vertrauensvollen, gesunden Eindruck. Auch der Nachwuchs sollte aufgeschlossen und agil wirken. Seriöse Züchter geben Kätzchen in der Regel erst ab der zwölften Lebenswoche ab. Zu diesem Zeitpunkt sind die Kleinen mehrfach entwurmt und geimpft.

KONTAKTBÖRSE KATZENAUSSTELLUNG

Katzenausstellungen bieten eine ausgezeichnete Alternative, um Katzenzüchter kennenzulernen. Fast jedes Wochenende werden Katzenausstellungen organisiert. Veranstaltungskalender lassen sich Fachzeitschriften entnehmen oder können bei Zuchtverbänden erfragt werden. Auf einer Ausstellung kann man zwar lediglich einen oberflächlichen Eindruck von einem Katzenzüchter gewinnen, aber zumindest ahnt man bereits, wer einen sympathischen Eindruck machen könnte und wer nicht. Der Kauf eines Kätzchens erfolgt nicht direkt auf der Ausstellung, sondern später, nach einem oder mehreren Treffen im Züchterhaushalt.

FRISCH GEPUTZT Zärtliches Lecken ist Fellpflege und Sozialkontakt.

WO IST MEINE MAMA? Kaum ist die Mutter weg, ruft das Kleine nach ihr.

Was Katzen brauchen

EIN WARMER HEUBODEN, TÄGLICH VIER MÄUSE UND EINE SCHALE MIT WASSER. ES SOLL TATSÄCHLICH MENSCHEN GEBEN, DIE GLAUBEN, DAS SEI ALLES, WAS EINE KATZE ZUM GLÜCKLICHSEIN BRAUCHT. WEIT GEFEHLT. STUBENTIGER SCHÄTZEN ALL-INCLUSIVE-SERVICE. VOR ALLEM DANN, WENN SIE IN EINER WOHNUNG LEBEN. ABER AUCH FREIGÄNGER LIEBEN DIE ANNEHMLICHKEITEN DES ZIVILISIERTEN KATZENLEBENS.

WAS DAS HERZ BEGEHRT

Fünf Sterne sind gefragt, wenn es um die Annehmlichkeiten im Leben einer Samtpfote geht. Damit ist keine Nobelherberge mit Aquatrainer und Stubenküken-Büfet gemeint, sondern vielmehr ein auf die Ansprüche der Katze ausgerichtetes Fünfpunkteprogramm, das sich aus folgenden Einzelpunkten zusammensetzt: Schlafplätze und Ruhezonen, Kratzbäume und Klettermöglichkeiten, Ernährung und Wasserbedarf, Sanitäre Einrichtungen und Spielzeuge. An all das sollte jeder denken, bevor er sich eine Katze anschafft. Denn wenn nur eine dieser fünf Tragsäulen des Stubentigerwohlbefindens fehlt, hängt der Haussegen schnell schief. Lesen Sie, was Katzen wirklich brauchen und wie man alles so in Szene setzt, dass es auch optimal beim schnurrenden Familienmitglied ankommt.

SCHLAFPLÄTZE UND CHILL-OUT-ZONEN

Jede Katze hat eine gemütliche Seite. Ganz gleich, ob sie eine stammbaumlose Schönheit, eine ausgeglichene Perserdame oder ein quirliger Siamese ist. Irgendwann packt es jeden Stubentiger: Die Augenlider werden schwer, das spannendste Spielzeug verliert seinen Reiz, der lange Schwanz hängt müde hinab ... Es ist Zeit für ein Nickerchen. Vielleicht auch für ein mehrstündiges Schläfchen. Bleibt nur zu hoffen, dass die Samtpfote bereits ein Lieblingsplätzchen für den Kurzurlaub auserkoren hat. Falls nicht, beginnt nun eine verzweifelte Suche. Katzen ohne geeigneten Schlafplatz irren missmutig umher. Legen sich mal hier und mal da hin. Springen immer wieder auf, um einen erneuten Anlauf zu starten. Dieser Prozess ist ermüdend und sorgt über kurz oder lang für richtig schlechte Laune. Und mit einer übermüdeten, griesgrämigen Katze ist nicht zu spaßen.

TRAUMHAFTE RUHEPLÄTZE

Um all dem vorzubeugen, sollte der Katzenbesitzer Schlafplätze und Ruhezonen im Haushalt vorsehen, die alles bieten, wovon müde Miezen träumen. Regel Nummer eins: Der Ruheplatz sollte zwar Abgeschiedenheit bieten, jedoch auch in der Nähe der Bezugsperson sein. Keine Katze schlummert gern im Schlafzimmer, wenn ihr Zweibeiner im Home Office sitzt und arbeitet. Dann möchte sie auch im Büro sein. Sitzen abends alle am Kamin oder vor dem Fernseher, wird sich der Stubentiger im Wohnzimmer einen Platz suchen. Kurzum: Die meisten Katzen dösen und schlafen am allerliebsten in der Nähe ihrer Menschen. Vielleicht hat das eine biologische Ursache. Schließlich sind viele Großkatzenarten wie zum Beispiel Löwen Rudeltiere, die zwar Eigenständigkeit entwickeln, aber gern im Schutz des Rudels entspannen. Vermutlich fühlen sich auch ihre kleinen Verwandten am sichersten, wenn alle zusammen sind.

EINS, ZWEI, DREI, VIER, VIELE

Aus all dem ergibt sich folgendes Fazit: In einen anständigen Katzenhaushalt gehören mehrere Ruheplätze. Und zwar in alle Räume, in denen sich die Bezugspersonen der Katze viel aufhalten. Das grenzt an Übertreibung? Nein. Denn wenn keine Schlafplätze angeboten werden, suchen sich Katzen selbst welche. Das ist dann vielleicht der versehentlich schlecht verschlossene Kleiderschrank mit den guten Anzügen oder die Schublade mit den teuren Dessous. Die Folgen der Umnutzungsaktivitäten des Haustieres begeistern die menschlichen Familienmitglieder meistens wenig. Also lieber geeignete Plätze anbieten. Das spart Nerven. Ob es sich dabei um Körbe, Hundebetten, Kissen, Schuhkartons oder eine Umzugskiste handelt, ist gleich.

PFOTENTEST Ist dieses Kissen weich genug? Ein kuscheliges Plätzchen braucht jede Katze.

SCHAUKELKORB Auch Körbe eignen sich bestens zum Schlafen oder zum Spielen. Vor allem dann, wenn es sich um einen halbrunden Korb handelt, der sanft hin und her schaukelt.

DOPPELBETT Hier passen gleich zwei Schmusetiger drauf! Das verhindert Eifersüchteleien und fördert das Miteinander. Katzen, die sich gut verstehen, kuscheln gern miteinander.

FLAUSCHIG WEICH UND ABGESCHIEDEN

Doch was sind geeignete Plätze? Da scheiden sich die Katzengemüter. Die einen lieben es flauschig, begeistern sich für Lammfelle und weiche Kissen. Andere bevorzugen festere Unterlagen wie flache Sitzkissen. Manche liegen beim Schlafen selbstbewusst an exponierter Stelle, und es stört sie nicht im geringsten, wenn Action um sie herum herrscht. Aber es gibt auch Samtpfoten, die eine ruhige, geschützte Ecke suchen, um Energien für neue Abenteuer zu tanken. Diese bunte Entscheidungsvielfalt führt in der ersten Phase der Katze-Mensch-Beziehung oft zu Fehlkäufen und Enttäuschung. Resignation sollte deshalb jedoch keinesfalls entstehen, schließlich offenbaren sich die Präferenzen des neuen Familienmitglieds mit der Zeit.

WASCHBARE KATZENBETTEN

Handelsübliche Katzenbettchen oder Kuschelsäcke sollten aus hochwertigem Material gefertigt und waschbar sein. Die Waschbarkeit der Materialen ist ein ganz wichtiger Punkt. Katzenbetten sollten bei 60 Grad Celsius gewaschen werden, damit die Reinigung auch effektiv verläuft. Man kann hierfür normales Waschpulver verwenden, sollte allerdings mit dem Einsatz von Weichspüler vorsichtig sein. Handelt es sich bei dem Katzenbett um ein Markenprodukt mit langfaseriger Polyesterseide – was für einen extrem hohen Komfort sorgt –, können diese Fasern vom Weichspüler verklebt werden. Das geht zulasten der Atmungsaktivität. Einen Trockner braucht man für ein hochwertiges Bettchen übrigens nicht. Es ist nach dem letzten Schleudern so gut vorgetrocknet, dass der Rest ganz schnell geht, bevor es wieder einsetzbar ist.

Tipp

ZUGFREI MIT ÜBERBLICK

Trotz aller Flexibilität, die angebracht ist, um den Katzengeschmack zu treffen, gibt es einige Tipps, die meistens recht schnell zum Erfolg führen: So sollte sich der Schlaf- oder Ruheplatz an einer zugfreien, nicht zu hellen Stelle befinden. Trotz abgeschirmt wirkenden Ambientes muss die Chill-Out-Zone einen guten Überblick über die Umgebung ermöglichen.

KRATZBAUM UND KLETTERMÖGLICHKEITEN

Mindestens ein Kratzbaum gehört in jeden Katzenhaushalt. Idealerweise ist er deckenhoch, damit der Stubentiger nicht nur seine Krallen daran wetzen, sondern auch seine Kletterlust austoben kann. Denn die ist sogar biologisch vorgesehen. Wussten Sie, dass der Aufbau des Katzenskeletts dem menschlichen Körper in vielen Punkten ähnelt? Es gibt allerdings einen Unterschied: Miezen haben 40 Knochen mehr als Menschen. Da die Wirbel eher locker miteinander verbunden sind, kann sich „Kathinka" spektakulär bewegen und klettern wie kaum ein anderes Haustier. Dazu trägt auch die enorme Kraft der Hinterbein- und Rückenmuskulatur bei. Das Klettern wird meistens durch einen schwungvollen Sprung eingeleitet, weil das mehr Höhe bringt. Der Sprung wird durch eine geduckte Körperstellung eingeleitet, bei der das Becken den Boden berührt. Knie-, Fuß- und Hüftgelenke werden angezogen und durch das Anspannen der Muskeln gedehnt, was ein rasantes Empor- beziehungsweise Voranschnellen des Körpers bewirkt.

KRALLEN WIE STEIGEISEN

Während des Sprungs werden die spitzen Krallen der Vorderpfoten ausgefahren und dann in die Baumrinde oder den Sisalstamm des Kratzbaums geschlagen. Mithilfe aller Krallen geht es mit enormer Schubkraft hinauf zum Ziel. Diese Krallen einer Katze sind messerscharfe Waffen und eine hervorragende Kletterhilfe. Sie dienen vorrangig der Verteidigung, dem Beutefang und dem Erklimmen hoher Bäume, allerdings werden sie auch eingesetzt, um sich am Untergrund festzukrallen oder sich nach Herzenslust zu kratzen. Die Länge der Katzenkrallen reguliert sich bei gesunden, erwachsenen Katzen von selbst, wenn sie Kletter- und Kratzmöglichkeiten vorfinden. Bei älteren Katzen ist hierbei meistens Mithilfe vonseiten des Tierarztes oder des Besitzers gefragt. Sisalbrettchen und Eckschoner mit rauer Oberfläche helfen bei der Krallenpflege.

IM RÜCKWÄRTSGANG HINAB

Selbst glatte Baumrinden sind für eine Katze kein Problem: Bei jedem Schritt bohren sich die spitzen Krallen mehrere Millimeter tief in die Rinde und ermöglichen einen problemlosen Aufstieg. Der Abstieg gestaltet sich schwieriger: Katzenkrallen sind nach hinten gebogen und nicht sehr dienlich, wenn es darum geht, kopfüber vom Baum zu steigen. Aus diesem Grund bevorzugen vierbeinige Kletterkünstler, mit dem Hinterteil voran den Abstieg zu wagen.

GANZ SCHÖN VERWEGEN! Tollkühne Klettermanöver zeigt diese Norwegische Waldkatze.

MEINE HÖHLE! Der Korb ist gestürmt und wird nun mit vorwitziger Pfote gegen Eindringlinge verteidigt.

AUF LEISEN SOHLEN

Die weich gepolsterten Ballen der Pfoten ermöglichen der Katze, sich fast lautlos anzuschleichen und auf gut federnden Untergrund zu landen, wenn sie aus größerer Höhe – zum Beispiel von einem Baum oder einem hohen Kratzbaum – springt. Die Fußballen unterteilen sich in ein festes Gewebekissen und eine robuste Hautstruktur, die die Pfoten vor Verletzungen schützt. Die Ballen erfüllen hierbei gleich drei wichtige Funktionen: Sie fungieren als Stoßdämpfer, schützen die empfindlichen Zehenknöchelchen und eignen sich hervorragend, um rasante Bremsungen einzulegen. So kann die Katze, selbst bei hoher Laufgeschwindigkeit, gewagte Manöver einlegen. Schnelle Wendungen und plötzliches Abbremsen sind für einen Stubentiger kein Problem. Selbst beim Abstieg vom Baum sind rasante Richtungsänderungen möglich.

ANTENNEN IN DER DUNKELHEIT

Die Schnurrhaare, die kleinen Tasthaarbüschel im Augenbereich, an den Wangen, am Kinn und an den vorderen Daumenballen sind vermutlich für den Tastsinn verantwortlich. Mithilfe der Schnurhaare kann sich der Stubentiger viele wichtige räumliche Informationen ertasten und sich selbst in absoluter Dunkelheit oder im dichten Blattwerk eines Baums orientieren. Verhaltensforscher wie Professor Paul Leyhausen wiesen mit den sogenannten Labyrinthtests nach, dass Katzen mit gestutzten Schnurrhaaren in der Dunkelheit schneller die Orientierung verlieren als Stubentiger mit intakter Haarpracht. Auch beim Klettern sind tasthaarlose Katzen eindeutig im Nachteil.

STABIL UND STANDFEST

Mit einem Kratzbaum kommen sie gut zurecht. Und der sollte stabil gebaut und standhaft sein. Qualität ist hierbei wichtig, denn billiges Material und eine schlampige Verarbeitung verkürzen die Haltbarkeit und gefährden mitunter sogar die Gesundheit der Katze. Bei großen schweren Rassen unbedingt darauf achten, dass der Kratzbaum mit langen Dübeln in der Wand befestigt wird. Ansonsten reißen sie ihn um. Gemütliche Liegeflächen, Kletterhöhlen, Hängematten und am Kratzbaum baumelnde Spielzeuge stehen bei vielen Katzen hoch im Kurs. Achten Sie auch hier auf solide Verarbeitung.

FUTTER UND WASSER

Gesunde Katzen verspüren mehrmals täglich Appetit und Durst. Wenn sie gerade von einem längeren, aufregenden Ausflug zurückkehren, haben sie mitunter auch großen Hunger. Deshalb gehören Futter- und Wassernäpfe zur Standardausrüstung jedes Katzenhaushalts. Wie auch die dazugehörigen Inhalte. Doch langsam. Mit irgendwelchen Behältnissen für Nahrung und Flüssigkeit ist es nicht getan. Professionelle Näpfe zeichnen sich durch Qualitätskriterien aus, die für Katzenhalter wichtig sind.

MATERIAL DER NÄPFE

Sie sollten aus einem Material sein, das sich gut reinigen lässt. Poröse, unbehandelte Oberflächen scheiden aus. Edelstahl, Kunststoff oder glasierte Naturmaterialien sind angesagt. Auch Porzellan spielt in der immer luxuriöser werdenden Katzenwelt eine Rolle. Es zerbricht jedoch leicht, was eine Verletzungsgefahr mit sich bringt. Deshalb bevorzugen erfahrene Katzenhalter robusteres Material.

HYGIENISCH SAUBER

Futternäpfe müssen regelmäßig gereinigt werden. Bekommt die Katze Feuchtnahrung, sollten Reste nach der Mahlzeit entsorgt werden. Heißes Wasser und eine Spülbürste reichen, um den Napf ohne Zusatz von Chemikalien zu reinigen. Notfalls hilft ein Spritzer Spülmittel. Anschließend abspülen und mit einem Küchenpapier trocken reiben. Trockenfutternäpfe bedürfen keiner täglichen Reinigung. Trotzdem sollten sie ab und zu überprüft und gereinigt werden. Wassernäpfe werden mindestens einmal – besser zweimal – täglich erneuert. Vor dem Auffüllen des Frischwassers mit einem Küchenpapier durch den Napf wischen und ihn ein- bis zweimal pro Woche mit heißem Wasser ausspülen.

FORMSCHÖN ODER FUNKTIONAL?

Welche Napfform am besten bei Samtpfoten ankommt, lässt sich nicht eindeutig beantworten. Es gibt Vertreter der schnurrenden Zunft, die kleinere Näpfe mit hohen Rändern bevorzugen, weil sie die Nahrung so besser ins Mäulchen schieben können. Andere kommen auch mit pizzatellergroßen, flachen Varianten zurecht. Hier ist Ausprobieren angesagt. Meistens ist man jedoch mit einer mittleren Größe (Durchmesser ca. 11,5 bis 13,5 Zentimeter) und einer Randhöhe von 7 bis 8 Zentimetern gut bedient. Es gibt auch Napfsysteme mit Ständern, in denen sich erhöhte Näpfe befinden. Das finden viele Samtpfoten bequem.

Tipp

GETRENNT AUFSTELLEN
Die Wassernäpfe mindestens zwei Meter weit vom Futter entfernt aufstellen. Das kommt dem natürlichen Verhalten von Katzen entgegen, die nie in der Nähe vom Wasser fressen, um es nicht mit Nahrungsresten zu verschmutzen.

MIT UNTERLAGE

Ob unter die Näpfe eine Unterlage zum Schutz des Bodens gehört oder nicht, obliegt der Vorliebe des Katzenhalters. Die Erfahrung lehrt: Solange die Untersetzer, die meistens aus Kunststoff sind, zur Kategorie „brandneu“ gehören, sehen sie appetitlich aus. Doch schon nach wenigen Wochen verändert sich dieser Eindruck. Katzen neigen dazu, Nahrungsbröckchen aus dem Napf zu fischen, sie davor abzulegen und durchzukauen. Somit bleiben immer Reste an den Untersetzern haften, die antrocknen und unappetitlich werden. Das bedeutet: Untersetzer bedürfen täglich einer Reinigung, ansonsten beleidigen sie das Auge. Vorsicht ist bei zusammenhängenden Napfkombinationen geboten. Es ist unpraktisch, wenn mehrere Näpfe und womöglich noch ein Untersetzer untrennbar miteinander verbunden sind. Die Reinigung eines solchen Konstrukts bedarf mechanikertauglicher Fähigkeiten. Für praktisch veranlagte Menschen mit wenig Zeit sind sie nichts.

PORZELLANTELLERCHEN FÜR ECHTE DIVEN

Sie lieben das Besondere? Auch für modebewusste Zeitgenossen gibt es passende Futter- und Wassernäpfe. So haben sich bereits mehrere Trendlabel auf die Herstellung wertvoller, handbemalter Porzellanware verlegt. Ob Sie das edle Geschirr nur herausholen, wenn Gäste kommen, oder die Katze täglich daraus schlemmen darf, ist Geschmackssache. Auf jeden Fall haben die Porzellannäpfe nicht nur Snobstatus, sondern auch Vorteile: Das hochwertige Material nimmt keine Gerüche und Geschmacksrückstände an. Bei der Pflege ist Fingerspitzengefühl gefragt. Ganz wichtig: Porzellannäpfe müssen – genau wie jedes andere feine Porzellan – mit der Hand gewaschen werden. In der Geschirrspülmaschine verblasst die Bemalung mit der Zeit. Sie haben nichts in der Mikrowelle verloren. Darin kann die Glasur springen und der Napf beschädigt werden. Und: Bloß nicht fallen lassen. Gutes Porzellan bedarf einer behutsamen Behandlung.

PICOBELLO Ein Katzenfutternapf sollte vor allem gut zu reinigen sein. Am besten in der Geschirrspülmaschine – das macht am wenigsten Arbeit. Glatte Oberflächen verhindern das Festsetzen von Nahrungsresten.

HAUPTSACHE, SAUBER! Die einfachste Variante des Katzenklos ist nach wie vor beliebt und kostengünstig, wenn sie ausgetauscht werden muss. Kleine Modelle eignen sich auch als Reise- oder Ausstellungstoilette.

DIE KATZENTOILETTE

Überwiegend draußen lebende Mäusefänger brauchen nicht unbedingt eine. Stubentiger schon. Ohne ein adäquates Sanitärangebot sind sie regelrecht aufgeschmissen. Beziehungsweise ihr Besitzer, denn wenn keine Katzentoilette da ist, suchen sich gewiefte Miezen eben selbst eins. Und das kann dann der Wäschekorb, der Kleiderschrank oder das Bett der zweibeinigen Hausherren sein.

VIELFÄLTIGES ANGEBOT

Also lieber gleich an das „stille Örtchen" denken, bevor die Katze einzieht. Varianten gibt es genug. Mit Überdachung oder ohne. In schlichtem Mattweiß oder knalligem Pink. Mit Eingangstörchen oder ohne. Kleine, feine Modelle. Und Riesenklos. Die Megatoiletten sind übrigens kein Produkt für Menschen mit einem übertriebenen Pflegetrieb. Sie sind vielmehr die einzige Lösung für Besitzer großer Katzenrassen wie Maine Coons. Ein gestandener Kater mit über zehn Kilogramm Kampfgewicht drückt die Überdachung einer normal dimensionierten Katzentoilette mit dem Rücken hoch, wenn er sich einmal darin breitmacht. In den meisten Eingängen würde er vermutlich stecken bleiben. Imposante Katzen benötigen eben auch eine beeindruckende Toilette. Die sollte eine großzügige Grundfläche haben, damit sich die Katze beim Scharren auch darin drehen kann, und falls ein Dach vor indiskreten Einblicken schützen soll, muss es hoch genug sein. Eine Gummimatte mit Profil macht sich gut vor dem Klo.

AUFGESTELLT

Eine Katzentoilette „Marke Eigenheim“ bedarf aber auch eines ausreichend großen Platzes. Zwischen Gästekloschüssel und Wand ist meistens viel zu wenig Raum. Aber wer will so ein Ding schon mitten im Zimmer platzieren... Glücklich ist, wer einen Keller mit freiem Zugang hat, in dem sich die Katzentoilette unterbringen lässt. Modelle ohne Dachvorrichtung sind platzsparender, aber sie sollten einen nach innen gebogenen, hohen Außenrand haben, weil beim Scharren ansonsten viel Katzenstreu daneben geht.

STREU UND SCHÄUFELCHEN

Abgesehen von der auf die Größe der Samtpfote und den persönlichen Geschmack abgestimmten Katzentoilette, gehören noch einige Accessoires zu dem Hygienebereich: Streu und Schäufelchen sind ein Muss. Optional kommen noch geruchsbekämpfende Produkte infrage. Doch das Allerwichtigste ist die Einstreu. Sie entscheidet darüber, ob die Katze ihre Toilette akzeptiert oder nicht. Sie vermag unangenehme Geruchserlebnisse zu verhindern oder zu forcieren. Sie ist auch schuld, wenn der Katzenhalter täglich mehrmals zum Staubsauger greifen muss.

DIE QUAL DER WAHL

Zugegeben, die Auswahl der richtigen Einstreu ist schwierig. Angesichts der überwältigenden Vielfalt des modernen Katzenstreumarktes scheint ein Masterabschluss erforderlich zu sein, um die optimale Wahl zu treffen. Es gibt Streu aus biologisch abbaubaren Materialien und aus Hightechkunststoff. Klumpende und nicht klumpende Produkte. Duftende und neutral riechende Einstreu. Streu aus groben und aus feinen Körnern. Und wie gut sind sie? Das variiert, nur eins ist sicher: Längst nicht alle Katzenstreus halten das, was auf der Verpackung versprochen wird. Erfahrene Katzenhalter vertrauen meist auf hochwertige, klumpende Streusorten. Die sind beim Einkauf zwar etwas teurer, da sie jedoch effektiv sind, sparen sie mit der Zeit wieder Geld ein. Ob das Streu duften soll, bleibt dem Geruchssinn der Katze überlassen. Neutrales Streu kann übrigens auch mit einem separaten Katzenklodeo parfümiert werden, was empfindliche Katznenasen nicht immer schätzen.

FRISCH GEREINIGT

Ganz gleich, für welche Einstreu man sich entscheidet: Eine Katzentoilette ist nur dann geruchsfrei, wenn sie regelmäßig gereinigt wird. Bei einer Katze sind das mindestens zwei Reinigungen täglich. Bei zwei oder mehr Katzen muss die Schaufel öfter ran, zudem sollte je Katze eine eigene Toilette plus ein Ausweichklo zur Verfügung stehen. Außerdem sollte jede Katzentoilette einmal wöchentlich entleert und mit heißem Wasser ausgeschrubbt werden. Sobald sich auf dem Boden Kratzer abzeichnen, in denen sich Urin festsetzt, muss eine neue Toilette her.

Tipp

SELBSTREINIGEND

Der neuste Clou auf dem Toilettenmarkt sind selbstreinigende Katzenklos. Sie bemerken dank Sensor, wann eine Katze die Toilette benutzt, und aktivieren Minuten später einen Rechen, der durch die Streu fährt und alles, was rausmuss, in einen kleinen Kasten befördert. Genial, aber auch solche Klos bedürfen einer regelmäßigen Grundreinigung.

SPIELZEUG

Katze müsste man sein. Denn in der kunterbunten Welt des Katzenspielzeugs fühlen sich Stubentiger wie „Alice im Wunderland". Angelspiele. Jagdspiele. Kletterspiele. Intelligenzspiele. Kunststücke erlernen. Verglichen mit diesem prallen Angebot, wird der Mäusefang fast schon langweilig.

SPIELZEUG-ELDORADO

Deshalb führt einer der ersten Wege jedes zukünftigen Katzenbesitzers in die Spielwarenabteilung des Zoofachgeschäfts. Oder in den Bastelladen; falls Zeit und Muße besteht, die Spielzeuge selbst zu bauen. Angesichts des überwältigenden Angebots sind viele erst mal sprachlos. Bunte Schaumstoffbällchen baumeln neben plüschigen Fellmäusen. Aus einer Tonne lugen Angeln hervor, an deren Bändern Stofffische, Zylinder tragende Kätzchenfiguren oder glitzernde Bänder hängen. Auch der Biotrend wurde nicht vor dem Spielzeugregal ausgebremst. Naturbelassene Sisalfische und Ökomäuschen locken die, die keine Chemie im Katzenspielzeug haben wollen. Doch damit nicht genug: Inzwischen stapeln sich auch Kartons mit aufwendigen Spielinstallationen in den Fachgeschäften. Blickt man hinein, finden sich hölzerne Labyrinthe, durch die Katzenpfoten Holzbälle manövrieren sollen. Oder ein an den Hütchenspielertrick erinnerndes Spiel, bei dem sich unter einigen der präparierten Holzkäppchen Leckerchen befinden. Auch quietschbunte Kunststoffspiele sind dabei. In einem gelben hohlen Ring flitzt ein batteriebetriebenes Mäuschen. Eine Plastikkatze wirbelt mit drehendem Kopf eine Angel mit Beute herum. Inklusive Zeitschaltuhr. Entlastung für gestresste Zeitgenossen.

FÜR JEDEN GESCHMACK DAS RICHTIGE

Offensichtlich gibt es für jeden Katzengeschmack genau das richtige Spielzeug. Und welches das ist, müssen die Besitzer dieser äußerst wählerischen Spezies herausfinden. Selbstbewusste, draufgängerische Katzen begeistern sich durchaus für einen wie von Geisterhand gesteuerten Zeitvertreib, der auch noch ein brummendes Motorengeräusch von sich gibt. Sensibelchen ergreifen schon

EIN KLASSIKER Von der guten alten Maus können weder Katzen noch Spielzeughersteller lassen.

WAS SCHWIMMT DENN DA? Wasserspiele sind der Sommerhit für nicht allzu wasserscheue Miezen!

STEHAUF-MÄUSE Hier muss gleich eine ganze Mäusefamilie gefangen werden.

FLOTTE BIENE bekommt hier eine neue Bedeutung. Beim Flug zum Bienenstock wird nachgeholfen.

beim Anblick die Flucht. Neugierige, pfiffige Katzen heben gern ein Holzhütchen nach dem anderen an, bis sie endlich ein Leckerchen finden. Gelassene Miezen liegen vielleicht stundenlang davor und warten darauf, dass ihr Zweibeiner diesen Service für sie übernimmt. Kletter- und Springspiele sind ganz klar nur etwas für aktive, nicht zu alte Stubentiger. Ein zweijähriger Orientale wird gar nicht genug davon bekommen können, das Kletterseil zur kleinen Hängematte hinauf- und wieder hinunterzukraxeln. Eine zehnjährige Perserdame dürfte bei diesem Anblick das Grauen packen.

INDIVIDUELL UND KATZENGERECHT

Kurzum: Ein Spielzeug sollte immer auf das individuelle Wesen der Katze abgestimmt werden, ansonsten liegt es unbeachtet in der Ecke herum. Und es sollte katzengerecht sein, also keine spitzen, kleinteiligen oder gar giftigen Teile enthalten. Auch wenn am Spielzeug selbst alles in Ordnung ist, kann es erforderlich sein, die Katze nur unter Aufsicht damit spielen zu lassen. Das ist zum Beispiel bei Angeln mit Leder- oder Federbeute der Fall. Passt man nicht auf, nagt die Samtpfote über Nacht alle Bänder und Federn ab, verschlingt sie und würgt sie im besten Fall gleich postwendend wieder aus. Andere Aktionen gehen vielleicht nicht so glimpflich aus. Verschluckte Kleinteile sind manchmal nur operativ zu entfernen. Wenn die Katze immer dünner wird, sich häufig erbricht und Probleme beim Fressen hat, sollte man sie unbedingt vom Tierarzt durchchecken lassen. Vielleicht sitzt irgendwo ein Kunststoffmäuseauge fest, das ein Billiganbieter mit einer kleinen Nadel befestigt hatte. Vorsicht vor solchen Spielzeugen. Es ist besser, ein oder zwei Spielzeuge mit Qualität zu kaufen, als eine ganze Kiste voller Billigware.

AUSSTELLUNGSWEDEL

Vorsicht auch vor sogenannten Ausstellungswedeln. Die langen Kunststoffstäbe mit den bunt glitzernden Plastikbändchen sind nur für den Einsatz auf Katzenausstellungen gedacht. Mit ihnen lässt sich die Aufmerksamkeit der Katze wecken, damit sie sich möglichst typvoll vor dem Zuchtrichter präsentiert. Überlässt man den Wedel der Katze, reißt sie bestimmt die Bänder ab und verschluckt sie. Das kann gesundheitliche Probleme nach sich ziehen. Spielzeuge, mit denen Stubentiger unbeaufsichtigt herumtoben dürfen, sollten durch und durch aus natürlichem Material und auch als Kauspielzeug geeignet sein.

Ich bin neu hier! – Die ersten Tage

JETZT KOMMT EINE SPANNENDE UND WUNDERSCHÖNE ZEIT: DIE ERSTEN TAGE, DIE KATZE UND MENSCH GEMEINSAM VERBRINGEN. ZWEI WESEN WOLLEN SICH KENNENLERNEN, EINANDER ENTDECKEN. DER STUBENTIGER STEHT VOR EINER ZUSÄTZLICHEN HERAUSFORDERUNG: ER MUSS SICH IN EINEM NEUEN LEBENSUMFELD ZURECHTFINDEN. LESEN SIE, WIE SIE IHM DIE EINGEWÖHNUNG SO SCHÖN WIE MÖGLICH MACHEN KÖNNEN.

FEIERLICHER EMPFANG

Oft ist es ein gerade erst einmal zwölf Wochen altes Kätzchen, das – sicher in einer Transportkiste untergebracht – im neuen Heim ankommt. Manchmal ist es aber auch ein ausgewachsener Mäusefänger, was die neuen Besitzer manchmal vor eine besondere Aufgabe stellt. Längst ist zu Hause alles für den feierlichen Empfang vorbereitet: Futter- und Wassernäpfe stehen bereit, die Katzentoilette ist frisch eingestreut, es gibt einen Kratzbaum, Schlafplätze und Spielzeuge. Was jetzt zählt, ist ausreichend Zeit, um einander kennenzulernen. Vielleicht muss sich das neue Familienmitglied an andere Haustiere gewöhnen oder erst einmal stubenrein werden.

Freuen Sie sich auf ein Abenteuer, das Sie nicht mehr so schnell vergessen werden! Und nicht gleich den Kopf hängen lassen, wenn es mal etwas drunter und drüber geht. Geben Sie sich und dem vierbeinigen Schmuser die Chance, in aller Ruhe zusammenzuwachsen. Da darf in der ersten Zeit auch durchaus mal etwas schief gehen.

ZEIT UND VIEL MEHR

Die ersten Tage im neuen Zuhause sind für eine Katze sehr aufregend. Sie muss sich nicht nur auf unbekannte Menschen einstellen, sondern auch ein fremdes Revier erkunden. Das alles kann ganz schön nervenaufreibend sein. Hier einige Tipps, die Ihrem Vierbeiner die Eingewöhnung erleichtern können.

EINGESCHWORENES TEAM Vertrauen aufbauen braucht Zeit und lässt sich nicht erzwingen.

BRINGEN SIE DIE KATZE MIT DER TRANSPORTKISTE AN EINEN RUHIGEN ORT, VON DEM AUS SIE IHR NEUES HEIM SELBSTSTÄNDIG ERKUNDEN KANN.
Die Transportkiste sollte in einer geschützten Ecke stehen, keinesfalls mitten im Wohnzimmer, wo aufgeregte Familienmitglieder den Neuankömmling erwartungsvoll anstarren. Eine gute Übersicht sollte trotzdem gegeben sein, damit die Samtpfote ihre Umgebung bereits aus der Box beäugen kann. Leben noch andere Katzen oder Hunde im Haushalt, sollten diese erst einmal fernbleiben. Die Klappe der Transportkiste bleibt nun geöffnet, damit die Katze selbst entscheiden kann, wann sie die ersten Schritte ins neue Königreich wagt.

ÜBERLASSEN SIE ES DEM VIERBEINER, WANN ER SICH AUF ERKUNDUNGSTOUR BEGEBEN MÖCHTE. TRAGEN SIE IHN KEINESFALLS HERUM, UM IHM ALLES ZU ZEIGEN.
Bedenken Sie, dass sich das Vertrauen zwischen Ihnen und Ihrer Katze erst entwickeln muss. Anfangs könnte der Stubentiger verstört reagieren, wenn Sie ihn einfach auf den Arm nehmen und außerdem mit unbekannten Reizen konfrontieren. Geben Sie der Katze Zeit, auf Entdeckungstour zu gehen. So vermeiden Sie unnötigen Druck und fördern ihr Selbstbewusstsein.

ERMUTIGEN SIE DIE KATZE AUF DER SUCHE NACH FUTTER UND WASSER.
Stellen Sie die Näpfe in die Küche oder an einen anderen dafür vorgesehenen Ort, aber keinesfalls direkt vor die Transportkiste. Die Katze soll von Anfang an mit der normalen Futterstelle vertraut gemacht werden. Selbst übervorsichtige Zeitgenossen verspüren früher oder später Hunger und Durst. Das motiviert sie, die ersten Schritte zu wagen. Sind die Futternäpfe gefüllt, belohnt sich die Katze selbst für ihren Mut, wenn sie am Büfet ankommt. Der zweite Gang fällt dann schon gar nicht mehr so schwer.

VERWENDEN SIE IN DER ERSTEN ZEIT DIE FUTTERSORTE, DIE DER NEUZUGANG SCHON KENNT.
So beugen Sie Futterverweigerung, Durchfall oder Verstopfung vor. Sollten Sie eine Nahrungsumstellung planen, sollte diese schrittweise erfolgen. Eine komplette Umstellung nimmt mindestens eine Woche in Anspruch, wenn sie sich nicht auf den Stoffwechsel auswirken soll. Beginnen Sie mit 75 Prozent der alten Futtersorte und ergänzen Sie das Ganze mit 25 Prozent des neuen Futters. Nach und nach erhöhen Sie den Anteil an neuer Nahrung, bis 100 Prozent erreicht sind. So bleibt die Verdauung im Lot und die Katze fühlt sich wohl.

HERZLICH WILLKOMMEN! Wann das neue Heim erkundet wird, darf der kleine rote Kater selbst entscheiden.

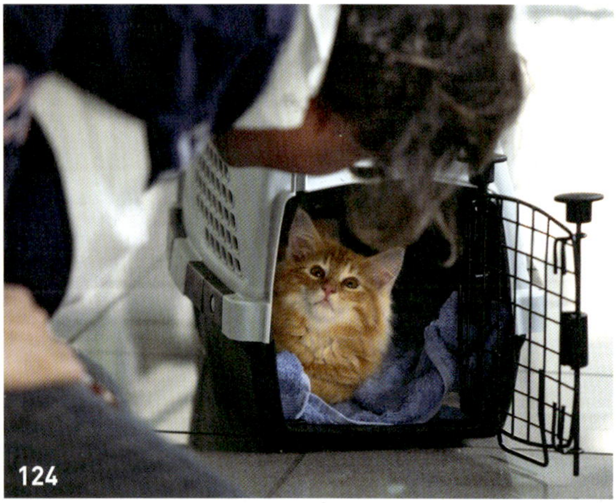

AUF INS NEUE LEBEN Der erste Schritt ist getan! Mal sehen, was es hier alles zu entdecken gibt.

SORGEN SIE DAFÜR, DASS WÄHREND DER ERSTEN TAGE KEIN TRUBEL IM HAUS HERRSCHT.

Freunde und Bekannte sollten das neue Familienmitglied erst bewundern dürfen, wenn es sich in seinem neuen Zuhause eingelebt hat. Die Samtpfote muss in der Eingewöhnungsphase so viele Eindrücke verarbeiten, dass man unnötige Reize erst einmal konsequent von ihr fernhalten sollte. Doch auch nach der ersten Eingewöhnungsphase muss das Kennenlernen des gesamten Verwandten- und Bekanntenkreises wohldosiert erfolgen. Nicht alle auf einmal, sondern schön nacheinander.

SCHENKEN SIE IHREM NEUEN FAMILIENMITGLIED VIELE STREICHELEINHEITEN, ABER NUR SOLANGE ES MÖCHTE.

Sucht die Katze Ihre Nähe, sollten Sie für sie da sein. Möchte sie sich zurückziehen, sollten Sie das akzeptieren. Wer nun ständig hinter der Katze herläuft und sie womöglich auch noch gegen ihren Willen auf den Schoß nimmt, macht sich unbeliebt. Auf Dauer entwickelt sich so oft eine schwierige Persönlichkeitsstruktur. Abhängig vom individuellen Charakter entstehen Aggressionen oder auch Angstverhalten.

SIE PLANEN, IHRE KATZE INS FREIE ZU LASSEN? DANN SOLLTEN DIE ERSTEN AUSFLÜGE FRÜHESTENS VIER WOCHEN NACH EINZUG GEWAGT WERDEN.

Bis die Katzenklappe den Weg in die Freiheit ermöglicht, hat der Mäusefänger ausreichend Zeit, sein neues Reich als Zuhause oder Stammrevier abzuspeichern. Das erhöht die Wahrscheinlichkeit, dass er nach Exkursionen wieder dorthin zurückkehrt. Jede Katze entwickelt eine Bindung zu ihrem Revier, wenn es dort regelmäßig Nahrung und Wasser, Streicheleinheiten und Abwechslung gibt. Bis dieses Bewusstsein fest im Katzengehirn verankert ist, vergehen vielleicht einige Tage oder Wochen.

KLEINES STRETCHING Noch etwas verlegen, ein bisschen unsicher, aber dennoch zielstrebig tastet sich der kleine Norwegische Waldkater voran. Schon bald wird er sich hier auskennen und nach Herzenslust austoben.

STUBENREINHEIT

Die gute Nachricht: Die meisten Katzen sind bereits stubenrein, wenn sie ihr neues Heim beziehen. Die schlechte Nachricht: Falls sie es nicht sind, kann sich daraus eine langwierige und höchst nervenaufreibende Angelegenheit entwickeln.

ZUM RECHTEN PLATZ GEBRACHT

Kätzchen werden von seriösen Züchtern frühestens im Alter von zwölf Wochen abgegeben. Zu diesem Zeitpunkt haben die kleinen Schmuser längst von ihrer Mutter gelernt, wozu es eine Katzentoilette gibt. Der Umzug in ein neues Heim ist aufregend, was vorübergehend zu Schwierigkeiten in puncto Sauberkeit führen kann. Dem lässt sich vorbeugen, indem man dem Kätzchen gleich am ersten Tag den Weg zur Katzentoilette zeigt, mit der Hand etwas in der Einstreu scharrt und es ausgiebig lobt, sobald es die Toilette benutzt.

GERN ANGENOMMEN

Normalerweise gewöhnen sich auch erwachsene Katzen ganz schnell an eine Katzentoilette – selbst wenn sie vorher als Freigänger alles draußen verscharren konnten.

Tipp

HEIKLE ANGELEGENHEIT

Falls das Kätzchen die Toilette nicht akzeptiert, kann das an der Streusorte, am Toilettenmodell oder auch am Standort des stillen Örtchens liegen. Katzen legen Wert darauf, dringende Geschäfte an ruhigen, unbeobachteten Orten zu verrichten. Vielleicht kennt der Vierbeiner keine Toilette mit Eingangsklappe oder war eine andere Einstreu gewöhnt. Hier ist Experimentieren angesagt.

Gerade bei schlechtem Wetter schätzen auch überzeugte Outdoorfreaks ein warmes, trockenes Plätzchen, wenn die Blase drückt. Mit der ausgewachsenen Katze trainiert man ganz genauso wie mit einem Kätzchen. Immer wieder die Toilette zeigen und auffordernd darin scharren. Und nicht vergessen zu loben, wenn der Stubentiger tatsächlich von selbst hineingeht. Unbedingt darauf achten, dass die Katzentoilette von den Ausmaßen her der Körpergröße der Katze gerecht wird. Keine zu kleinen Katzenklos auswählen.

BLITZBLANK Die regelmäßige Reinigung der Katzentoilette ist eine wichtige Voraussetzung für die Stubenreinheit der Samtpfote. In einem sauberen Klo fühlt sie sich wohl, ein schmutziges wird eher gemieden.

MEIN HUND! Katzen und Hunde können dicke Freunde werden. Vorausgesetzt, sie werden einfühlsam aneinander gewöhnt und jeder hat genügend Freiraum. Übrigens kommt es recht oft vor, dass die Katze der Chef im Haus ist.

GEWÖHNUNG AN BELLO UND CO

Falls es noch andere Haustiere im neuen Revier gibt, bedeutet das Stress für alle Beteiligten. Auch hier ist Geduld angesagt und auf jeden Fall auf eine ruhige, entspannte Atmosphäre zu achten. Lassen Sie nicht gleich am ersten Tag Hund und Katze auf den neuen Stubentiger los. Geben Sie den Haustieren Zeit, sich in aller Ruhe kennenzulernen.

WIE HUND UND KATZ

Katzen an Hunde gewöhnen? Für viele ist das ein stressgeladenes Thema. Die Beziehung zwischen beiden gilt als unberechenbar. Zugegeben: Rein traditionell sind „Bello" und „Minka" nicht gerade die engsten Freunde, und das sorgt beim ersten Aufeinandertreffen oft für jede Menge Stress. Doch woran liegt das eigentlich?

VERSCHIEDENE SPRACHEN SPRECHEN

Beide Tiere verfügen über grundverschiedene Verhaltensmuster. Als Beispiel sei nur das freundliche Wedeln des Hundes erwähnt, das von hundeunerfahrenen Miezen als freche Provokation interpretiert und eventuell mit einem kühnen Angriff geahndet wird. Diese Probleme stellen sich übrigens nicht, wenn Stubentiger und Hund eine gemeinsame Kinderstube hatten. Als unbedarfter Welpe und niedliches Kätzchen lernen beide spielerisch einander zu verstehen und zu respektieren. Solche Bedingungen bieten die optimalen Voraussetzungen für ein jahrelanges harmonisches Zusammenleben.

ERSTE KONTAKTAUFNAHME

Natürlich besteht auch die Möglichkeit, die beiden beliebtesten Haustiere der Deutschen zu einem späteren Zeitpunkt zusammenzubringen, dann ist allerdings erzieherisches Talent gefragt: Beide müssen die Möglichkeit haben, in aller Ruhe miteinander Kontakt aufzunehmen. Dies geschieht am besten ohne Druck und Stress, da so etwas das erste Meeting empfindlich stören kann. Wichtig ist auch, dass keines der beiden Tiere in eine Ecke gedrängt wird und sich durch diese unausweichliche Situation in Lebensgefahr wähnt.

MEINE WELPEN?! Diese beiden Whippets hüten den Somali-Wurf, als wäre es ihr eigener.

GROSSER WASCHLAPPEN Mama ist bei der Fellpflege aber viel zärtlicher!

WARM UND WEICH Rücken an Rücken aneinander gekuschelt, fühlen sich diese vier am wohlsten.

EIFERSÜCHTIG?

Auch die Eifersucht spielt beim Zusammenraufen von Katze und Hund eine nicht unerhebliche Rolle. Wenn sich von einem Tag auf den anderen plötzlich alles um das neue Haustier dreht, kann sich der alteingesessene Hausgenosse schnell zurückgesetzt fühlen. Dadurch entsteht Eifersucht – sowohl bei Samtpfoten als auch bei den Verwandten der Wölfe. Der alte Hausgenosse reagiert dann vielleicht erst recht ablehnend, versteht den Neuankömmling als direkte Konkurrenz und versucht, ihn mit hinterlistigen Finten zu vertreiben. Gerade in der ersten Zeit sollte man sich äußerst sorgfältig um die Bedürfnisse des alten Haustiers kümmern. Es darf keinesfalls zu kurz kommen und es muss spüren, dass es nach wie vor die Nummer eins im Revier ist.

LIEBER HUND ALS KATZ

Die Erfahrung lehrt, dass es prinzipiell einfacher ist, einen Hund in den Haushalt einer erwachsenen Katze zu integrieren als den alteingesessenen Stubentiger mit einer neuen ausgewachsenen Mieze zu überraschen. Kommt ein Hundewelpe ins Haus, sollte allerdings peinlichst darauf geachtet werden, dass ihn der bereits im Haushalt lebende Stubentiger nicht heillos unterdrückt. Geschieht dies doch, kann es passieren, dass „Bello" introvertiert und ängstlich wird oder er mutiert zum wütenden Katzenhasser, der sich kaum noch im Zaum halten lässt, sobald ein dreister Mäusefänger in Sicht kommt.

PRIVATBESITZ

Anders verhält es sich, wenn ein Hund das erste Tier im Haushalt war. Sein Verhalten gegenüber dem neuen, auf Samtpfoten daherkommenden Haustier hängt stark von seiner bisherigen Sozialisierung und Erziehung ab. Ein kompetent sozialisierter und erzogener Hund wird den neuen Hausgenossen als Eigentum seines Besitzers akzeptieren und binnen kürzester Zeit zum privaten Haushalt zählen. Das bedeutet allerdings nicht, dass er gegenüber fremden Kuscheltigern ebenfalls

SPRACHBARRIEREN Haben Katzen und Hunde erst gelernt, die Körpersprache des anderen richtig zu deuten, gibt es in der Regel keine Verständigungsprobleme. Hauptsache, der Hund folgt!

Wohlwollen demonstriert. Es kann sogar geschehen, dass er unbekannte Samtpfoten mit wachsendem Ehrgeiz aus dem heimischen Garten fernhält, während „Minka" sogar mit ins Hundekörbchen darf.

RITEN UND RITUALE

Viele der aufgeführten Tipps helfen auch bei der Gewöhnung einer neuen Katze an andere Haustiere: zum Beispiel andere Katzen. Bei ihnen ist es wichtig, dass alle Samtpfoten ausreichend Platz zum Ausleben der eigenen Bedürfnisse haben. Doch vor der Zusammenführung sollten die „alten" Stubentiger den Neuzugang erst einmal durch die Gitter der sicheren Transportbox beäugen dürfen. Manchmal hilft es auch, alle Katzen mit Babypuder einzureiben, damit alle denselben Geruch haben. Doch was viel wichtiger ist: An den Riten und Gewohnheiten der alteingesessenen Haustiere darf sich so wenig wie möglich ändern. Der Lieblingsschlafplatz bleibt auch weiterhin für sie reserviert. Der Futternapf steht an der Stelle, wo er immer stand. Und auch Streicheleinheiten und gemeinsames Spielen werden nicht gekürzt. Dann gibt es auch keinen Grund für Eifersüchteleien.

Moderne Ernährung

MÄUSE UND MILCH? WER GLAUBT, DAS SEIEN DIE ZUTATEN EINER KATZENGERECHTEN ERNÄHRUNG, LIEGT FALSCH. DIE NAGETIERE WERDEN ZWAR GERN GEJAGT UND AUCH VERSPEIST, ABER ALS HAUPTNAHRUNG SIND SIE AUFGRUND DER HOHEN PARASITEN- UND OFT AUCH PESTIZIDBELASTUNG UNGEEIGNET. UND KUHMILCH IST FÜR KATZEN UNVERTRÄGLICH. LESEN SIE HIER, WORAUF BEI EINER GESUNDEN KATZENERNÄHRUNG ANKOMMT.

Das folgende Kapitel ist einzig und allein der Ernährung gewidmet. Angefangen mit dem Thema Fertignahrung, die weitaus besser ist als ihr Ruf, über selbst zubereitetes Futter, das viel Zeit und Know-how voraussetzt, bis hin zu ernährungsbedingten Problemen wie Übergewicht oder schlechtem Fell. Und da noch immer erschreckend viele Menschen glauben, sie täten einer Katze mit einem Schälchen Milch etwas Gutes, wird auch mit diesem Irrglauben gründlich aufgeräumt.

FERTIGNAHRUNG – WAS SONST?

Die Auswahl an Fertignahrung für Katzen war vermutlich noch nie so groß und vielfältig wie heute. Und sie war mit Sicherheit noch nie so hochwertig. Im Bereich Ernährung hat sich in den letzten Jahren eine ganze Menge getan. Noch in den 80er-Jahren sah das ganz anders aus: Da beherrschten wenige Futtermittelkonzerne den Markt. Forschungsaktivitäten mit dem Ziel, die Ernährungsbedürfnisse von Stubentigern zu ergründen, hielten sich in Grenzen. Heute ist der Nahrungsmarkt hart umkämpft. Inländische und ausländische Futtermittelhersteller übertrumpfen sich gegenseitig, wenn es um Forschungsergebnisse, Innovationen und immer aufwendigere Futtersorten geht. Der Bereich Trockennahrung erlebt einen enormen Zuwachs. Stand früher immer ein Schälchen Feuchtfutter für die Katze bereit, vertrauen heute immer mehr Katzenhalter ausschließlich auf Trockennahrung. Viele empfinden die Bröckchen als praktisch, weil das Trockenfutter im Napf länger frisch bleibt als Feuchtfutterreste, die immer gleich entfernt werden sollten.

DAS KLASSISCHE TRIO der Katzenernährung: Feuchtfutter, Trockennahrung und Wasser.

LEIB- UND MAGENSPEISE? Katzen sind Feinschmecker. Längst nicht jede Futtersorte schmeckt ihnen. Und manchmal treiben sie ihre Besitzer auf der Suche nach passender Nahrung regelrecht zur Verzweiflung.

GOURMETHÄPPCHEN FÜR ALLE GESCHMÄCKER

Stubentiger scheinen sich vom banalen Mäusefresser zum Gourmet gewandelt zu haben. Gab es früher die Futtersorten Rind, Huhn und Fisch, locken heute Leckerbissen mit Lamm, Truthahn, Meersfrüchten, Ginkgo, Reis, Käse, Tomaten, Kräuter der Provence, Spargelspitzen und Gans zur Weihnachtszeit. Es gibt Pasten, Pasteten, Mousse, Häppchen, Filetstreifchen, Bröckchen in Soße und sogar Soufflés. Dekadent? Nein, vielmehr die gezielte Anpassung an einen immer anspruchsvoller werdenden Markt. Vielseitigkeit und Luxus sind gefragt. Sogar Produkte aus teurem Biofleisch finden ihren Absatz. Was allerdings nicht heißt, dass die teuerste Nahrung auch hoch in der Gunst der Samtpfote steht. Manche begeistern sich sogar eher für eine Sorte vom Discounter als für ein Deluxe-Produkt.

AM TIER WIRD NICHT GESPART

Und es darf ruhig exotisch sein. Trockenfleischleckerchen aus Neuseeland und Hühnerbissen-Snacks aus den USA wecken das Interesse der deutschen Katzenbesitzer. „Mal was Neues ausprobieren", lautet die Devise, und da scheint der Geldbeutel locker zu sitzen. Tatsächlich ergeben Umfragen, dass deutsche Tierhalter zuletzt am Haustier sparen. Sie schnallen notfalls lieber den eigenen Gürtel enger, aber die Mieze bekommt ihr Lieblingsfutter.

GUTE QUALITÄT

Und das Futter hat in der Regel eine ausgezeichnete Qualität. Egal, ob es von einem sogenannten Premiumnahrung- oder Billiganbieter kommt. Katzenfuttertests der letzten Jahre bewiesen ein fast durchgängig hohes Qualitätsbewusstsein. Selbst die Feuchtfutterschälchen vom Discounter schnitten gut ab. Folglich ist es nicht so schwierig, eine Katze gesund zu ernähren. Welche Futtersorte man wählt, hängt vom eigenen Geldbeutel ab und vom Geschmack der Katze. Letztendlich auch vom Geruchssinn und den optischen Präferenzen des Besitzers. Es ist sicherlich angenehmer, morgens eine Portion Katzennahrung zu öffnen, die duftet und aussieht wie frisches Geflügelfrikassee als eine klumpige, unangenehm riechende Fleischmasse mühsam mit einer Gabel zu zerteilen.

TREND ZUM TROCKENFUTTER

Zurück zum allgemeinen Trockenfuttertrend. Der kommt aus den USA und trägt das Label „Praktisch". Ein Sack Trockenfutter ist platzsparender als unzählige Dosen oder Tüten Feuchtnahrung. Lässt die Katze beim Fressen gern Reste übrig, muss die Trockennahrung nicht – wie das beim Feuchtfutter der Fall ist – entsorgt werden. Ernährungsphysiologisch kommen Katzen mit einer ausschließlichen Trockenfutterernährung ein Leben lang zurecht. Frisches Trinkwasser sollte jederzeit in unbegrenzter Menge zur Verfügung stehen. Es ist auch nicht erforderlich, dem Stubentiger jeden Tag eine neue Geschmacksrichtung zu servieren. Eine ausgewogene Sorte kann ein Leben lang gefüttert werden. Aber: Für viele ist das nur der halbe Spaß. Und wenn es Freude bereitet, dem vierbeinigen Schmuser eine gourmetreife Schlemmervielfalt zu bieten, dann ist das sicherlich auch völlig in Ordnung.

OHNE AROMA-, FARB- UND KONSERVIERUNGSSTOFFE

Wer seiner Katze keine Nahrung mit künstlichen Aroma-, Farb- und Konservierungsstoffen vorsetzen möchte, sollte genau die Inhaltsangaben auf den Verpackungen lesen. Es gibt Sorten, die auf all diese Stoffe verzichten. Eine andere Alternative ist, selbst für die Katze zu kochen. Allerdings sollte sie das von klein auf gewöhnt sein, ansonsten werden die liebevoll zubereiteten Kreationen aus Rindfleisch, Geflügel, Fisch, Reis, Kartoffeln und Gemüse mit Verachtung gestraft. Wichtig zu wissen: Frisch zubereitete Katzennahrung erfordert hochwertige Zutaten und viel Zeit. Die Zusammenstellung der Zutaten muss die Ausgewogenheit der Nährstoffe berücksichtigen. Sonst drohen Mangelerscheinungen.

GROSSER DURST Frisst die Katze viel Trockenfutter, muss sie viel trinken. Frisches Wasser sollte immer bereitstehen.

WAS KATZEN BRAUCHEN

Genau wie auch beim Menschen, beeinflusst die Ernährung die Gesundheit und das Wohlbefinden der Katze. Eine Fehlernährung wirkt sich auf die Fitness und Lebenserwartung aus. Untergewicht, Übergewicht, schlechte Fellbeschaffenheit, zu fester oder zu weicher Kot, Fruchtbarkeitsstörungen, Zahnfleischprobleme, Allergien, Nierenerkrankungen und vieles mehr kann durch eine unausgewogene Ernährung provoziert werden. Zu einer gesunden Ernährung gehören folgende Grundelemente:

PROTEINE – DER BAUSTOFF IM KÖRPER

Haut, Fell, Krallen, Muskeln und die inneren Organe benötigen viel Eiweiß, um sich optimal zu entwickeln und funktionstüchtig zu bleiben. Kleine Kätzchen benötigen die Proteine für ein gesundes Wachstum. Ausgewachsene Schnurrer brauchen sie für die Neubildung und Reparatur von Gewebeschäden. Proteine werden beispielsweise aus Fleisch, Innereien, Fisch und Weizen gewonnen. Da Katzen von Natur aus Fleischfresser sind, ist ihr Organismus vor allem auf tierische Eiweiße angewiesen. Darin befinden sich essenzielle Aminosäuren, die für Katzen lebenswichtig sind.

FETT – ENERGIEDEPOT UND VITAMINTRÄGER

Der üppige Kalorienlieferant ist für die Energiezufuhr zuständig. Ohne Fette würde jede Katze auf Dauer schlapp und antriebslos. Und schlimmer noch: Ohne Fette könnte sie die wichtigen Vitamine A, D, E und K gar nicht aufspalten. Außerdem enthält Fett essenzielle Fettsäuren, die für eine gute Hautelastizität und glänzendes Fell sorgen.

KOHLENHYDRATE – SCHNELL VERFÜGBARER BRENNSTOFF

Genau wie Fette sind auch Kohlenhydrate für die Energiezufuhr zuständig. Zucker und Stärke stehen diesbezüglich hoch im Kurs, weil sie schnell verfügbare Brennstoffe sind. Da Katzen aber von Natur aus Fleischfresser

Tipp

KATZENGRAS

Katzengras ist ein guter Rohfaserlieferant und sollte immer zur Verfügung stehen.

FRISCHES KATZENGRAS wird von den meisten Stubentigern gern gefressen. Freigänger brauchen kein spezielles Grünzeug, weil sie sich draußen selbst mit Gras versorgen. Das Katzengras sollte jedoch nicht frisch gedüngt sein.

sind, hat ihr Körper Schwierigkeiten, pflanzliche Kohlenhydrate effektiv zu verarbeiten. Hochwertige Futtermittel enthalten deshalb zuvor aufbereitete Kohlenhydrate. Wenn es um Kohlenhydrate geht, dürfen auch Rohfasern nicht fehlen. Sie unterstützen die Verdauung der Katze, wenn lösliche und unlösliche Fasern in einem guten Verhältnis zueinander in der Nahrung enthalten sind. Unlösliche – zum Beispiel Zellulose – wandern durch den Darm, ohne aufgeschlossen zu werden. Sie aktivieren jedoch den Verdauungstrakt. Lösliche Fasern – wie Pektin – werden aufgeschlossen und vom Körper verwendet.

VITAMINE – KLEINE KATALYSATOREN

Sie sind die Triebfedern, die den Stoffwechsel des Körpers in Gang halten. Da nur wenige Vitamine vom Körper selbst gebildet werden können, müssen sie in angemessenem Maße über die Nahrung zugeführt werden. Die Vitamine A, D, E und K sind fettlöslich. Für sie gibt es regelrechte Vorratsspeicher im Körper, die eine tägliche Versorgung überflüssig machen, solange die Speicher gefüllt sind. Überfüllt sollten sie jedoch auch nicht sein, denn dann drohen unter Umständen gesundheitliche Probleme. Andere – zum Beispiel die B-Gruppe – sind wasserlöslich. Sie sind nie im Übermaß im Körper vorhanden, weil alle überflüssigen, wasserlöslichen Vitamine über den Urin ausgeschieden werden. Diese Vitamine sollten in der täglichen Nahrung enthalten sein.

MINERALSTOFFE – FÜR STABILE KNOCHEN

Gesunde Zähne und stabile Knochen brauchen Mineralstoffe, um in Topform zu bleiben. Natrium, Magnesium, Zink, Jod, Eisen, Kalzium und Phosphor gehören zu den wichtigsten Mineralstoffen, die übrigens auch einen wertvollen Beitrag zu einem reibungslos funktionierenden Stoffwechsel leisten. Der Wasserhaushalt, die Blutbildung, die Gerinnung, Muskeln, Nerven, Fell und Haut sind auf ein ausgewogenes Mineralstoffverhältnis angewiesen. Das optimale Verhältnis von Kalzium zu Phosphor ist hierbei besonders wichtig.

EIN KÜHLER DINK Wasser ist wichtig für den Stoffwechsel und den Temperaturausgleich.

WASSER – QUELL DES LEBENS

200 bis 250 Milliliter Wasser täglich trinkt eine ausgewachsene Haukatze. Nimmt sie auffallend mehr Wasser zu sich, kann das an einer hohen Außentemperatur, an Stress oder körperlicher Anstrengung liegen, aber auch an einem gesundheitlichen Problem – zum Beispiel einer Nierenfunktionsstörung oder Diabetes mellitus. Wasser ist wichtig, weil es der Hauptbestandteil des Blutes ist. Außerdem sorgt es für eine optimale Körpertemperatur, den Transport, die Aufspaltung von Nährstoffen und den Abtransport gefährlicher Giftstoffe. Feuchtnahrung besteht zu rund 80 Prozent aus Wasser. Trockennahrung enthält circa acht Prozent Wasser.

Und damit alle Grundbestandteile auch ihre wohltuende Wirkung entfalten, müssen sie in angemessener Menge und in einem ausgewogenen Verhältnis zueinander in der Nahrung enthalten sein.

MILCHSHAKE Katzen sollten nur spezielle Katzenmilch bekommen. Kuhmilch ist unverträglich, weil sie eine hohe Konzentration an Milchzucker enthält, und der verursacht bei Stubentigern schwere Durchfälle.

DIE SACHE MIT DER MILCH

„Katzen trinken am allerliebsten Milch." – Dieser traditionelle Irrglaube, der sich in der Regel auf die Fütterung mit Kuhmilch bezieht, hält sich hartnäckig und hat zumindest einen wahren Kern: Die meisten Stubentiger mögen den Geschmack von frischer Kuhmilch und trinken sie auch, wenn man sie ihnen vorsetzt. Auf den meisten Bauernhöfen ist die Milchfütterung von Katzen überhaupt nicht wegzudenken. Das war immer so und wird vermutlich auch immer so bleiben. Nach dem Melken erhalten die fleißigen Mäusefänger ihren Anteil und schlecken gierig ihre Milchnäpfchen aus. Ob sie später breiigen Kot oder sogar Durchfall absetzen, entgeht dem Bauern meistens. Schließlich benutzen Bauernhofkatzen für gewöhnlich keine Katzentoilette, die regelmäßig von ihrem Besitzer gereinigt wird. Sie verrichten ihr Geschäft in einer uneinsehbaren Ecke der Scheune oder auf dem Feld. Veränderungen der Kotkonsistenz bleiben somit meistens unbemerkt.

DIE FOLGE: BAUCHWEH

Erstaunlicherweise gibt es auch noch immer eine beachtliche Anzahl von Privathaushalten, in denen man davon ausgeht, seiner Katze etwas Gutes zu tun, wenn man ihr ab und zu ein Schälchen mit Milch vorsetzt. Das ist verwunderlich, denn der anschließend einsetzende Durchfall dürfte schon allein aufgrund seines penetranten Geruchs nicht unbemerkt bleiben. Bekommt die Katze tatsächlich keinen Durchfall, so leidet sie vermutlich zumindest an Blähungen. Es gibt also kein sinnvolles Argument für den Einsatz von Kuhmilch bei der Katzenernährung.

LACTOSEUNVERTRÄGLICHKEIT

Wenn wir hier von Milch sprechen, ist Kuhmilch gemeint. Katzenmilch entspricht in ihrer Zusammensetzung den Bedürfnissen des Stubentigers und ist gut verträglich. Mit Kuhmilch hingegen verhält es sich anders: Sie enthält eine hohe Konzentration an Milchzucker (Lactose). Lactose bildet nämlich den Hauptkohlenhydratanteil der Kuhmilch. Milchzucker ist ein Doppelzucker, der sich aus Galactose und Glucose zusammensetzt. Um diese Verbindung aufzuspalten, benötigt man das Enzym Lactase (Galactosidase). Ist dieses Enzym gar nicht oder in zu geringer Konzentration vorhanden, kann der Milchzucker nicht vom Körper verwertet werden. Die Folgen sind breiiger Kot, heftige Durchfälle und qualvolle Fehlgärungen (Blähungen).

FEHLENDES ENZYM

Bei den meisten Katzen fehlt das Enzym Lactase völlig, bei einigen ist es in geringem Ausmaß vorhanden. (Diese biologische Eigenart teilen sich Katzen übrigens mit zahlreichen Menschen: Milchzuckerverdauungsschwächen sind auch unter uns Zweibeinern weit verbreitet.) Es gibt Hinweise darauf, dass sich die Lactasekonzentration bei einigen Tieren ernährungsbedingt erhöhen kann. Dennoch sollte man prinzipiell davon Abstand nehmen, seine Katze mit Kuhmilch zu füttern, der Schaden ist in jedem Fall größer als der Nutzen. Abgesehen vom hohen Milchzuckeranteil weicht auch die Zusammensetzung der Kuhmilch deutlich vom chemischen Aufbau der Katzenmilch ab. Hieraus ergibt sich ein weiteres Problem, das sich negativ auf die Verträglichkeit von Kuhmilch auswirkt.

MILCHERSATZ FÜR KLEINE KÄTZCHEN

Ist man aus irgendwelchen Gründen darauf angewiesen, ein Kätzchen mit Milch versorgen zu müssen, sollte man zu diesem Zweck im Fachhandel oder beim Tierarzt erhältliche Ersatzmittel kaufen. Eigens für Katzen hergestellte Milch mit einem reduzierten Lactoseanteil und Milchpulver zum Anrühren sind durchaus geeignete Alternativen. Diese Produkte wurden speziell auf die Bedürfnisse von Samtpfoten abgestimmt und sind ein wesentlich verträglicheres Nahrungsmittel als Kuhmilch. Viele Futtermittelhersteller bieten inzwischen verträgliche Milch für Katzen an.

KATZENGERECHTER MILCHSHAKE

Vergorene Milchprodukte sind übrigens ebenfalls als Ergänzungsfuttermittel oder als „Leckerchen" für zwischendurch geeignet. Verdünnte Buttermilch, Kefir und Joghurt werden meistens gut vertragen und stellen in der Regel kein gesundheitliches Risiko dar. Man kann den köstlichen Shake auch noch mit einem frischen Eigelb aufpeppen und hat das Herz der Katze damit umgehend erobert. Mit Weizenkeimen, Traubenzucker und Vitaminpaste lässt sich solch ein katzengerechter „Milchshake" zum reinsten Power-Booster machen. Der ideale Trunk nach einer Geburt oder überstandener Krankheit. Auch Hüttenkäse hat in der schnurrenden Zunft viele Freunde und ist sehr gesund.

HMM, DAS SCHMECKT! Vergorene Milchprodukte wie Joghurt oder Kefir sind als Nahrungsergänzung gut geeignet.

ZU DICK?

In den USA laufen seit Jahren Aufklärungskampagnen, die eine gesunde Ernährung promoten. Mit gutem Grund, denn viele Amerikaner sind extrem fett. Aber man muss gar nicht weit über den großen Teich blicken, um auf das Thema Übergewicht zu stoßen. Die deutsche Bevölkerung liegt im europäischen Durchschnitt weit vorn, wenn es um überflüssige Pfunde geht. Und offensichtlich betrifft dieses Problem nicht nur Zweibeiner. Echte Pfundskerle sind auch unter Katzen und Hunden zu finden.

PFUNDSKERLE UND DOPPELMOPPEL

Eine zu kalorienreiche Ernährung, zu wenig Bewegung, eine Kastration, das fortschreitende Alter ... Es gibt viele Gründe, die den Zeiger der Waage nach oben schnellen lassen. Das wiederum sorgt für spöttische Blicke, dreiste Bemerkungen und gesundheitliche Probleme. Gelenkschmerzen, Herz-Kreislauf-Erkrankungen und andere Unannehmlichkeiten erwarten viele Adipostaspatienten (Adipositas = Fettsucht) früher oder später. Mit kalorienarmer Nahrung und streng kontrollierten Leckerchengaben kann man dicken Bäuchen entgegenwirken.

AUF DIÄT Insbesondere kastrierte Katzen neigen zu einer deutlichen Gewichtszunahme. Am besten gleich vorbeugen und die Ernährung nach der Kastration kalorienärmer gestalten. Hierfür gibt es spezielle Diätfuttermittel.

MÜHSAM ANGEFRESSEN

Wenn es überhaupt etwas an Dickleibigkeit gibt, das uneingeschränkt positiv ist, dann ist es die Tatsache, dass das üppige Phänomen ganz allmählich entsteht. Abends schlank ins Bett gehen und morgens kugelrund aufwachen? Das gibt es nicht. Hüftgold muss man sich mit wochen-, monate- oder jahrelanger Essarbeit und Bewegungsverzicht verdienen. Mit anderen Worten: Katzenhalter sollten das Gewicht ihres Tieres regelmäßig überprüfen und umgehend reagieren, wenn der Zeiger auf der Waage immer weiter ausschlägt. Umso weniger überflüssige Pfunde am Körper hängen, desto leichter lässt sich die ungesunde Tendenz ausbremsen und auf ein gesundes Maß bringen, bevor gesundheitliche Schäden entstehen.

SCHWIMMRINGE MIT UNGESUNDEN NEBENWIRKUNGEN

Warum das so wichtig ist? Weil Übergewicht die Lebenserwartung bisweilen drastisch verkürzt. Weil dicken Katzen ganz schnell die Puste ausgeht. Weil sie von Blähungen, Verstopfung und Völlegefühl gepeinigt werden. Weil bei Operationen ein erhöhtes Narkoserisiko besteht. Weil Bluthochdruck, Diabetes mellitus und Arthritis drohen. Wollen Sie Ihre Katze diesen Risiken aussetzen?

RISIKOGRUPPE

Natürlich gibt es Risikokandidaten. Ältere Stubentiger neigen vermehrt zu Übergewicht. Das vor allem in der Phase, in der sie noch nicht richtig alt sind, aber bereits ein geringeres Bewegungsbedürfnis verspüren und trotzdem noch genauso viel Appetit haben. Später relativiert sich das wieder. Katzensenioren fressen irgendwann weniger und ihr Körper kann die Nährstoffe weniger gut aufnehmen. Das führt häufig zu einer Gewichtsabnahme. Doch solange sich die Aufwärtstendenz abzeichnet, ist es höchste Zeit, die Ernährung an den veränderten Nährstoffbedarf anzupassen. Viele Futtermittelhersteller bieten sehr gute Nahrung für alte Katzen an, die kalorienreduziert ist, aber dennoch alle lebensnotwendigen Inhaltsstoffe enthält.

Tipp

DAS FETT-WEG-PROGRAMM FÜR JUNGE STUBENTIGER

Tatsächlich leiden auch immer mehr jüngere Samtpfoten an Übergewicht. Das kann an einer bewegungs- und reizarmen Haltungsform in Kombination mit einer zu kalorienreichen Ernährung liegen. An all dem lässt sich recht leicht etwas ändern.

TIPP 1 Mehrere Katzen halten. Sie halten sich gegenseitig auf Trab und sorgen für eine rege Kalorienverbrennung.

TIPP 2 Bewegungsanreize schaffen. Ein neuer Kratzbaum, ein Kletterseil, ein neuer Aussichtspunkt am Fenster und Spielzeuge, die den Jagdtrieb anspornen, wirken Wunder bei Bewegungsmuffeln und helfen, viele überflüssige Kalorien zu verbrennen.

TIPP 3 Die Ernährung umstellen. Vielleicht bekommt die Katze mehr Kalorien, als sie verwerten kann. Also eine kalorienärmere Futtersorte auswählen und die Ernährung schrittweise umstellen. Wichtig: Dafür mindestens eine Woche Zeit einplanen.

TIPP 4 Eine Diät nur unter Anleitung des Tierarztes durchführen. Eine simple Futterreduzierung kann zu gefährlichen Mangelerscheinungen führen. Eine Gewichtsabnahme sollte daher langsam erfolgen und mit regelmäßigen tierärztlichen Untersuchungen einhergehen.

TIPP 5 Wenn alle Katzen eines Rudels normalgewichtig sind und nur eine durch Übergewicht auffällt, sollte man das Fressverhalten der Gruppe unbemerkt beobachten. Vielleicht frisst das Pummelchen der Truppe immer alle Reste auf, die die Schlanken übrig lassen. In diesem Fall sofort alle Futterreste entfernen, sobald die Katzen ihre Ration vertilgt haben.

Pflege

SEIDIG GLÄNZENDES FELL, WEISSE ZÄHNCHEN, SAUBERE OHREN … EINE GEPFLEGTE KATZE IST EINE AUGENWEIDE. EINE UNGEPFLEGTE EIN TRAURIGER ANBLICK. STUMPFES FELL, KNÖTCHEN UND FILZMATTEN LASSEN EINEN NACHLÄSSIGEN BESITZER ERAHNEN. KEIN SELTENES PHÄNOMEN, DENN NACH WIE VOR GLAUBEN VIELE, EINE KATZE BRÄUCHTE KEINE PFLEGE. DABEI GEHÖRT DER BEAUTY-SERVICE FEST ZUR STUBENTIGERHALTUNG. BEI DEN EINEN IST ER MEHR, BEI DEN ANDEREN WENIGER AUFWENDIG.

GEPFLEGT VON KOPF BIS PFOTE

Dass Perserkatzen täglicher Pflege bedürfen, ist ein offenes Geheimnis. Ohne regelmäßiges Bürsten endet der prachtvolle Anblick meistens in einer Radikalschur. Auch die Augenwinkel und das Näschen bedürfen täglicher Kontrolle. Aber Perser stehen nicht allein da, wenn es um Pflegeansprüche geht. Semilanghaarkatzen sind zwar pflegeleichter, aber ohne Bürsten kommen auch sie nicht aus. Und selbst kurzhaarige Mäusefänger genießen es, wenn man ihnen mit sanften Bürstenstrichen durch den Fellwechsel hilft. Hat man selbst keine Zeit, kann ein Profi diese Arbeit übernehmen. Zur Rundumpflege gehört auch der regelmäßige Zahncheck beim Tierarzt sowie die Krallenpflege. Besonders bei Katzen ohne Freigang, deren Krallen sich nicht ausreichend abnutzen, und bei Katzensenioren mit eingeschränktem Bewegungsdrang.

SEIDIG GLÄNZENDES FELL

Was die Fellpflege angeht, sind Katzen gut einzugruppieren. Kurzhaarkatzen kommen auch ohne den ständigen Einsatz ihres Menschen zurecht, außer sie sind bereits alt und können sich nicht mehr selbst putzen. Oder sie sind krank und haben einen schlechten Fellzustand. Halblanghaarkatzen sollten ein- bis zweimal pro Woche gebürstet werden. Bloß keine Unterwolle ausreißen, sonst geht der typische Look verloren. Langhaarkatzen sind nur etwas für Pflegefreaks. Ihre Haarpracht muss täglich gebürstet werden.

FÜRS BEAUTY-PROGRAMM Die Bürste muss auf die Felltextur der Katze abgestimmt werden.

STYLING Die Halskrause der Norwegischen Waldkatze wird mit Vorsicht gekämmt, damit weder Unterwolle noch Deckhaar ausgerissen werden. Nur so behält das rassetypische Merkmal auf Dauer das gewünschte Volumen.

GANZ SCHÖN HAARIG – DER FELLWECHSEL

Eigentlich gibt es nur vier Jahreszeiten. Katzenbesitzer kennen jedoch sechs – denn zweimal pro Jahr wirft der vierbeinige Liebling seine Wolle ab. Was Halter kurzhaariger Rassen lächeln lässt, verursacht bei Fans langhaariger Schönheiten nervöses Zucken. Es ist kein Spaß, wenn überall lange Haare liegen oder an Kleidung und Sofa haften. Aber ganz ungeschoren kommen Kurzhaarliebhaber auch nicht davon. Das Fell ihrer Stubentiger stichelt und lässt sich schwer von Kleidung und Teppichen entfernen.

GUT GEWECHSELT

Der Fellwechsel lässt sich nicht umgehen, aber man kann einiges tun, um ihn angenehmer zu gestalten:

- Bürsten Sie Ihre Katze während des Fellwechsels täglich.
- Wenn Bürsten nicht reicht, nehmen Sie einen Kamm. Allerdings muss man bei langhaarigen Rassen mit Unterwolle darauf achten, diese nicht auszureißen.
- Als Besitzer von Norwegischen Waldkatzen, Maine Coons oder Türkisch Angora ist beim Bürsten am Kragen und an den rassetypischen „Hosen“ an den Hinterbeinen vorsichtig vorzugehen.
- Besorgen Sie sich beim Tierarzt oder im Zoofachhandel eine Paste gegen Haarballen und geben Sie Ihrer Katze täglich etwa einen halben Teelöffel davon. So verhindern Sie, dass der Stubentiger Haarballen bildet.
- Um Katzenhaare von Sofas, Bettdecken, Kratzbäumen und Kleidung zu entfernen, können Sie entweder eine Flusenbürste oder angefeuchtete Gummispülhandschuhe verwenden.
- Füttern Sie Ihre Katze prinzipiell mit hochwertiger Nahrung. Hierdurch verbessert

sich ihre Fellqualität und der Fellwechsel geht schneller vonstatten.

- Achten Sie darauf, dass Ihr Kleiderschrank während des Fellwechsels verschlossen bleibt. Eine haarende Katze, die es sich im Modetempel gemütlich macht, kann ein Haarinferno hinterlassen.
- Allergiker müssen während des Fellwechsels besonders vorsichtig sein. Durch das häufige Bürsten lösen sich auch vermehrt Hautschuppen. Die Fellpflege sollte nach Möglichkeit von nicht allergischen Personen durchgeführt werden. Notfalls tun es auch ein Mundschutz und Handschuhe.
- Bürsten Sie Ihre Katze draußen. Dann fliegen keine losen Haare in der Wohnung herum.

GEPFLEGTES STYLING IM BEAUTYSALON

Das ist Ihnen alles viel zu mühsam? Dann könnten Sie die Fellpflege auch einem Profi überlassen. Immer mehr Hundesalons bieten auch Katzenstyling an. Klare Vorstellungen von der richtigen Pflege gehören zum Konzept eines guten Salons. Ist der Schmusetiger arg verfilzt, ist eine langwierige Behandlung angesagt. Für das Tier keine angenehme Sache. Deshalb setzen Pflegeprofis auf Aufklärung und verkaufen auch hochwertige Bürsten, die im Zoofachgeschäft nicht zu bekommen sind.

DER KAMPF MIT DEM FILZ

Besonders gut gehen Drahtbürsten. Professionelle Bürsten können das Schlimmste verhindern. Denn Filz ist das Hauptproblem der Handtaschentiger. Zumindest der Lang- oder Semilanghaarrassen. Dabei ist Filz nicht gleich Filz. Es gibt kompakte Filzplatten, die nur in Millimeterarbeit entfernt werden können, genauso wie Filzknoten oder -knötchen. Kleinere Verfilzungen kann man herausbürsten, große müssen herausgeschnitten werden. Ein Abscheren kommt für die meisten Profis nicht infrage. Bei ihnen werden die Filzknötchen in Handarbeit entfernt. Das dauert lange, schont aber das Fell.

WENN NICHTS MEHR HILFT...

Manche greifen im Notfall aber auch zur Schermaschine. Es gibt Scherköpfe, die hervorragend arbeiten. Mit ihr können große und kleine Verfilzungen problemlos entfernt werden. Wenn Scheren bei der Katzenpflege zum Einsatz kommen, empfehlen Profis etwa 13 Zentimeter lange, leicht gebogene Scheren mit besonders stark abgerundeter Spitze. Wenn es sich um Filzknötchen handelt, die sich mit einer Drahtbürste nicht ausbürsten lassen, schneiden Profis im 90-Grad-Winkel zur Haut in den Filzknoten und ziehen ihn vorsichtig mit den Fingern auseinander. Dann wird wieder gebürstet, so lassen sich die meisten Knoten entfernen.

FRÜH ÜBT SICH Kätzchen sollten sich früh an die Pflege gewöhnen.

WIRRWARR Knötchen lassen sich oft mit den Fingern entwirren.

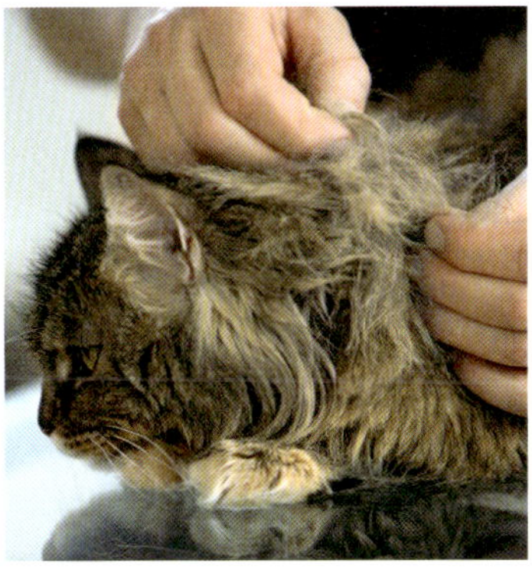

EIN FALL FÜR DIE SCHERE Bei Filzknoten hilft nur noch Aufschneiden.

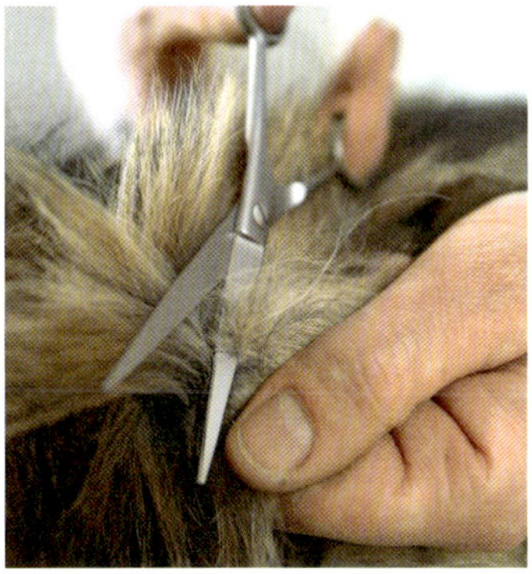

AUGEN, OHREN, ZÄHNE, KRALLEN

Abgesehen vom Fell gibt es noch andere Körperteile der Katze, die spezieller Aufmerksamkeit und durchaus auch der Pflege bedürfen. Augen, Ohren, Zähne und Krallen gehören fest zum Beautyprogramm. Wichtig ist die regelmäßige Kontrolle, um Veränderungen gleich zu bemerken und schnell reagieren zu können.

STRAHLENDE AUGEN

Gesunde Augen sind klar und leuchtend. Die Augenwinkel sind frei von größeren Verkrustungen. Es tritt keine Tränenflüssigkeit aus. Bei Perserkatzen und Exotic Shorthairs kann es aufgrund des flachen Gesichtsschnitts zu Problemen im Bereich der Tränenkanäle kommen. Bei ihnen sind die rötlich-braunen Krusten nicht krankheitsbedingt. Trotzdem sollten sie täglich entfernt werden. Zur Reinigung der Augenwinkel eignen sich parfumfreie, nicht fusselnde Kosmetiktücher. Zum Einweichen einfach mit etwas lauwarmem Wasser anfeuchten und einige Sekunden lang auf die verkrustete Stelle drücken.

BLOSS NICHT Keine Wattepads verwenden. Die setzen winzige Flusen ab, die ins Auge gelangen und dort Irritationen auslösen können. Auch keine Wattestäbchen verwenden. Wenn die Katze bei der Augenpflege eine schnelle Bewegung macht, besteht Verletzungsgefahr im Auge. Kamillentee ist übrigens auch nicht zur Reinigung der Augen geeignet. Er enthält kleine Kamillepartikel, die Reizungen verursachen können. Nehmen Sie lieber Augentrost.

AB ZUM TIERARZT Wenn die Augen des Stubentigers ohne erkennbaren Grund ständig Flüssigkeit absondern, sollte der Tierarzt die Ursache hierfür abklären. Das gilt auch für verschwollene, teilweise oder ganz geschlossene und gerötete Augen.

SCHNEEWEISSE ZÄHNE Gepflegte Zähne sind wichtig für die Gesundheit einer Katze. Eine ausgewogene Ernährung und regelmäßige Zahnkontrollen beim Tierarzt helfen, die Beißerchen in Topform zu halten.

GEPFLEGTE ÖHRCHEN

Die Ohren einer Katze haben einen gesunden Selbstreinigungsmechanismus. Deshalb machen die hoch sensiblen Lauscher in der Regel nur wenig Arbeit. Bei einer gesunden Katze reicht es völlig, wenn man die Ohrmuscheln auf Verschmutzungen kontrolliert und sie gegebenenfalls mit einem feuchten Kosmetiktuch auswischt.

BLOSS NICHT Nie in den Gehörgang eindringen. Womöglich noch mit einem Wattestäbchen. Hierbei besteht Verletzungsgefahr, und alter Ohrenschmalz, der sich eigentlich auf dem Weg nach draußen befindet, wird wieder tief ins Innere des Ohrs zurückgedrückt.

AB ZUM TIERARZT Sind die Ohren ständig stark verschmutzt, kann das ein Anzeichen für eine Erkrankung sein. Auch Kopfschütteln und Kratzen der Ohren können Warnsignale sein. Vielleicht hat sich die Katze Parasiten zugezogen oder leidet an einer Infektion.

BLITZWEISSE ZÄHNE

Die Pflege der Zähne ist nach wie vor Sache des Tierarztes. Ein- bis zweimal jährlich wird er Zahnstein entfernen. Unter Vollnarkose und mit professionellen Geräten.

BLOSS NICHT In den USA gibt es spezielle Produkte, die angeblich Zahnstein entfernen und der Katze eine Vollnarkose ersparen. Wirksamkeit und etwaige Schädigungen des Zahnschmelzes sollten hierbei gründlich überprüft beziehungsweise ausgeschlossen werden. In Europa konnte sich bislang keines dieser Produkte durchsetzen. Es gibt auch Hundesalons, die Zahnsteinentfernungen anbieten. Natürlich ohne Vollnarkose, weil eine Betäubung nur von einem Tierarzt durchgeführt werden darf. Ob das gelingt und ob der Stress einer Zahnsteinentfernung bei vollem Bewusstsein einer Katze zugemutet werden sollte, bedarf ebenfalls einer genauen Überprüfung. Wer auf Nummer Sicher gehen will, überlässt besser einem erfahrenen Tierarzt die Zahnsteinentfernung.

„ZEIGT HER EURE PFOTEN!“ Eine gepflegte Katze hat auch optimal gepflegte Krallen.

AB ZUM TIERARZT Schwierigkeiten beim Fressen oder Schlucken, starkes Speicheln und Zahnfleischbluten können Anzeichen für eine Erkrankung sein. Die Ursachen hierfür sollten von einem Tierarzt abgeklärt werden.

GEKÜRZTE KRALLEN

Gesunde erwachsene Katzen regulieren die Länge ihrer Krallen meistens selbst. Eifriges Wetzen am Kratzbaum, wilde Kletterpartien und das ganz normale Herumlaufen kürzen das gut strukturierte Horn. Bei Freigängern ist das noch stärker der Fall als bei Wohnungsmiezen. Ältere und kranke Katzen bewegen sich jedoch oft nicht mehr ausreichend, um die Krallenlänge auf diese Weise zu reduzieren. Ihnen kann mit einer Krallenzange geholfen werden. Und das sollte man auch tun, weil zu lange Krallen am Teppich oder anderen Gegenständen hängen bleiben und einreißen. Das blutet stark und ist sehr schmerzhaft. Blut und Schmerz sind allerdings auch im Spiel, wenn der Katzenhalter bei der Krallenpflege zu forsch zur Sache geht. Jede Kralle ist von einem Nerv durchzogen, der nicht verletzt werden darf. Was hilft: Die Kralle beim Kürzen vor eine Lichtquelle halten. So wird der durchblutete Teil sichtbar. Ansonsten: dem Tierarzt das Krallenkürzen überlassen.

Rolligkeit und Potenzgehabe

JEDER KATZENHALTER SIEHT SICH FRÜHER ODER SPÄTER MIT DIESEN PHÄNOMENEN KONFRONTIERT: DIE KATZE WIRD ROLLIG UND DER KATER FÄNGT AN, FRÖHLICH ZU MARKIEREN. DIESE VERHALTENSWEISEN SIND ZWAR ZUTIEFST NATÜRLICH, ABER DAS MACHT SIE NICHT ERTRÄGLICHER. EINE ROLLIGE KATZE MIAUT, MAUNZT, SCHREIT UND JODELT, WAS DAS ZEUG HÄLT. EIN MARKIERENDER KATER SORGT FÜR INAKZEPTABLE GERUCHSERLEBNISSE. GRUND GENUG, GEGEN ALL DAS ETWAS ZU TUN.

Die Kastration von Kater und Katze ist für Menschen ohne züchterische Ambitionen ohne Frage die richtige Entscheidung. Ja, auch Katzen werden kastriert, nicht unbedingt sterilisiert. Die Operation sieht die komplette Entfernung der Eierstöcke bei Katzen beziehungsweise der Hoden bei Katern vor. Kastrierte Stubentiger sind ausgeglichener und neigen weniger zum Markieren. Weibliche Mäusefänger erkranken seltener an Gebärmutterentzündungen und Eierstockzysten. Auf den folgenden Seiten lesen Sie, was eine Kastration mit sich bringt.

KASTRATION

Mit dem Thema Kastration darf nicht leichtfertig umgegangen werden. Den Fortpflanzungsorganen der Katze kommt eine besondere Bedeutung zu. Hier vollziehen sich die Befruchtung und die Entwicklung eines neuen Lebens. Eine Befruchtung der Katze ist nur während der Rolligkeit möglich, die durchschnittlich zwei- bis dreimal pro Jahr einsetzt und sich in fünf bis sieben Raunzeperioden unterteilt. Ein unkastrierter Kater ist immer fortpflanzungsfähig. Umso wichtiger ist es, ihn im Auge zu behalten, damit es nicht zu ungewollten Liebesbeweisen kommt. Katzen und Kater mit Freigang sollten kastriert werden, damit sie nicht auf Freierspfoten wandeln und sich unkontrolliert vermehren.

KEINE ANGST VOR WESENSVERÄNDERUNGEN

Wer keine züchterischen Ambitionen pflegt, sollte seinen vierbeinigen Liebling trotz evolutionärem Verantwortungsbewusstsein auf jeden Fall kastrieren lassen, um eine ziellose Vermehrung, die vor allem Freigänger betrifft, und gesundheitliche Risiken auszuschließen. Man braucht übrigens keine Angst zu haben, dass sich das Wesen der Samtpfote negativ verändert, sie wird nach einer Kastration höchstens anschmiegsamer und ausgeglichener.

GEBURTENKONTROLLE Freigänger sollten kastriert werden, damit sie sich nicht unkontrolliert fortpflanzen.

FITNESSPROGRAMM Kastrierte Katzen nehmen schneller zu. Klettermöglichkeiten sorgen fürs Sportprogramm.

HORMONELLE UMSTELLUNG

Allerdings setzt die wünschenswerte Entwicklung nicht immer sofort ein: Eine Kastration bewirkt eine hormonelle Umstellung, die erst nach vier bis sechs Wochen abgeschlossen ist. Während dieser Zeit kann es zu unterschiedlichsten Reaktionen kommen. Aggressionsverhalten ist nicht häufig zu beobachten, kann aber auftreten. Es wird sich im Normalfall innerhalb absehbarer Zeit legen.
Zugegeben ... eine Kastration ist letztendlich mehr als ein operativer Eingriff, der eine Katze beziehungsweise einen Kater rein technisch unfruchtbar macht. Die durch eine Kastration bedingte Hormonumstellung wirkt sich auf viele Körperfunktionen aus und beeinflusst spezifische Verhaltensweisen der Katze.

ANSEHEN UNTER KATZEN

Potente Artgenossen sehen kastrierte Katzen und Kater keinesfalls mehr als ernst zu nehmende Konkurrenz. Weibliche Tiere werden nicht mehr rollig und ignorieren männliche Avancen. Kater stellen (wenn sie früh genug kastriert wurden) das lästige und geruchsintensive Spritzen ein, das einem nicht an der Zucht interessierten Katzenhalter in der Regel unangenehm ist, und wandeln nicht auf Liebespfaden, was für ihre Besitzer stets ein nervenaufreibendes Unterfangen war.

OPERATIVER EINGRIFF

Während die Kastration eines Katers ein einfacher medizinischer Eingriff ist, stellt die Kastration eines weiblichen Tieres eine größere Operation dar. Gleichzeitig scheint sich die durch die Kastration bedingte hormonelle Umstellung bei weiblichen Katzen besonders intensiv zu gestalten. Dennoch sollte dies kein Grund sein, den schnurrenden Hausgenossen durch den Verzicht auf eine Kastration in Gefahr zu bringen.

DAUERROLLIG

Wer seine Katze nicht kastrieren lässt, muss mit unangenehmen Folgen rechnen: Dauerrolligkeit ist eine davon und wirkt sich – im Gegensatz zur Kastration – auf das Wesen

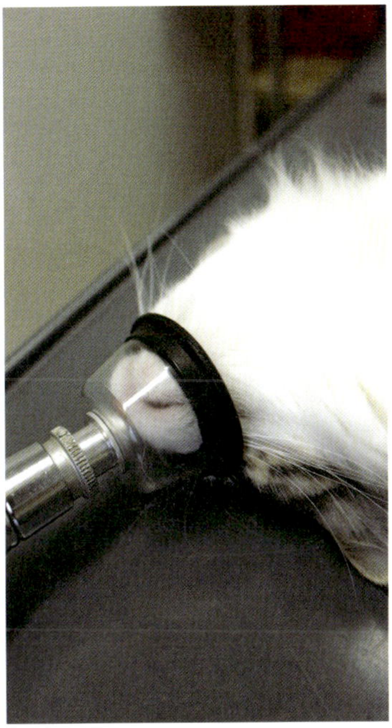

NARKOSE Über eine Atemmaske lässt sich die Tiefe der Narkose während der OP regulieren.

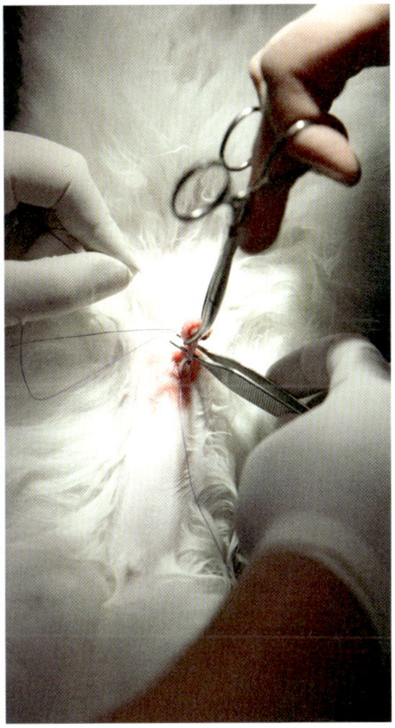

KLEINER SCHNITT Ein kleiner Schnitt reicht, um die Eierstöcke zu entfernen.

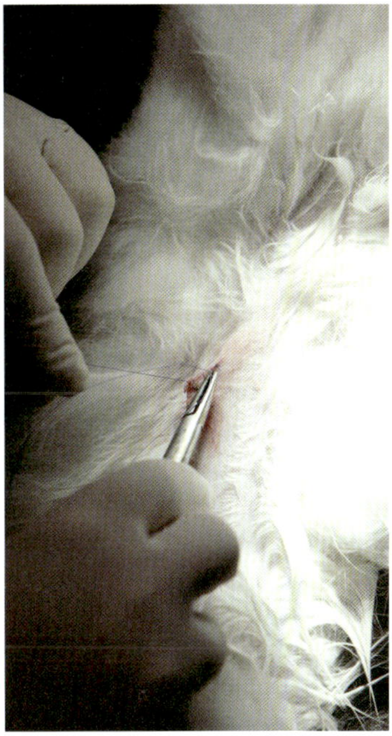

ZUGENÄHT Mit wenigen Stichen ist alles wieder zugenäht und verheilt in der Regel sehr schnell.

des Mäusefängers aus. „Minka“ ist nervös und aufgedreht. Oft scheint sie gar nicht ansprechbar und nur auf sich selbst konzentriert zu sein. Für die meisten Katzenhalter ist eine Dauerrolligkeit ein unerträglicher Zustand. Manche Katzen geraten durch Follikelpersistenz (ausgelöst durch fehlenden Eisprung) in ein Stadium der Dauerraunze, das eventuell von einem Scheidenausfluss begleitet ist. Ist dies der Fall, muss die Katze behandelt werden. Als naturheilkundliche Maßnahmen kommen – in Absprache mit dem Tierarzt – folgende Therapieversuche infrage:

- Platinum D200 und Aristolochia D12 können bis zum Abklingen der Rolligkeit verabreicht werden.
- Die Bach-Blüten Chestnut Bud, Walnut und White Chestnut helfen angeblich auch gegen die beschriebene Symptomatik.
- Eine ein- bis zweiminütige Akupressur im Bereich des Eierstocks scheint auch dazu beizutragen, den Hormonhaushalt wieder ins Lot zu bringen.

GEBÄRMUTTERENTZÜNDUNG

Unkastrierte Katzen schweben auch in der Gefahr, an einer Gebärmutterentzündung zu erkranken. Die Eierstöcke, der Eileiter, die Gebärmutter und der Muttermund zählen zu den inneren Geschlechtsorganen. In diesem Bereich zählt die Gebärmutterentzündung (Endometritis) zu den häufigsten Erkrankungen. Der Schweregrad der Erkrankung ist variabel: Gebärmuttererkrankungen umfassen harmlose Störungen wie leichte Entzündungen und können auch in schweren Krankheitsbildern wie der lebensbedrohlichen Pyometra gipfeln. Ganz gleich wie das Ausmaß der Erkrankung ist, sollte man auf jeden Fall einen Tierarzt einschalten, sobald man Störungen bemerkt. Zögern kann lebensgefährliche Folgen haben! Bei hochgradigen Vereiterungen steigt die Körpertemperatur sehr schnell an und kann lebensbedrohlich sein. Der Gesamtzustand der Katze verschlechtert sich, sie verweigert Futter und Wasser und ist nicht mehr ansprechbar.

MARKIEREN

So mancher Katerhalter kann ein Lied vom Leid des Harnspritzens singen, und auch Besitzer weiblicher Katze machen bisweilen mit unerwünschtem Markierungsverhalten Bekanntschaft. Tapeten, Möbel, Teppiche und Gardinen werden mit Urin bespritzt und zu Raumaromaspendern der besonderen Art gemacht. Natürlich markieren nicht alle potenten Kater und es gibt auch absolut saubere Katzen, aber dennoch schwebt die Gefahr des geruchsintensiven Erlebnisses wie ein Damoklesschwert über dem Haupt vieler Katzenbesitzer. Ist das Fehlverhalten erst einmal aufgetreten, kann man sich auf eine lange Odyssee einstellen.

GEZIELT BESPRÜHT

Harnspritzen kann zwei Ursachen haben: Entweder erleichtert sich die Katze aus mysteriösen Gründen außerhalb der dafür vorgesehenen Katzentoilette (das ist ein anderes Thema) oder sie markiert ihre Umgebung. Beim sogenannten Spritzharnen, das der Markierung dient, stehen Kater oder Katze aufrecht und tragen den Schwanz senkrecht erhoben. Kater spritzen den Harn regelrecht heraus und Katzen versprühen ihn auf alle erdenklichen Gegenstände. Handelt es sich um einen reinen Harnabsatz, der nichts mit einer Markierung zu tun hat, nehmen die meisten Katzen eine Hockstellung ein und tragen den Schwanz dabei waagerecht. Ein weiterer Unterschied zwischen dem Markieren und dem bloßen Absetzen des Harns ist, dass markierungswillige Katzen ihre Ausscheidungen prinzipiell nicht verdecken (z. B. mit Erde, Streu o. Ä.). Sie stellen sie plakativ zur Schau, wogegen beim natürlichen Harn- oder Kotabsatz, alles sorgfältig verscharrt wird.

AUSLÖSER

In der Regel beginnen Katzen mit einsetzender Geschlechtsreife, ihr Territorium durch Harnspritzen zu markieren. Tritt das Verhalten früher auf, muss es einen anderen Grund dafür geben. Kater tendieren weitaus häufiger

DIE DUFTMARKE SITZT! Schnell das Schwänzchen hoch und vor den Stuhl gespritzt.

zu dieser Verhaltensweise als Katzen, bei denen Markierungsverhalten überwiegend während des Östrus (Rolligkeit) auftritt. Eine Kastration von Kater oder Katze hilft meistens, das Übel zu beseitigen. Die Mehrzahl der Tiere stellt ihr Markierverhalten nach der Kastration ein. Starke sexuelle Reize (z. B. der Anblick einer rolligen Katze) können allerdings auch bei kastrierten Katern Harnspritzen provozieren. Auch das plötzliche Auftauchen eines unbekannten Artgenossen im Revier kann zu ähnlichen Verhaltensweisen führen.

SIEGESZEICHEN UND TROTZREAKTION

Harnspritzen ist auch im Zusammenhang mit intraspezifischen Kämpfen als „Siegeszeichen" (Gewinner) und „Trotzreaktion" (Verlierer) zu beobachten. Immer wieder tritt es auch als Protestaktion auf, die auf eine Bezugsperson gemünzt ist, die die Katze beispielsweise gerügt hat. Nicht selten wird Urin ganz gezielt auf Kleidungsstücke oder die Bettwäsche des Opfers gespritzt. Verhaltensforscher vermuten hinter diesem Verhalten sogar eine Form „maskierter Aggression".

„ICH CHEF, DU NIX!" Siegerpose. Wer markiert, signalisiert: „Ich bin der Chef im Haus."

UNTERLASSUNGSVERSUCHE

Abgesehen von der Kastration gelten einige weitere Ansätze als Erfolg versprechend, wenn man darauf erpicht ist, das Harnspritzverhalten ein für allemal zu beseitigen, und das dürfte wohl bei jedem leidgeplagten Katzenhalter der Fall sein. (Eine Erfolgsgarantie gibt es allerdings nicht und man hört immer wieder von Katzen, die ihr lästiges Verhalten nie einstellen.)

- Konsequente erzieherische Maßnahmen schaffen in manchen Fällen Abhilfe. Allerdings muss man die Katze in flagranti erwischen und sofort mit ernster Stimme ermahnen. Auch der moderate Einsatz einer Wasserpistole oder lautes In-die-Hände-Klatschen helfen manchmal weiter.
- Die markierten Stellen müssen stets umgehend gereinigt werden, und zwar so gründlich, dass keine Geruchsspuren zurückbleiben. Das ist gar nicht so einfach, weil der Geruch von Urin sehr hartnäckig ist und Katzen zudem ein überaus feines Näschen haben.
- Manche Katzen lassen sich von aufgesprühten Düften (mit Wasser verdünnte Aromaöle wie Citronella, Orange etc.) von der Markierung bevorzugter Stellen abhalten. Kommerzielle „Abhaltesprays" erweisen sich in vielen Fällen als erfolglos.
- Es gibt auch einen medizinischen Ansatz: Eine Behandlung mit Progestagenen (oral oder per Injektion) ist bei manchen Katzen Erfolg versprechend, hält allerdings nur jeweils einen Monat vor und muss dann wiederholt werden – sicherlich keine Dauerlösung.
- Pheromone können angeblich ebenfalls gegen Harnspritzen helfen. Tierärzte und Tierheilpraktiker können über diesen Lösungsansatz informieren.

Urlaubszeit. Wohin mit der Katze?

URLAUB. DAS IST FÜR VIELE DIE ALLERSCHÖNSTE ZEIT DES JAHRES. FÜR KATZENHALTER ENTPUPPT SIE SICH ALLERDINGS MANCHMAL AUCH ALS NERVENZERREISSPROBE. WO BLEIBT DER VIERBEINIGE LIEBLING, WÄHREND MAN SELBST AM STRAND ODER IN LUFTIGEN GEBIRGSHÖHEN WEILT? WEM KANN MAN DIE PFLEGE DES SCHNURRENDEN SCHATZES ANVERTRAUEN? ODER SOLL MAN IHN LIEBER GLEICH MIT IN DEN URLAUB NEHMEN?

HERZENSANGELEGENHEIT

Einen Catsitter zu beauftragen, ist eine Herzensangelegenheit. Das hat ebenso viel mit Vertrauen zu tun, wie das eigene Baby für einige Stunden in der Obhut eines Babysitters zu lassen. Nur sind es im Urlaub nicht nur einige Stunden, sondern womöglich zwei oder drei Wochen. Umso sorgfältiger muss die Auswahl des Catsitters erfolgen, ansonsten hat man im Urlaub keine ruhige Minute. Wäre es da nicht besser, die Katze mit ans Urlaubsziel zu nehmen? Wenn der Ort der Ferienträume in angenehmem Klima liegt und frei von hoch ansteckenden Katzenkrankheiten ist, kann das eine Alternative sein. Lesen Sie, was Sie bei der Auswahl des Catsitters und der Reise mit Katze beachten sollten.

URLAUB OHNE KATZE

Der Urlaub naht mit großen Schritten. Endlich abschalten, keine Staus, keine Termine ..., Sie wissen schon. Aber bevor es Richtung Süden geht, müssen noch Vorbereitungen getroffen werden, und die sind bei Katzenhaltern aufwendiger als bei miezenlosen Zeitgenossen. Wer den Stubentiger während der Ferienzeit versorgt, sollte schon lange vor Reiseantritt feststehen. Wer zu spät an diesen Punkt denkt, kann die schönste Zeit des Jahres womöglich stornieren, weil sich auf den letzten Drücker keine Vertretung mehr findet.

CATSITTER GESUCHT

Ein Catsitter muss her, und zwar ein guter. Wo findet man so einen? Entweder im Freundes- und Verwandtenkreis oder über eine Kleinanzeige im Lokalteil der Tageszeitung. In größeren Städten gibt es Catsitter-Klubs, die treue Seelen zwecks Katzenbetreuung vermitteln. Die Anschrift des Catsitter-Klubs, dem man selbst beitreten muss, ist beim Tierarzt und in Tierheimen zu erfragen oder dem Telefonbuch beziehungsweise Internet zu entnehmen.

GEHEIMTIPP Die besten Catsitter finden sich über Mund-Propaganda. Einfach mal richtig umhören.

GESTATTEN, CATSITTER!

Es ist sinnvoll, dass sich Katze und Catsitter kennenlernen, bevor man die beiden für zwei oder drei Wochen allein lässt. Zwei- und Vierbeiner sollten sich gut verstehen. Laden Sie den zukünftigen Catsitter einige Male zum Kaffee ein, bevor Sie ihm Wohnungsschlüssel und das Wohl Ihres Tieres anvertrauen. Jetzt ist auch der Zeitpunkt gekommen, an dem Sie Ihrem Catsitter zeigen können, wie sich Ihre Katze am liebsten verwöhnen lässt. Verraten Sie ihm, an welchen Stellen Ihr Stubentiger vorzugsweise gekrault wird, und erklären Sie ihm, wie die Fellpflege funktioniert.

KATZENERFAHRUNG ERWÜNSCHT

Es ist keinesfalls ratsam, einen katzenunerfahrenen Menschen mit der Betreuung eines Stubentigers zu beauftragen. Vermutlich wird etwas schiefgehen und die Urlaubsträume zerplatzen, weil ein verzweifelter Anruf aus Deutschland die Stimmung verhagelt: „Eure Katze verhält sich so komisch. Ich weiß auch nicht…“ Das ist eine Aussage, die man in einer Phase wohlverdienter Tiefenentspannung nicht hören möchte. Soll man Catsitter und Schützling nun zum Tierarzt schicken oder handelt es sich lediglich um einen Haarballen, der in Kürze auf dem Teppich landen wird? Catsitter sollten katzenerfahrene Menschen

LIEBE AUF DEN ERSTEN BLICK Catsitten ist Vertrauenssache. Schließlich sollen sich die Katzen auch in Abwesenheit ihres Besitzers rundum wohlfühlen. Und damit das der Fall ist, muss die Chemie stimmen.

„HAST DU MIR WAS MITGEBRACHT?" Neue Spielzeuge helfen, die Zeit zu überbrücken.

WAS ER SONST NOCH WISSEN SOLLTE

Zu den Vorbereitungen gehört, dass Sie Ihren Catsitter über Medikamente aufklären, die Ihre Katze benötigt. Lassen Sie sich von Ihrem Tierarzt einen Dosierungsplan erstellen und teilen Sie Ihrem Veterinär mit, in welcher Zeit Sie im Urlaub sind, damit er sich auf Anrufe des Catsitters einstellen kann.

Wenn Sie Ihren Catsitter instruiert haben, können Sie beruhigt in den Urlaub fahren und sollten sich nicht sorgen. Freuen Sie sich auf das Wiedersehen mit Ihrem schnurrenden Liebling. Eine Zeit der Trennung lässt einen die Zeit danach besonders intensiv erleben.

sein, die erkennen, ob eine Katze krank ist und tierärztlicher Behandlung bedarf oder ob es vielleicht nur ein Stimmungstief ist, das „Mäxchen" auf die Seele drückt. Im Zweifelsfall wird ein erfahrener Catsitter immer den Tierarzt konsultieren, um kein Risiko einzugehen.

GEWOHNTES FRESSVERHALTEN

Erfahrung beinhaltet auch, dass der Catsitter das Fressverhalten seines Schützlings beobachtet. Frisst die Katze mehr oder weniger als zuvor? Verweigert sie die Nahrungsaufnahme? Auch die Menge des verzehrten Trinkwassers ist ein wichtiger Aspekt. Damit Ihr Catsitter all diese Fragen guten Gewissens für sich beantworten kann, sollten Sie ihn vor Ihrer Abreise über die Fress- und Trinkgewohnheiten Ihrer Katze informiert haben. Hierzu gehören auch die gewohnten Fresszeiten und womöglich zeitlich begrenzter Auslauf. Sollte Ihr Liebling zu der Sorte von Mäusefängern gehören, die ihren Durst am liebsten an ungewöhnlicher Stelle stillen, müssen Sie Ihren Catsitter über diese Vorliebe informieren. Das kann eine zusätzliche Wasserschale im Badezimmer sein oder eine „Quelle" auf der Fensterbank. Solche Rituale sorgen für Kurzweil und motivieren die Katze zu mehr Bewegung. Außerdem schafft es Vertrautheit, wenn der Catsitter auf solche Eigenarten eingeht.

Checkliste

MERKZETTEL FÜR DEN CATSITTER

Erstellen Sie einen Merkzettel mit allen wichtigen Adressen und Telefonnummern, die Sie Ihrem Catsitter hinterlegen. Hierzu gehören folgende Punkte:

- [ ] **Adresse und Telefonnummer des Tierarztes inklusive Anfahrtsbeschreibung**
- [ ] **Ihre Telefonnummer am Urlaubsort; Fax- oder E-Mail-Adresse**
- [ ] **Adresse und Telefonnummer einer Vertretung, die die Katzenversorgung übernehmen kann, falls der Catsitter unerwartet ausfällt**
- [ ] **Adresse und Telefonnummer einer Tierklinik, die rund um die Uhr geöffnet hat, inklusive Anfahrtsbeschreibung**
- [ ] **Adresse und Telefon einer anderen Person, die über einen Schlüssel Ihrer Wohnung verfügt**

BADEURLAUB? NEIN, DANKE! Mit Katze am Strand? Das stößt beim Vierbeiner nur selten auf Gegenliebe.

URLAUB MIT KATZE

Mit der Katze verreisen? Warum nicht? Solange das Reiseziel in einem Land mit gemäßigtem Klima und geringen Gesundheitsrisiken liegt und man die Katze in der unbekannten Umgebung nicht hinaus ins Freie lässt. Sicherheitshalber sollte man aber trotzdem einen ausreichenden Vorrat der gewohnten Nahrungssorte, das Pflegeequipment und eventuell benötigte Medikamente einpacken. Und natürlich den EU-Heimtierpass. Ohne ihn drohen an den Grenzen Probleme, Geldstrafen und sogar Quarantäne.

NUR MIT EIGENEM HEIMTIERAUSWEIS

Der Personalausweis gehört inzwischen fest zum Gepäck des EU-Reisenden. Seit dem 3. Juli 2004 kommen auch Katzen nicht mehr ohne persönliche Dokumente aus. Damals begann die Ära des EU-Heimtierausweises, der die Ausbreitung der gefürchteten Seuche Tollwut verhindern soll. Also, seien Sie gewappnet, bevor es in die Ferien geht. Ein Lichtbild Ihres Lieblings dürfen Sie übrigens auch in den Pass kleben – Pflicht ist dies allerdings nicht, vielmehr persönliches Amüsement. Von der Regelung betroffen ist jeder Katzen-, Hunde- oder Frettchenhalter, der mit seinem Tier die Grenze zu einem EU-Land überquert. Wo man den EU-Heimtierausweis bekommt? Beim Tierarzt. Daran müssen Sie denken:

BESTIMMUNGEN

Zu den Regelungen für Katzen, Hunde oder Frettchen, die in EU-Mitgliedsstaaten mitgenommen werden, gehören folgende Bestimmungen:

- Das Tier muss mit einer deutlich lesbaren Tätowierung oder einem Mikrochip gekennzeichnet sein. Wichtig: Die Tätowierung ist nur vorübergehend wirksam. Ab Juli 2011 muss die Kennzeichnung mit einem elektronischen Transponder nachgewiesen werden.

Das vertraute Revier ist ihm meist lieber.

- Es muss über einen Tollwutschutz verfügen, der im Heimtierausweis vermerkt ist,
- seine Begleitperson muss einen EU-Heimtierausweis mit sich führen.

Diese Bestimmungen gelten ausschließlich für Privatpersonen, die maximal fünf Tiere mit sich führen.

VERSCHÄRFTE REGELUNGEN

Wer mit seiner Katze ins Vereinigte Königreich, nach Schweden oder Irland reist, unterliegt bis 2014 verschärften Regelungen, weil diese Länder als tollwutfrei gelten. „Der Tollwutimpfschutz muss mittels einer Blutprobe nachgewiesen werden, außerdem ist der Nachweis über eine Behandlung gegen Zecken und Bandwürmer zu erbringen", erklärt der Ratinger Tierarzt Dr. med. vet. Oliver C. Schmid. Diese Sonderregelungen galten vorerst für fünf Jahre, danach wurden Erfahrungen ausgewertet und eine Angleichung an die für die restlichen EU-Mitgliedsstaaten geltenden Vorschriften überdacht.

VOM TIERARZT AUSGESTELLT

Welche Kosten der EU-Heimtierausweis für Katzenhalter mit sich bringt, sollte jeder individuell bei seinem Tierarzt erfragen. Die Kosten werden nach der gültigen Gebührenordnung für Tierärzte berechnet und variieren abhängig davon, ob noch Kennzeichnungen, Impfungen etc. vorgenommen werden müssen oder nicht. Der GOT-Ausschuss der Bundestierärztekammer erarbeitete in der Vergangenheit konkrete Rechenbeispiele, an denen sich Tierärzte und Katzenhalter orientieren können.
Der EU-Heimtierausweis ist nicht für alle Katzenbesitzer bindend. Wer nicht mit seinem Tier in ein EU-Mitgliedsland reist, braucht ihn nicht, sondern kann dem guten alten gelben Impfausweis auch weiterhin die Treue halten. Wer in ein Drittland reist, das nicht zur EU gehört, unterliegt den Vorschriften des jeweiligen Landes.

IMPORTIERTE KATZEN

Für Katzen, die aus bestimmten Drittländern eingeführt werden, gilt die Kennzeichnungspflicht durch Tätowierung oder Mikrochip und ein Nachweis über einen gültigen Tollwutschutz. Bei der Einreise aus nicht gelisteten Drittländern wie zum Beispiel Indonesien oder Nordafrika wird eine zusätzliche Blutuntersuchung auf Antikörper gegen Tollwut erforderlich. Diese muss mindestens 30 Tage nach der Impfung und drei Monate vor der Einreise erfolgen. Ausgenommen von der Dreimonatsfrist sind Tiere, die nach einem Aufenthalt in einem nicht gelisteten Drittland wieder in die EU reisen und zuvor dort einem Antikörpertest unterzogen wurden.

Wichtig

INFOS ÜBER DRITTLÄNDER

Weitere Informationen (Liste der Drittländer etc.) und aktuelle Änderungen erhalten Sie beim Bundesministerium für Ernährung, Landwirtschaft und Verbraucherschutz.

MARC HEPPNER

KATZEN *erziehen*

JEAN-JACQUES ROUSSEAU WÄRE WOMÖGLICH AN IHNEN VERZWEIFELT. DENN KATZEN STELLEN SELBST ERFAHRENE ERZIEHUNGSEXPERTEN AUF EINE HARTE PROBE. MAN BRAUCHT GEDULD, EINFÜHLUNGSVERMÖGEN UND DEN FESTEN GLAUBEN DARAN, DASS ALLES GUT WIRD. UND DEN WILLEN, MIT DEM CHAOS ZU FLIRTEN.

Flirt mit dem Chaos

KATZEN ERZIEHEN? EIN DING DER UNMÖGLICHKEIT. DAS GLAUBEN NACH WIE VOR VIELE, DABEI STIMMT ES ÜBERHAUPT NICHT. DIE SCHNURRENDE ZUNFT IST SEHR WOHL OFFEN FÜR ERZIEHUNG, ALLERDINGS MUSS SIE EINFÜHLSAM VERMITTELT WERDEN. MIT DER HOLZHAMMERMETHODE IST BEI STUBENTIGERN NICHTS ZU ERREICHEN. MIT KONSEQUENZ UND EINFÜHLUNGSVERMÖGEN HINGEGEN EINE GANZE MENGE.

Erstaunlich, was Katzen alles lernen können. Manche benutzen die normale Toilette im Badezimmer. Andere verwenden Werkzeuge, um ihr Trockenfutter einzuweichen. Und es gibt sogar ein Theater in Moskau, in dem Katzen Kunststücke zeigen – allerdings nur, wenn sie dazu aufgelegt sind. Doch solche Extreme müssen es gar nicht sein. Eine wohlerzogene Katze zeichnet sich dadurch aus, dass sie bestimmte Regeln des Zusammenlebens respektiert. Lesen Sie, was Katzen lernen können und wie man es ihnen am einfachsten beibringt.

WAS KATZEN LERNEN KÖNNEN

Lernen hat mit Intelligenz zu tun. Doch was versteht man eigentlich unter Intelligenz, wenn vom klugen Köpfchen einer Katze die Rede ist? Schnurrende Schriftsteller oder mäusefangende Mathematikgenies sind ebenso wenig zu erwarten wie Miezen, die sich 500 Begriffe in einer bestimmten Reihenfolge merken können. Die Intelligenz einer Katze wird vielmehr an der Lern- und Denkfähigkeit, gezielter Problemlösung, individueller Anpassungsfähigkeit und dem Ziehen von Schlussfolgerungen festgemacht.

DENKZENTRUM KATZENHIRN

Um all das zu meistern, bedarf es eines gut funktionierenden Gehirns. Das einer Hauskatze ist durchschnittlich fünf Zentimeter lang und rund 30 Gramm schwer. Setzt man es ins Verhältnis mit der Durchschnittsgröße einer Katze, die sich auf eine Körperlänge von 60 Zentimetern und einem Gewicht von 3,3 Kilogramm beläuft, macht das Gehirn 1:12 der Körperlänge und 1:110 des Körpergewichts aus. Damit liegt die Masse des Katzengehirns (0,9 Prozent) etwas hinter der durchschnittlichen Masse des menschlichen Gehirns, das zwei Prozent der Gesamtkörpermasse ausmacht. Zahlenfreaks soll auch die Gesamtoberfläche der Hirnrinde nicht vorenthalten bleiben: Die des Katzengehirns beträgt circa 83 Quadratzentimeter, die des menschlichen Gehirns 2 500 Quadratzentimeter. Wissenschaftliche Untersuchungen der Tufts University School of Veterinary Medicine haben übrigens ergeben, dass das Katzengehirn dem menschlichen stärker ähnelt als die Gehirne anderer Haustiere. Das betrifft vor allem die Hirnlappen der Hirnrinde. Auch ähnelt sich der Funktionsmechanismus beider Gehirne bezüglich der Informationsübertragung durch Neurotransmitter. Das spricht für eine zumindest entfernt ähnliche Lernfähigkeit. Allerdings nicht unbedingt für den Willen, Dinge zu lernen, die als wenig sinnvoll erachtet werden. Tage für eine Mathearbeit pauken, obwohl eine Schriftstellerkarriere geplant ist? Das würde einer Katze nicht im Traum einfallen. Sie macht nur das, was einen direkten Nutzen bringt. Alles andere ist aus ihrer Sicht überflüssig. Ausnahmen gibt es, wenn sich der Katzenhalter motivierende Anreize überlegt und seine Samtpfote ausgiebig für richtiges Verhalten belohnt.

VERSUCH UND IRRTUM

Wie Katzen lernen, ist längst nachgewiesen: durch „Trial and Error" (= Ausprobieren und durch Fehler lernen), Beobachtung und Imitation. Einmal Gelerntes ist länger abrufbar, als bei Hunden. Eine Studie besagt, dass die visuelle Gedächtnisleistung einer Katze der eines Affen ähnelt. So weit die Fakten. Ins Reich der Fantasie geht es, wenn von der unterschiedlichen Intelligenz verschiedener Rassen die Rede ist. Viele Katzenzüchter behaupten, dass die Rasse, die sie züchten, die intelligenteste von allen ist. Oft wird die vermeintliche Intelligenz an der Lebhaftigkeit der Rasse festgemacht. So stehen die unternehmungslustigen Orientalen in dem Ruf, besonders intelligent zu sein. Ruhigeren Rassen wie Persern wird gern unterstellt, sie seien etwas langsam im Kopf. Schließlich lernen sie ja auch nicht so schnell Kunststücke wie Siamesen und sie scheinen nicht einmal richtig Spaß daran zu haben. Wissenschaftlich gesehen entbehrt das jeglicher Realität. Rein biologisch gibt es keine Hinweise auf Unterschiede und weder Lebhaftigkeit noch Kunststücke sind Beweise für Intelligenz.

WERKZEUGE BENUTZEN?

Was die Lernfähigkeit angeht, so soll es tatsächlich eine Katze gegeben haben, die im Rahmen einer wissenschaftlichen Studie ein Objekt verwendete, um Wasser in den Trockenfutternapf zu leiten. Angeblich geschah das ohne vorheriges Training, sondern als eigenständiger Lernprozess. Die Auswahl oder Herstellung von Werkzeugen, die bei bestimmten Tätigkeiten hilfreich sind, sind vor allem aus der Primatenforschung bekannt. Bei Katzen ist dieses Phänomen wohl eher in Ausnahmefällen zu beobachten.

GEHIRNJOGGING Denkspiele für Katzen liegen im Trend, denn sie sorgen für Abwechslung und fordern die Katze.

SCHAUKELVÖGEL Auch ein Vogelmobile erobert die Spielerherzen im Sturm.

TÜREN ÖFFNEN

Das Öffnen von Fenstern und Türen hingegen kann durchaus von vielen Katzen erlernt werden. Meistens steckt hinter diesem Lernprozess eine hohe Motivation. Der Wunsch, in einen bestimmten Raum oder aus ihm hinauszugelangen. Katzen, die Freigang gewohnt sind, entwickeln übrigens auffallend oft diese Fähigkeit. Sie lernen sogar den Unterschied zwischen dem Ein- und dem Ausgang. Beides kann über völlig unterschiedliche Wege erfolgen: je nachdem, an welchen Stellen des Hauses das Hinein- und Hinausschlüpfen am einfachsten funktioniert.

FUTTER MOTIVIERT

Auch das Öffnen von Schränken und Schubladen erlernen viele Katzen. Meistens handelt es sich hierbei um Möbel, in denen Katzennahrung aufbewahrt wird. Die Motivation ist entsprechend hoch. Und die Belohnung erfolgt bei Gelingen auf dem Fuß. Katzenpfoten sind eigentlich nicht sonderlich gut für solche Tätigkeiten geeignet. Mit ihnen können Katzen schlecht greifen. Dennoch gelingt es, Türklinken zu drücken und Schubladen herauszuziehen.

LUST AUF WEITERE VERSUCHE

„Trial and Error" – Lernverhalten lässt sich beobachten, wenn einer Katze das Spielmäuschen an einen schwer erreichbaren Ort rutscht. Sie wird nun erst mit einer, dann mit der anderen Pfote danach hangeln und die Position wechseln, um an das Spielobjekt zu gelangen. Menschen würden mit ihren Händen und Armen ähnlich vorgehen. Es gibt Katzenspielzeuge, die dieses Lernverhalten trainieren. Eines ist eine Holzfläche mit Vertiefungen, die mit hohlen Hütchen verschlossen werden. In einigen Vertiefungen verstecken sich Leckerchen, andere sind leer. Die Katze wird anfangs zufällig ein Hütchen umwerfen. Findet sie einen Leckerbissen, ist das ein positiver Impuls, eine Belohung, die Lust auf weitere Versuche macht. Ist das Loch unter einem Hütchen leer, knöpft sich der Stubentiger gleich das nächste Hütchen vor.

TOILETTENBENUTZUNG

Katzen können sogar lernen, eine gan normale Toilette zu benutzen. Einige Stubentiger erlernen diese Verhaltensweise offensichtlich durch Imitation, indem sie ihren Besitzer dabei beobachten. Die meisten lernen allerdings durch gezieltes Training. Das haben sich bereits professionelle Hersteller spezieller Toilettenaufsätze zunutze gemacht und ein Trainingssystem entwickelt, bei dem erst ein großer, breiter und dann ein immer kleiner werdender, schmalerer Aufsatz auf die Toilettenbrille gesetzt wird. Durch Motivation und Belohnung lernt die Katze so im Laufe weniger Wochen, eine für Menschen konstruierte Toilette zu benutzen. Allerdings eignen sich nicht alle Stubentiger für dieses anspruchsvolle Lernexperiment. Bei manchen klappt es nie. Und es stellt sich die Frage, ob jeder Mensch sein Klo teilen will.

MEIN KLO, DEIN KLO Aufs Klo gehen? Kann man lernen, aber muss das wirklich sein?

VERSTÄNDIGUNGSVERSUCHE

Was hingegen immer klappt, ist die gezielte Kommunikation mit dem Menschen. Denn auch die müssen Katzen erst erlernen. Das beginnt mit ganz einfachen kommunikativen Signalen, wie dem Betteln um Futter, gefolgt von klaren Zeichen, die den Zweibeiner zum Streicheln auffordern, bis hin zum gemeinsamen Spiel. Auch die Kommunikation mit anderen Haustieren wie Hunden ist ein Lernprozess, der viel mit „Trial and Error" und Imitation zu tun hat.

RUHEN ODER SPIELEN? **Noch herrscht Unentschlossenheit.**

KATZENZIRKUS

Im Gegensatz zu Hunden sind Katzen in der Regel übrigens nicht dazu bereit, etwas gezielt zu lernen, wenn es keinen direkten Nutzen mit sich bringt. So kann man ihnen beispielsweise im gewissen Rahmen Kunststücke beibringen, zirkusreife Lektionen wie sie Pudel und andere Hunderassen zeigen, werden Katzen normalerweise nie zeigen. Normalerweise. Denn auch hier gibt es Ausnahmen. Zum Beispiel das Yuri Kuklachev Cat Theatre, das Moskauer Katzentheater, das seit Mitte der 90er-Jahre in Russland und im Ausland für Aufsehen sorgt. 120 Katzen wirken am Showprogramm mit, das der Theatergründer und -betreiber Yuri Kuklachev konzipiert hat. Der Proficlown sagt selbst, dass es unmöglich sei, Katzen zuverlässig zu dressieren. Man könne sie zu nichts zwingen. Deshalb akzeptiert er es schmunzelnd, wenn wieder einmal eine Samtpfote aus der Reihe tanzt oder spontan eine ganz neue Performance entwickelt. Dennoch gelingt es dem Entertainer, Katzen sogar Handstand und Luftakrobatik beizubringen. All das geschieht nach Aussagen des Veranstalters unter strengster Berücksichtigung der

NEUGIERIG? Ein großes Stück Geschenkpapier und einige Kugeln ... Das reicht, um den Entdeckergeist zu aktivieren.

natürlichen Verhaltensweisen der Katzen, die Kuklachev zum Teil auf der Straße aufliest, um ihnen ein dauerhaftes Zuhause zu geben.

ENTDECKERGEIST UND LECKERCHEN

Vermutlich arbeitet der russische Clown mit vielen Leckerchen und einer gezielten Stimulation des katzentypischen Entdeckergeistes. Denn viele Stubentiger lieben es geradezu, neue Dinge zu erkunden, und lernen dabei – ganz nebenbei – eine ganze Menge. Der Trainingsablauf unterscheidet sich meistens nicht von dem mit Hunden. Man wartet, bis eine Katze zufällig das erwünschte Verhalten zeigt, oder motiviert sie dazu, gibt sofort ein Leckerchen, um das Verhalten zu verstärken. Außerdem gibt es nun jede Menge Aufmerksamkeit vonseiten des Besitzers, und das schätzen Hunde und Katzen nun mal gleichermaßen. Allerdings wären Katzen keine Katzen, wenn da nicht doch ein Unterschied wäre. Stubentiger langweilen bekannte Aufgaben schneller, als das bei Hunden der Fall ist. Bello und Co können sich ein Leben lang für die Ausführung eines Tricks begeistern. Mieze hat derweil längst gelangweilt das Handtuch geschmissen.

DER RICHTIGE UMGANG

Eine gut erzogene Katze ist ein Haustier, das sich an bestimmte Regeln hält. Allerdings sollten diese Regeln nicht allzu eng gesteckt sein, denn dann überfordert der Zweibeiner seine Samtpfote vermutlich über kurz oder lang und es kommt zu Problemen. Zum richtigen Umgang miteinander gehört eben auch, dass man gewisse Eigenarten des anderen akzeptiert.
Wer von seiner Katze die zuverlässige Ausführung der Signale „Sitz", „Platz", „Bleib" und „Tot" erwartet, sollte sich lieber einen Hund anschaffen. Der schätzt es, seinem Besitzer zu gefallen, indem er aufs Wort gehorcht. Katzen schätzen solche Erwartungen weitaus weniger.

KATZENGERECHTE ERWARTUNGEN

Man muss von seiner Katze auch nicht erwarten, dass sie die normale Toilette benutzt. Sie kann das vielleicht lernen, vielleicht fühlt sie sich durch diesen Anspruch jedoch auch überfordert. Warum sollte es nicht reichen, ihr beizubringen, zuverlässig die Katzentoilette zu benutzen und alle anderen Wohnbereiche zu verschonen? Das gehört zu den Merkmalen einer wohlerzogenen Katze wie auch das Kratzen am Kratzbaum oder anderen dafür vorgesehenen Objekten. Solange sich der Vierbeiner nicht über Lautsprecherboxen oder die Couchgarnitur hermacht, ist er gut erzogen. Letztendlich sollte in der Wohnung oder im Haus auch nicht alles tabu sein. Gerade wenn die Katze keinen Freigang genießt, braucht sie Raum, um sich auszuleben.

AM SOFA KRATZEN? Das ist tabu. Doch dem roten Kater ist das herzlich egal. Da hilft nur sofortiges Reagieren: Ein klares „Nein!", ein In-die-Hände-Klatschen oder auch ein zusammengeknüllter Papierball, der die Katze trifft.

ERWÜNSCHTE VERHALTENSWEISEN BELOHNEN

Zum richtigen Umgang mit Katzen gehört, zu wissen, wie sie lernen. Meistens ist Erfahrung die entscheidende Triebfeder. Es macht Spaß, die Krallen tief in das derbe Leder des Sessels zu schlagen? Dann ist eine Wiederholung vorprogrammiert. Es tut weh, wenn sich die Nasenspitze der Kerzenflamme nähert? Dieses Abenteuer ist zukünftig gestrichen. Den simplen Lernmechanismus sollte sich jeder Katzenhalter bei der Verfolgung bestimmter Erziehungsziele vor Augen führen. Die wichtigste Grundregel für den korrekten Umgang: Eine erwünschte Verhaltensweise muss sich für einen Stubentiger immer lohnen. Die Situation sollte als angenehm im Gehirn abgespeichert werden. Unerwünschte Verhaltensweisen dürfen hingegen nie einen positiven Impuls nach sich ziehen. Dazu zählt leider auch die bloße Aufmerksamkeit des Besitzers. Genau als solche könnte die Katze den erzürnten Blick und das Geschimpfe jedoch einstufen. Deshalb muss ganz klar sein, dass weder Spaß noch andere verstärkende Faktoren im Spiel sind. Am besten ist es, wenn die unerwünschte Verhaltensweise eine unerfreuliche Konsequenz nach sich zieht. Die sollte jedoch fein dosiert werden.

AUFMERKSAMKEIT SCHENKEN

Das unbewusste Schenken von Aufmerksamkeit ist übrigens einer der häufigsten Fehler beim Umgang mit Katzen. Ein typisches Beispiel: Die Samtpfote macht morgens um 5.30 Uhr einen Riesenrabatz und weckt ihren Besitzer. Der quält sich aus dem Bett, lässt den Freigänger hinaus in die Morgendämmerung oder öffnet eine Futterdose. Perfekt! Besser kann das Ganze aus Sicht der Katze gar nicht klappen. Für nächste Nacht ist das unterhaltsame Spektakel gleich wieder eingeplant – versprochen. Richtig wäre es, das Gequengel zu ignorieren. Sich schlafend zu stellen, auch wenn man die Katze innerlich verflucht. Wenn der Egotrip am frühen Morgen wiederholt keinen Erfolg bringt, wird die Katze irgendwann aufgeben.

KEINE GEWALT! **Eine zusammengerollte Zeitschrift schlägt man höchstens auf die Tischkante, niemals auf die Katze!**

BLOSS NICHT IM NACHHINEIN BESTRAFEN

Ein weiterer verbreiteter Umgangsfehler besteht darin, die Katze im Nachhinein für unerwünschtes Verhalten zu bestrafen. Warum das nur in die Hose gehen kann, liegt auf der Hand. Vielleicht ist es schon eine Stunde her, dass der Stubentiger eine Pfütze auf dem guten Perserteppich hinterlassen hat. Als sein Besitzer den Fauxpas bemerkt, denkt die Katze längst an etwas anderes. Nun wird sie gepackt, beschimpft und zur Katzentoilette geschleppt. Doch das Einzige, was sie hierbei lernt, ist, dass ihr vonseiten des unberechenbaren Besitzers eine grobe Behandlung droht und die Katzentoilette ein schlimmer Ort ist. Ein negativer Impuls wirkt nur dann, wenn man die Mieze in flagranti erwischt. Allerdings auch nicht auf Dauer. Denn unter Umständen lernt die Katze, heimlich zu agieren. Dann muss man stille Erzieher einsetzen – z. B. Sprühmarkierungen, die der Katzennase missfallen oder ein Spray, das bei Annäherung zischend Luft ablässt.

DER DREISTUFENPLAN

Oft hilft ein völlig gewaltfreier Dreistufenplan. Das Erfolgsgeheimnis besteht darin, auf sämtliche Beschimpfungen und andere Formen der Bestrafung zu verzichten. Grundsätzlich. Ganz egal, was die Katze wieder einmal ausgefressen hat. Der Hintergrund dieser Idee ist so einfach wie einleuchtend. Die Beziehung zwischen Katze und Mensch soll auf einer durchweg positiven Basis stehen. Ein freundlicher Umgang miteinander ist wichtig, damit es auch mit der Erziehung klappt. So viele liebenswerte Worte wie möglich, viel Lob und ganz viel Spaß miteinander ... das sind die richtigen Zutaten für eine gute Erziehung. Warum? Weil das verhindert, dass sich der Stubentiger langweilt. Langeweile ist nämlich einer der Hauptgründe für schlechtes Benehmen. Hyperaktivität und Zerstörungswut sind oft die Quittung, wenn der Besitzer zu wenig Zeit für seinen Schmuser hat. Das Gefühl, vernachlässigt zu werden, kann auch dazu führen, dass die Katze unsauber wird. Viel Zuwendung und gezielte Beschäftigung mit dem Vierbeiner lassen solche Probleme meistens schnell in Vergessenheit geraten.

LÖSBARE AUFGABEN

Stellen Sie der Katze gezielt Aufgaben, die sie bewältigen kann, und belohnen Sie sie dafür. So kann es helfen, eine Katze zum Apportieren zu motivieren und sie dafür zu belohnen, obwohl sie eigentlich vorhatte, verbotenerweise auf die Arbeitsplatte der Küche zu springen. Je mehr Anreize die Umgebung bietet, desto besser. Das kann eine simple Holzbank sein, auf die die Katze auf Kommando springt. Oder ein kleines Hindernis, über das sie hüpft. Die meisten Stubentiger sind ganz wild darauf, etwas zu tun, womit sie die Sympathien des Besitzers gewinnt.

UNATTRAKTIVE TABUZONEN

Und der letzte wichtige Punkt dieses Plans besteht darin, das Umfeld des Stubentigers so zu gestalten, dass es so wenig wie möglich dazu einlädt, verbotene Dinge zu wagen. Dazu gehört beispielsweise, keine verführerischen Essensreste auf dem Tisch stehen zu lassen, wenn das für die Katze eine Tabuzone ist. Oder den tollen langen Wollschal mit den lustigen Fransen offen an die Garderobe zu hängen. Und es ist immer von Vorteil, wenn die Tabuzonen selbst ein Signal setzen, das unattraktiv ist. So kann ein vorübergehend über das Sofa geworfenes Katzennetz dafür sorgen, dass der Stubentiger beim Krallenwetzen daran hängen bleibt. Katzen hassen das und werden zukünftig lieber wieder den Kratzbaum aufsuchen. Auch Alufolie und beidseitig haftende Klebebänder vermiesen vielen das verbotene Kratzvergnügen. Menthol- und Zitrusöle haben auch auf viele Miezen eine abschreckende Wirkung, wie auch eine kleine, auf Bewegung reagierende Spraydose, die Wasserdampf versprüht, sobald sich die Katze einer Tabuzone nähert.

TABU! **Die Sprühdose reagiert auf Bewegung und zischt, wenn die Katze in die Tabuzone eindringt.**

[a] ABGELENKT Ausgiebiges Spielen verhindert dumme Gedanken.

[b] MÜDE SPIELEN Auslastung beugt Zerstörungswut vor, lenkt die Katze ab und wirkt ausgleichend.

[c] TOLLE ECKE Die Ecken von Couchgarnituren üben auf Katzen einen magischen Reiz aus.

[d] SPIELVERDERBER Ein Stück Alufolie verdirbt den Spaß. Ist aber keine Dauerlösung.

[e] SCHLUSS MIT LUSTIG Klare Ansage: Wird die Katze in flagranti erwischt, sofort deutlich „Nein!" sagen und auch mit der eigenen Körpersprache eindeutige Signale geben.

NO GOES

Folien, Öle und Wassersprаydosen sind akzeptabel, aber es gibt auch sogenannte erzieherische Maßnahmen, die beim richtigen Umgang mit einer Katze absolut nichts verloren haben. Der allergrößte Fauxpas ist körperliche Gewalt. Wer seine Katze schlägt – sei es mit der Hand, der Zeitung oder einem anderen Gegenstand –, tut ihr in diesem Moment nicht nur physische, sondern auch psychische Gewalt an. Schläge zerstören ein bestehendes Vertrauensverhältnis zwischen Mensch und Tier. Gab es noch kein Vertrauen, kann es bei dieser Form des Umgangs auch nicht entstehen. Wie der Stubentiger auf Schläge reagiert, hängt von seiner individuellen Persönlichkeit und der Ausprägung der Misshandlung ab. Die dadurch provozierten Verhaltensstörungen reichen von verstörtem Auftreten über Angst bis hin zu Aggression, die wiederum angstbedingt ist. Einen positiven Effekt auf die Erziehung haben Schläge nie. Das steht außer Frage.

HARTE WURFGESCHOSSE VERBOTEN

Auch der Einsatz einer Wasserpistole kann gefährlich werden. Und zwar dann, wenn der Strahl zu hart ist und die Katze am Auge, an der Nase oder an den Ohren trifft. Hier droht sogar Verletzungsgefahr. Das gilt auch für Wurfschellen, die noch manche Hundehalter im Erziehungsrepertoire haben. Hierbei handelt es sich um handliche Metallrasseln, die man in die Nähe des Tieres wirft, um es zu erschrecken, wenn es unerwünschtes Verhalten zeigt. Trifft eine solche Rassel die Katze, drohen Verletzungen.

NICKERCHEN ZU ZWEIT Einer gut erzogenen Katze kann man auch im Schlaf vertrauen. Und dieser Kater hat keinen Schabernack, sondern das gemütliche Schlummerplätzchen auf dem Bauch seines Besitzers im Sinn.

MIT VIEL LOB Spielerisch lernen Katzen schneller und nachhaltiger als mit Druck und Zwang. Es ist besser, sie für erwünschtes Verhalten zu loben, anstatt sie stets für Missetaten zu rügen. Gerade das Loben kommt oft viel zu kurz.

KEIN STUBENARREST FÜR STUBENTIGER

Einsperren, Futter- und Wasserentzug sind ebenfalls absolute No Goes, wenn es um den richtigen Umgang mit der Katze geht. Katzen denken bei Stubenarrest nicht darüber nach, weshalb sie womöglich weggesperrt wurden. Sie empfinden die aktuelle Situation nur als bedrohlich und wollen ihr entkommen. Lerneffekt? Kein positiver. Dafür jede Menge Frustration, Angst und Misstrauen. Das Streichen der lebenswichtigen Ressourcen Nahrung und Wasser ist keine Erziehungsmaßnahme, sondern Tierquälerei und zutiefst zu verurteilen.

SPIELERISCH LERNEN

Katzen sind verspielte Wesen und deshalb lernen sie auch am besten spielerisch. Mit Druck und Zwang lässt sich bei ihnen höchstens das Gegenteil erreichen. Je einfallsreicher der Katzenhalter ist, desto leichter hat er es bei der Erziehung seines Stubentigers. Denn Kreativität und Abwechslung stehen bei Miezen hoch im Kurs. Hier einige Anregungen, die Sie – natürlich ganz nach Gusto Ihrer Katze – individuell weiterentwickeln können.

AUF DEN NAMEN HÖREN

Schnatze, Brött, Momo, Tigi, Schwarzling… Katzenbesitzer sind erfinderisch, wenn es um die Namen ihrer Stubentiger geht. Doch bis auch die Katzen verstanden haben, welcher Name ihnen gilt, kann einige Zeit vergehen. Wie lange das dauert, liegt am erzieherischen Geschick des Besitzers. Und je verspielter die Lernmethoden sind, desto begeisterter wird der Stubentiger mitmachen.

FÜR EINEN NAMEN ENTSCHEIDEN

Eines vorab: Ganz wichtig ist es, den gewählten Namen konsequent einzusetzen. Gibt es Spitznamen und Momo wird auch noch Mömchen, Mimi oder Schatzi genannt, herrscht Verwirrung im Katzenhirn. Also, dem Einfallsreichtum Einhalt gebieten und ausschließlich einen Namen verwenden. Nennen Sie Ihre Samtpfote so oft wie möglich beim Namen. Rufen Sie laut nach ihr, wenn das Futter zubereitet wird. Leiten Sie die Spielstunde ein, indem Sie den Namen der Katze rufen. Nennen Sie die Katze auch während des Spiels immer wieder beim Namen und blicken Sie sie dabei mit freundlich blinzelnden Augen an.

AUFGEHORCHT „Hat da nicht jemand gerufen?" Erklingt der eigene Name, unterbrechen viele Katzen sogar das Spiel. Sie hören am besten, wenn sie den Ruf mit Futter, Spiel oder Streicheleinheiten verbinden.

KLEINSTE REAKTIONEN BELOHNEN

Anfangs reagiert der Stubentiger vielleicht gar nicht. Warum sollte er auch? Schließlich verbindet er nichts mit diesem Namen. Nun heißt es: genau beobachten. Bereits die kleinste Reaktion bedarf einer sofortigen Belohnung. Das kann ein Blick sein oder auch nur ein nach hinten gedrehtes Ohr. Loben Sie Ihre Katze für diese Reaktion, und zwar ausgiebig. Da Spielen die schnurrende Zunft hellauf begeistert, kann man sich auch das beim Namentraining zunutze machen. Spielen Sie mit Ihrer Katze und nennen Sie sie dabei so oft wie möglich beim Namen. Achten Sie auf die Reaktionen und loben Sie, sobald der Vierbeiner sich auch nur ansatzweise angesprochen fühlt.

NAME IM EINSATZ

Mit der Zeit lernt die Katze, ihren Namen von anderen Wörtern zu unterscheiden. Sobald sich dieses Bewusstsein gefestigt hat, kann er auch bei der Erziehung helfen. Bei erwünschtem Verhalten wird der Name mit einer ruhigen, freundlichen Stimme artikuliert. Bei unerwünschtem Verhalten zieht der Katzenhalter die Aufmerksamkeit auf sich, indem er den Namen mit einer strengen Stimme nennt. Katzen haben feine Antennen und erkennen den Unterschied. Wirksam ist auch, die Katze mit ihrem Namen anzusprechen und anschließend deutlich „Nein!" zu sagen. Auch ein akustisches Signal, z. B. ein kurzer Pfiff, zeigt Wirkung.

AUF KOMMANDO KOMMEN

Es ist praktisch, wenn der Stubentiger auf seinen Namen hört. Zum Beispiel dann, wenn es sich um einen Freigänger handelt, der zu bestimmten Zeiten ins Haus soll. Damit eine Katze lernt, auf ihren Namen zu hören, sollte sie stark motiviert werden. Die Verknüpfung Name – Kommen – Belohnung muss sich fest im Gehirn verankern. Je attraktiver der verstärkende Impuls, die Belohung, ist, desto schneller und nachhaltiger lernt die Samtpfote.

LOBEN, WENN SIE KOMMT

Eine ganz wichtige Grundregel ist: Nie die Katze bestrafen, nachdem man sie beim Namen genannt hat. Das klingt so logisch, und doch passiert genau das immer wieder. Zum Beispiel dann, wenn der Katzenhalter knapp dran ist, sein Mäusefänger ins Haus kommen soll, aber nicht im Traum daran denkt, seinen Lieblingsplatz unter den Gartenbüschen zu verlassen. Sein Besitzer will los, wird immer wütender, ruft und brüllt… Schließlich kommt der Stubentiger tatsächlich und erntet eine Standpauke, weil er sich so viel Zeit gelassen hat. Ein fataler Fehler. Die Katze sollte gelobt werden, wenn sie doch noch kommt. Am besten beschäftigt man sich auch noch eine Weile spielerisch mit ihr. Das erhöht die Motivation, beim nächsten Mal schneller zu erscheinen. Ein negativer Impuls bewirkt genau das Gegenteil.

COOLE PARTY **Ausgelassenes Spielen ist die Belohung für sofortiges Kommen. Doch das Spiel muss wirklich gut sein.**

Dieser kann übrigens schon darin bestehen, die Katze zu rufen, sie einzusperren und allein zu lassen. Wo sollte für eine Samtpfote der Reiz einer solchen Erfahrung liegen? Natürlich denkt sie sich, dass es viel schöner wäre, im Garten zu bleiben, während der Besitzer stundenlang außer Haus weilt.

LOHNT SICH'S?

Fazit: Katzen kommen dann auf Ruf, wenn sich die Sache lohnt. Wenn beim Eintreffen „Party“ angesagt ist. Ganz viel Aufmerksamkeit, ein Leckerchen, das Lieblingsspielzeug – solche Impulse kommen meistens gut an und festigen auf positive, spielerische Weise die erwünschte Reaktion auf ein bestimmtes Signal.

Tipp

ZUSÄTZLICHES SIGNAL EINFÜHREN

Falls Ihre Katze zu den hartnäckigen Fällen gehört, die partout nicht auf ihren Namen hören wollen, verknüpfen Sie das Nennen des Namens einfach mit einem anderen eindeutigen Signal: zum Beispiel einem klimpernden Schlüsselbund. Von nun an immer den Namen der Katze rufen, dann laut mit den Schlüsseln klingeln. Sofort belohnen, wenn es klappt.

VERSTIMMUNGEN DES BESITZERS ERKENNEN

Das Geheimnis einer erfolgreichen Erziehung hat schon viele kluge Köpfe beschäftigt. Der Philosoph und Pädagoge Jean-Jacques Rousseau machte sich bereits im 18. Jahrhundert Gedanken dazu. Danach revolutionierten Johann-Heinrich Pestalozzi, Friedrich Fröbel und Maria Montessori das Erziehungssystem. Und heute gibt's die „Super-Nanny", die allen zeigt, wie's geht. Anscheinend haben Katzen vom aktuellen Erziehungstrend immer etwas mitbekommen. Zur Zeit der schwarzen Pädagogik, als Lehrer mit Linealen auf Schülerfinger schlugen, bekam die Katze einfach einen herzhaften Tritt in den Allerwertesten, wenn sie aus der Reihe tanzte. Clickertraining? Katzenpsychologen? Mit solchen Vorschlägen wäre man in der Nervenheilanstalt gelandet. Heute ist man klüger. Erziehungsproblemen rückt man mit Bach-Blüten, TTouch, Akupressur und Verhaltenstherapie zu Leibe. Positive Impulse spielen hierbei eine wichtige Rolle. Aber auch das Aufzeigen von Grenzen. Denn die Epoche der antiautoritären Erziehung ist vorbei. Auch bei Katzenbesitzern. Wer nichts dagegen hat, wenn der Vierbeiner beim Abendessen mit Freunden in die Suppenschüssel springt, wird über kurz oder lang in Einsamkeit speisen.

GRENZEN AUSLOTEN

Mieze soll ruhig wissen, wenn ihr Besitzer unzufrieden ist. Das ist sogar eine Voraussetzung für ein harmonisches Miteinander. Aber ein moderner Katzenhalter gibt sich nicht hemmungslos seinen Emotionen hin. Er bringt seiner Katze spielerisch bei, welche Grenzen sie nicht überschreiten darf. Genau genommen besteht der Trick darin, kein Spiel zuzulassen, wenn der Vierbeiner „Murphy's Law" propagiert. Zur Erinnerung: Murphys Gesetz besagt: „Was auch immer schiefgehen kann, wird auch schiefgehen." Und das darf natürlich nicht sein. Katzen testen ihre Grenzen ganz bewusst aus. Es gibt einen wirksamen Erziehungstipp, der hilft, diese Grenzen zu akzeptieren: Ändern Sie das Image der Situation. Verwandeln Sie die Beschränkung in eine Aufgabe, für deren Erfüllung es eine Belohung gibt. Schon wird es der Katze Spaß machen, diese Aufgabe zu erfüllen.

KATER BRÖTT

Ein praktisches Beispiel: Der rot gestromte Norwegische Waldkatzen-Kater „Brött" versucht jeden Morgen, auf die Arbeitsplatte der Küche zu springen, sobald es sich seine Besitzer am Frühstückstisch bequem machen. Anstatt nun aufzuspringen, den Frechdachs von der Arbeitsplatte zu stoßen und laut zu schimpfen, verspricht eine andere Technik

BAHN FREI! Der vermeintliche Chef holt etwas zu Lesen, also schnell mal auf dem Tisch nachgeschaut.

weitaus mehr Erfolg. Jetzt heißt es abwarten, bis Brött wieder Stellung bezieht. Kurz bevor er abspringt, gibt der Besitzer nun das Kommando „Bleib". Brött dreht sich für einen Augenblick verdutzt um. Jetzt muss man schnell sein. Sofort mit freundlicher Stimme loben und ein Leckerchen geben, das zuvor auf dem Frühstückstisch bereitgelegt wurde. In der Regel reicht es nicht, das Ganze einmal zu machen. Der Ablauf sollte mehrmals – am besten auch über mehrere Tage hinweg – trainiert werden. Nachdem das beim Frühstück klappt, wird das Kommando auch an anderen Stellen trainiert. Einfach einen Moment abpassen, in dem der Kater gerade auf dem Weg irgendwohin ist, „Bleib" sagen und sofort belohnen, wenn er an Ort und Stelle stehen bleibt. Stubentiger begreifen schnell, dass sich dieses Verhalten lohnt, Unerwünschtes aber kein positives Feedback gibt.

ZUSTIMMUNG DES BESITZERS ERKENNEN

Ein freundliches Wort. Ein saftiger Leckerbissen. Ein herzliches Streicheln. Es gibt viele Reaktionen des Katzenbesitzers, die der Vierbeiner instinktiv als positiv einstuft. Es gibt jedoch zahlreiche weitere Signale, die der Mensch eher unbewusst aussendet. Und das kann bei Katzen für Verwirrung sorgen. Um einen dauerhaften Erziehungserfolg zu verbuchen, bedarf es jedoch einer eindeutigen Botschaft. Wer mit der Stimme lobt und mit dem Körper Dominanz ausdrückt, löst bei der Katze Unverständnis aus.

EINDEUTIGE KÖRPERSPRACHE

Eine nicht eindeutige Körpersprache ist übrigens ein weitverbreitetes Phänomen bei Tierhaltern. Und deshalb sollte jeder ganz bewusst an ihr arbeiten. Der Stubentiger wird das zu schätzen wissen, weil er an einer eindeutigen Körpersprache sofort erkennen kann, ob sein Verhalten die Zustimmung des Besitzers weckt oder eher auf Ablehnung stößt. Doch wie muss sie aussehen, die Körpersprache, wenn man Zustimmung ausdrücken möchte? – Ganz einfach. Ein zufriedener Mensch ist freundlich gestimmt. Sein Blick ist offen und dabei nicht starr. Seine Bewegungen sind weich und fließend, nicht zackig und hektisch. Er öffnet sich physisch, indem er sich vielleicht sogar in eine hockende Stellung begibt, um mit der Katze auf einer Ebene zu sein. Auf einer Ebene sein, schließt Ablehnung und Aggression aus. Maßregelndes, von Dominanz geprägtes Verhalten würde eher von oben herab erfolgen. Stehend, auf die Katze hinabblickend, vielleicht noch mit erhobener Hand und drohendem Zeigefinger, mit vorgebeugtem Oberkörper.

NASEWEIS Mal ganz schnell dran schnuppern …

ABGEDÜST … und nichts wie weg – der Boss naht!

VOGEL-STRAUSS-PRINZIP Mit der„Kopf-in-den-Sand"-Taktik reagieren Katzen auf zu viel Druck.

SACHTE BEI SENSIBELCHEN

Wohlwollen äußert sich hingegen mit einer freundlich ausgestreckten Hand, deren Innenfläche nach oben zeigt. Erst nachdem die Katze mit ihrer Nase die Hand berührt hat, dreht man die Hand um und streichelt sie. So wissen auch Sensibelchen mit ganz feinen Antennen, dass sie die Zustimmung ihres Besitzers gewonnen haben. Ihnen ist eine schnell von oben nahende Hand mit nach unten weisender Handfläche oft schon zu viel. Auch wenn die Hand sich eigentlich zum Streicheln nähert. Aber auch bei weniger sensiblen Katzen sollte man immer auf möglichst eindeutige Zustimmungssignale achten. Ansonsten schleichen sich aufgrund missverständlicher Botschaften Erziehungsfehler ein, die wiederum viel Zeit und Konsequenz erfordern, wenn man sie ausbügeln muss.

ERZIEHUNGSSTRESS VERMEIDEN

Stress – auf manche wirkt er beflügelnd, andere bringt er um. Alles eine Frage, wie man damit umgeht. Viele erfahrene Katzenhalter haben jedenfalls schon lange mit dem Thema abgerechnet; sie lassen sich nicht mehr stressen. Ihnen geht es gut dabei, und was für sie von Vorteil ist, kann auch ihren Stubentigern nicht schaden – im Gegenteil. Sie sollen genauso wenig zu Stressopfern werden wie ihre Halter. Leicht gesagt, aber schwer umzusetzen? Nein. Einfach locker bleiben! Dann klappt es auch mit der Erziehung.

STRESSREAKTIONEN

Wissen Sie eigentlich, was Sie Ihrem Körper antun, wenn Sie unter Stress stehen? Ihr Sympathikus (Teil des vegetativen Nervensystems) „dreht am Rad", und das hat mehrere Folgen. Zuerst schüttet Ihre Nebennierenrinde Adrenalin aus. Puls und Herzleistung steigen an, der systolische Blutdruck und der Blutzuckerspiegel klettern; außerdem öffnen sich die Pupillen weit und die freien Fettsäuren im Blut vermehren sich. Das Positive daran: Der Körper ist so auf höchste Leistungsbereitschaft eingestellt. Das Negative: Zu viel oder dauerhafter Stress macht krank. Bluthochdruck, Herzinfarkte und Schlaganfälle sind nur einige Beispiele für mögliche Stressfolgen und werden Anpassungssyndrom (Coping) genannt.

GEFÜHL VON HILFLOSIGKEIT

Dieses Phänomen existiert auch bei Katzen. Und es scheint in einem engen Zusammenhang mit dem Gefühl von Erwartungsunsicherheit und Hilflosigkeit zu stehen. Vermutlich ist dieses Gefühl auch Ihrem Stubentiger bekannt. Es entsteht, wenn eine Katze ständig herumkommandiert wird, ohne dass ihr dabei klar wird, was man von ihr will.

STRESSSYMPTOME

Es gibt vielfältige Formen von Stresssymptomen: Nervosität, Ruhelosigkeit und die Neigung zu Überreaktionen gehören genauso

BEDRÄNGT Diese Katze fühlt sich in die Ecke getrieben. Und das ist sie auch tatsächlich, denn sie kauert zwischen Besitzer und Fenster auf der Fensterbank. In solchen Situationen entsteht oft zuviel Druck.

dazu wie Beschwichtigungssignale (zum Beispiel das hektische Lecken des Mäulchens, das Abwenden des Kopfes oder spontanes Kratzen). Auch Unsauberkeit kann ein Stresssymptom sein. Bei extremer Angst oder durch einen plötzlichen Schreck wird über die Adrenalinausschüttung und die Aktivierung des sympathischen Nervensystems dem Enddarm signalisiert, Kot abzusetzen. Zusätzlich kommt es zu einer Verschiebung im Wasserhaushalt, was zu vermehrtem Urinabsatz führt.

STRESSAUSLÖSENDE FAKTOREN

Ebenso verhält es sich mit den stressauslösenden Faktoren. Die sind bei Menschen und Stubentigern gar nicht so unterschiedlich:

- Krankheiten verursachen Stress. Warum? Weil die Leistungsfähigkeit des Individuums durch sie eingeschränkt wird, und das macht keinen Spaß.
- Erschöpfungszustände, wie sie durch Schlafmangel oder Überbeanspruchung entstehen, sind heftige Stressoren.
- Plötzliche Veränderungen vermögen massiven Stress zu verursachen.
- Trauer – sei es um einen Artgenossen oder eine Bezugsperson – ist keine zu vernachlässigende Stresskomponente.
- Erwartungsunsicherheit: Wenn Katzen nicht verstehen, was von ihnen verlangt wird, entsteht Stress.
- Versagen will keiner, und das Gefühl, es getan zu haben, ist reinster Stress.
- Ein Umzug kann aufgrund des Revierverlusts sehr stressig für eine Katze sein.
- Familienzuwachs in Form eines Babys vermag Katzen auch erheblich zu stressen.

RÜCKZUG Manchmal wollen Katzen ihre Ruhe haben und ziehen sich zurück.

WAS MACHST DU DA? Bedrängt sie dann ein Artgenosse, ist das ganz schön stressig.

JETZT REICHT ES! Und wenn dann auch noch ein zweiter nervt, ist es mit der Ruhe endgültig vorbei.

WAS KATZEN AUCH NOCH STRESST

Bis zu diesem Punkt dürfte es jedem leichtfallen, die Stressauslöser nachzuempfinden. Oder sind Sie noch nie gestresst gewesen, weil Sie befürchteten, einer anstehenden Aufgabe nicht gewachsen zu sein? Waren Sie noch nie todmüde und haben gereizt reagiert? Bei Katzen kommen allerdings noch einige weitere Faktoren hinzu. Harte Erziehungsmethoden gehören dazu. Angst und Schmerz stehen hierbei im Mittelpunkt. Stressfallen lauern auch auf Katzenausstellungen.
Zum Glück sind nicht immer Menschen schuld an dem Dilemma. Auch Katzen untereinander können für massiven Stress sorgen. So arten allzu wilde Raufspiele nicht selten in Stress aus, und auch eine schlecht zusammengestellte Katzengruppe vermag sich als ergiebige Stressquelle zu erweisen. Dasselbe gilt für Bedrohungen, die von Artgenossen ausgehen.

URSACHEN AUSFINDIG MACHEN

Was hilft gegen all den Stress? Wie kann man eine gestresste Katze entlasten und sie trotzdem erfolgreich erziehen? Das Wichtigste und leider auch zugleich Schwierigste ist allerdings, die Ursache ausfindig zu machen. Denn meistens sind es viele Einzelfaktoren, die das sprichwörtliche Fass zum Überlaufen bringen. So ist es also wichtig, nicht nur einzelne Geschehnisse zu untersuchen, sondern auch das gesamte Lebensumfeld, den Tagesablauf, die grundsätzliche Beziehung zum Besitzer oder zu anderen im Haushalt lebenden Personen oder Tieren zu erfassen, um sich ein Gesamtbild zu machen.

DAS ANTI-STRESS-PROGRAMM

Hilfreich ist ein selbst erstellter Fragebogen: Hier geht es um Haltungsbedingungen, den Gesundheitszustand, Alter, Rasse und Geschlecht der Katze sowie Fragen zur Vorgeschichte (Tierheim, andere Besitzer, Unfälle). Ziel des Ganzen ist es, sich ein möglichst vollständiges Bild vom stressgeschädigten Stubentiger zu machen. Ist dies gelungen, folgt der zweite Teil der Aufgabe: die schrittweise Reduzierung der Stresssymptome. Dabei darf man keinesfalls zu viele Dinge gleichzeitig im Leben der Katze verändern. Auch das könnte

Stress verursachen. Anti-Stress-Programme erstrecken sich oft über Wochen und Monate. Manchmal lassen die ersten Erfolge sehr lange auf sich warten, was sogar eine körperliche Ursache hat. Es dauert, bis sich der Organismus wieder auf ein normales Stresshormonniveau eingependelt hat. Dieses Phänomen ist Ihnen vermutlich auch nur allzu gut bekannt. Wenn Sie endlich einmal Urlaub haben, brauchen Sie bestimmt mindestens zwei bis drei Tage, bis die Entspannung einsetzt.

AUF DER SUCHE NACH DER LEICHTIGKEIT

Diese Erfahrung bringt Sie übrigens einen großen Schritt weiter. Ihnen wird klar, dass man mit der Stressbekämpfung bei sich selbst anfangen muss. Ein angespannter abgehetzter Katzenhalter versetzt seinen Vierbeiner schon einmal per se in Stress. Wer seinen Vierbeiner „entstressen“ möchte, sollte erst einmal selbst versuchen, ruhiger, ausgeglichener und entspannter zu werden. Sie werden staunen, wie schnell sich manche Probleme im Umgang mit dem Mäusefänger auflösen, wenn man locker mit ihm umgeht. Begeben Sie sich auf die Suche nach der Leichtigkeit des Seins und erleben Sie, wie schön Erziehung ohne Disstress sein kann.

DAS SOLLTE IHRE KATZE LERNEN

Nachdem nun geklärt ist, wie man das Verhalten seiner Katze beeinflussen kann, stellt sich natürlich die Frage, warum ein Stubentiger überhaupt erzogen werden muss. Wie gesagt besteht das Zusammenleben von Zweibeinern und Vierbeinern zum Teil aus bestimmten Verhaltensregeln, an die sich alle Beteiligten halten müssen, um ein harmonisches Miteinander zu gewährleisten. Zum einen sollte die Katze lernen, dass es in der Wohnung oder im Haus Bereiche gibt, die für sie tabu sind. Zum anderen gilt es, den Stubentiger vor etwaigen Gefahren zu schützen.

TABUZONE KÜCHENTISCH

Es bleibt natürlich jedem Katzenhalter überlassen, ob er seinen Vierbeiner auf der Arbeitsplatte der Küche duldet oder nicht, aber es ist sicherlich hygienischer, der Katze den Sprung auf den Küchentisch von vornherein zu verbieten. „Meine Katze ist aber nicht dreckig. Sie ist entwurmt, geimpft und kerngesund“, mag nun manch einer grummeln, und das mag ja auch so sein. Dennoch: Auch eine gesunde und entwurmte Katze sucht regelmäßig ihre Katzentoilette auf und scharrt mit den Pfoten in der verschmutzten Einstreu. Wenn man dies berücksichtigt, sieht man eventuell ein, warum Katzen nichts auf Tischen zu suchen haben, auf denen Lebensmittel verarbeitet werden.

TABUZONEN Katzen sollten lernen, von Tabuzonen fernzubleiben. Das erleichtert das Zusammenleben ungemein.

HOCH HINAUS Rauf auf den Kühlschrank und schon fällt der Topf. Lieber gleich verbieten.

GEFÄHRLICH FÜR NEUGIERIGE KATZENNASEN

In der Küche lauern übrigens auch Gefahren, die der Gesundheit eines neugierigen Stubentigers abträglich sein können: Heiße Herdplatten, erhitzte Kochtöpfe, spritzendes Fett und heißer Wasserdampf sind nicht ungefährlich. Deshalb sollte man seinen Stubentiger während des Kochens aus der Küche aussperren. Im Eifer des Kochgefechts ist man manchmal nicht mehr dazu in der Lage, eine naseweise Katze im Auge zu behalten. Gerade junge unerfahrene Katzen sind extrem neugierig und sehen gern einmal nach, was da im Topf blubbert. Derartige Erkundungstouren gehen nicht selten mit bösen Verbrennungen einher. Nach dem Kochen kann man heiße Herdplatten übrigens mit nicht brennbaren Schutzdeckeln versehen. Auch das reduziert die Unfallgefahr für vorwitzige Samtpfoten.

KÜHLSCHRANKVERBOT

Auch der Kühlschrank ist für Katzen absolut tabu. Nähert sich der Stubentiger, sobald man die Kühlschranktür öffnet, sollte man ihn mit einem konsequenten „Nein!“ oder „Weg!“ fortscheuchen. Katzen bemerken schnell, dass sich im Kühlschrank köstliche Leckereien befinden, und versuchen in unbeobachteten Momenten hineinzugelangen oder zumindest etwas Fressbares herauszufischen. Um ein ungewolltes Einschließen (und das damit verbundene Ersticken der Katze) oder das Vernichten einer frischen Lachshälfte zu vermeiden, sollte man der Katze den Zugang zum Kühlschrank prinzipiell verbieten.

„WAS GIBT'S DENN HEUTE?“ Auf dem Herd haben Katzen überhaupt nichts verloren. Hier besteht allerhöchste Verletzungsgefahr. Außerdem sind Brandwunden äußerst schmerzhaft. Induktionsherde mindern das Risiko.

MEIN PLATZ! Lieblingsplätze gibt niemand gern auf. Deshalb gar nicht erst in Versuchung führen.

LIEBLINGSPLATZ WASCHMASCHINE?

Auch Bügeleisen und Waschmaschinen haben Tücken. Viele finden es niedlich, wenn sich ein Kätzchen in der Trommel der Waschmaschine versteckt und ein Nickerchen hält. Selbst wenn die Katze verrückt danach ist, die Waschmaschine zu ihrem neuen Lieblingsplatz zu machen, sollte man ihr diesen Spaß von Anfang an verbieten. Die Wäschetrommel ist tabu, weil es ansonsten irgendwann zu einem fatalen Unfall kommen kann. Immer wieder hört man von Katzen, die versehentlich mitgewaschen wurden, weil ihr Besitzer nicht bemerkt hat, dass sich sein Liebling in der Wäschetrommel befand. Ein solche Tortur nimmt meistens ein tödliches Ende und sollte deshalb von vornherein ausgeschlossen werden. Bügeleisen und Bügelbrett sind ebenfalls keine Spielzeuge für Katzen. Natürlich lieben es die meisten Stubentiger, Jagd auf das Kabel des Bügeleisens zu machen oder auf dem Bügelbrett herumzuturnen. Da auch hierbei eine hohe Verbrennungsgefahr besteht, sollte man ihm von klein auf beibringen, dass er sich beim Bügeln fernhalten muss.

MIT PUTZWASSER SPIELT MAN NICHT

Viele herkömmliche Reiniger sind giftig. Sie greifen empfindliche Schleimhäute an und können Verätzungen der Hornhaut verursachen. Es versteht sich von selbst, dass man als Tierhalter weitgehend natürliche Reinigungsmittel verwendet oder die chemischen Keulen zumindest sorgfältig wegschließt, damit sie sich außer Reichweite der Katze befinden. Zusätzlich zu dieser Vorsichtsmaßnahme sollte man seine Katze so erziehen, dass sie nicht am Putzwasser herumspielt oder an den Putzmittelflaschen riecht, während man die Wohnung putzt. Ansonsten kann es schnell geschehen, dass eine schlecht verschlossene Flasche umfällt, ausläuft und die Pfoten der Katze mit Reinigungslösung benetzt. Die Katze wird instinktiv sofort an den verschmutzten Pfoten lecken und läuft Gefahr, sich eine schwere Vergiftung zuzuziehen.

ZÄHNE WEG VON ZIMMERPFLANZEN

Katzen sollten von Anfang an lernen, dass sie nicht an Topfpflanzen, Balkonblumen und Blumensträußen zu knabbern haben. Auch wenn viele Katzenhalter peinlichst darauf achten, keine Giftpflanzen im Wohnbereich des Stubentigers aufzustellen, kann es immer wieder vorkommen, dass doch eine toxische Pflanze den Weg in das Haus des Katzenhalters findet. Blumensträuße von Freunden, Neuzüchtungen und exotische Pflanzen, deren Giftigkeit hierzulande vielleicht noch gar nicht bekannt ist, können zu einer ernsthaften Gefahr für unsere Katze werden.

GIFTIGE BLUMENSTRÄUSSE

Blumensträuße sind besonders kritisch: Sie enthalten oft unterschiedliche Blumensorten und werden mit dekorativem Grünzeug verschönert, das nicht selten giftig ist, (Das Gleiche gilt für mit Blattspray behandelte Blätter!) Zudem werden viele Schnittblumen mit Chemikalien behandelt, damit sie länger frisch bleiben. Auch diese Stoffe gelangen beim Knabbern in den Katzenkörper. Sie können Übelkeit, Erbrechen, Durchfall sowie Leber- und Nierenschädigungen hervorrufen. Wer auf Nummer sicher gehen möchte, untersagt seiner Katze das Anfressen von Zierblumen und sorgt dafür, dass sie ihr Bedürfnis nach Grünzeug mit Katzengras stillen kann.

KRATZERSATZ Krallenwetzen ist für Katzen die natürlichste Sache der Welt. Es ihnen zu verbieten, wäre unfair. Deshalb sollte jeder Katzenhaushalt geeignete Kratzmöglichkeiten bieten. Ein Sofa gehört nicht dazu.

DIE KIPPFENSTER-FALLE

Gekippte Fenster können zur tödlichen Falle werden: Stubentiger neigen dazu, ihren Kopf neugierig durch den Spalt des gekippten Fensters zu schieben, um hinauszugucken. Manche Katzen versuchen sogar, sich durch den Spalt zu quetschen, um ins Freie zu gelangen. Beide Varianten sind sehr gefährlich: Die Katzen können abrutschen, stecken bleiben und sich selbst erdrosseln. Auch Genickbrüche und Durchblutungsstörungen mit Todesfolge können durch gekippte Fenster verursacht werden. Man hat mehrere Möglichkeiten, um solchen Tragödien vorzubeugen: Zum einen sollte der Katze strengstens verboten werden, ihren Kopf durch den Spalt des Kippfensters zu quetschen, zum anderen kann man die Fenster vorsorglich mit Katzennetzen absichern.

KRATZEN? ABER NUR AM RECHTEN FLECK

„Katzen zerkratzen alles", schimpfen manche und weisen dabei auf eine zutiefst ursprüngliche Eigenschaft der Gattung Felidae hin. Auch wenn Katzen tatsächlich nun einmal das Bedürfnis haben, regelmäßig ihre Krallen zu schärfen und lose Krallenhülsen abzustreifen, kann man sie dennoch erfolgreich von Polstern, Tapeten und Teppichen fernhalten, wenn man früh genug damit beginnt, sie konsequent zu erziehen.

Die beste Voraussetzung für eine makellose Wohnungseinrichtung ist natürlich ein Kratzbaum. Schließlich ist der Stubentiger darauf angewiesen, irgendwo zu kratzen. Um sein Kratzverhalten zu steuern, sollte man ihn umgehend zum Kratzbaum bringen und aus-

giebig loben, wenn er artig am Sisal kratzt. Hat die Katze erst gemerkt, dass das Kratzen an Polstermöbeln, Tapeten und Teppichen bei ihrem Besitzer Unwillen stößt, wird sie sich sicherlich früher oder später für den Kratzbaum entscheiden.
Erweist sich der Stubentiger als hartnäckiger Tapetenkratzer und bevorzugt dabei eine bestimmte Stelle, so kann man diesen Teil der Tapete vorübergehend mit einer kleinen Kratzmatte schützen. Es gibt auch kleine Sisalbrettchen, die man an Wandecken anbringen kann.

KLEINE SCHNORRER

Betteln ist eine Unart, die ganz schön nerven kann. Dennoch sollte man bedenken, dass die Ursache des Bettelns natürlich nicht beim Tier, sondern beim Besitzer zu suchen ist. Katzen, die betteln, haben irgendwann einmal einen Leckerbissen geschnorrt, indem sie ihren Besitzer flehentlich angeblickt haben. Ein solches Erfolgserlebnis prägt sich tief in die Erinnerung des Tiers ein, und es wird erneut versuchen, durch Betteln an einen leckeren Happen zu kommen.
Ignoriert man Schnorrversuche von Anfang an und lässt sich prinzipiell nicht dazu erweichen, die Katze vom Tisch zu füttern, wird der Stubentiger diese Art der Nahrungsbeschaffung aufgeben oder gar nicht erst entwickeln. Möchte man seiner Katze etwas vom eigenen Essen abgeben (soweit es für Katzen empfehlenswert ist), legt man es ihr einfach in ihren Futternapf. So lernt der Stubentiger, dass seine Futterstelle an einem festgelegten Ort ist, und versucht nicht, den Esstisch der Zweibeiner zu stürmen.

DAS GING DANEBEN!

Katzen sind reinliche Tiere. Es ist nicht besonders schwierig, sie an den Gebrauch einer Katzentoilette zu gewöhnen. Dennoch kann es vorkommen, dass ein Stubentiger seine dringenden Geschäfte an Orten verrichtet, die ganz und gar nicht dafür vorgesehen sind. Ist das der Fall, sollte man erst einmal nach den Ursachen für dieses Verhalten suchen.
Kennt unser Vierbeiner noch keine Katzentoilette? Hat er sein Geschäft bisher nur im Garten verrichtet? Ist die Katze unzufrieden (Protestpinkeln)? Ist die Toilette schmutzig? Kann die Katze das Streu nicht leiden?
Es gibt viele Ursachen für Unsauberkeit und ihnen muss man auf den Grund gehen, um das Problem zu lösen.

UMGELEITET

Um der Unsauberkeit entgegenzuwirken, bemüht man sich, optimale Bedingungen zu schaffen. Man zeigt der Katze die Katzentoilette und scharrt mit den Fingern auffordernd in der Einstreu. Ertappt man den Stubentiger dabei, wenn er außerhalb des stillen Örtchens zur Tat schreitet, trägt man ihn umgehend zum Klo. Dort wird er gelobt. – Schließlich soll er die Katzentoilette mit einer positiven Erfahrung verbinden.
Gerade bei Unsauberkeit bietet es sich an, die „Aromamethode“ auszuprobieren: Man beträufelt gefährdete Stellen mit einem stark riechenden Duftöl. Viele Katzen verabscheuen diesen Geruch und bevorzugen zukünftig doch lieber eine geruchsneutrale, saubere Toilette.

„TEILST DU?“ Schnorrer haben hier nichts verloren. Maßnahme: Katze nie vom Tisch füttern.

CLICKERTRAINING

Clickern? Das stammt eigentlich aus der Welt des Hundetrainings. Schon seit Jahren clickt es eifrig auf vielen Hundeplätzen. Warum? Weil sich mit dem kleinen Klick zur rechten Zeit beachtliche Lernerfolge erzielen lassen. Doch hat es auch in Katzenhalterhaushalten bereits „Klick" gemacht? Nicht? Dann aber los. Ein Clicker oder ein Knackfrosch aus Großmutters Zeiten ist schnell besorgt, und schon kann es losgehen. Alles, was der Katzenhalter sonst noch braucht, sind in winzige Stückchen zerteilte Leckerchen und ein Konzept. Welche Lernziele gibt es? Welche Verhaltensweisen sollen verändert werden? Steht der Plan, kann es losgehen.

LERNERFOLG DURCH MOTIVATION UND KREATIVITÄT

Das Clickertraining basiert auf einer positiven Bestärkung. Der Lernerfolg wird durch Motivation und Kreativität erzielt. Der Clicker dient hierbei als Verständigungsmittel, das als unverwechselbares Geräusch in Verbindung mit einem präzisen Lob (Leckerchen) zum Einsatz kommt. Die Katze soll Freude am Lernprozess haben und Fortschritte erzielen, die niemals durch eine Bestrafung gefährdet werden dürfen.

AUF CLICK FOLGT LECKERCHEN Positive Verstärkung ist hier das Erfolgsgeheimnis.

DER PAWLOW'SCHE EFFEKT

Der Erfolg des Clickertrainings beruht auf einem ganz natürlichen Zusammenhang, der in der Verhaltensforschung als „Operante Konditionierung" bezeichnet wird. Fast jeder hat in der Schule einmal vom „Pawlow'schen Hund" gehört, der seinen Namen dem Verhaltensforscher Iwan Pawlow verdankt. Pawlow stellte unter anderem fest, dass man futterassoziiertes Speicheln auch gezielt ohne den Einsatz von Futter auslösen kann. Um dies zu erreichen, läutete der Forscher stets eine Glocke, bevor sein Versuchshund gefüttert wurde. Nach mehreren Wiederholungen dieses Experiments speichelte der Hund bereits beim Ertönen der Glocke, ohne dass ihm Futter vorgesetzt wurde. Er hatte gelernt, einen Zusammenhang zwischen dem akustischen Signal und einem angenehmen Erlebnis zu sehen. Diese Verknüpfung kann natürlich auch auf andere Verhaltensweisen übertragen werden.

FÜR EINE GUTE FIGUR Besser viele kleine Leckerchen verwenden und von der Tagesration abziehen.

LECKERCHEN ODER LAKRITZ? Erstmal prüfen, ob die Leckerchen auch den Aufwand wert sind.

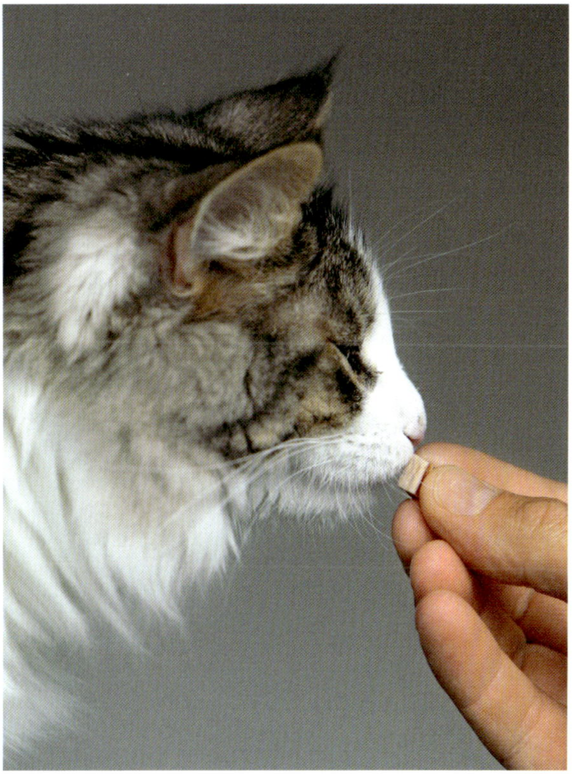

MUNDGERECHTE HÄPPCHEN Leckerchen vom Besitzer sind auch eine Art von Zuwendung.

VERHALTENSMUSTER PERFEKTIONIEREN

Die Perfektionierung sinnvoller Verhaltensmuster ist übrigens eine zutiefst natürliche Angelegenheit, ohne die eine Spezies nur schlechte Überlebenschancen hätte. Auch frei lebende Katzen müssen lernen, ihre Mäusefangtechnik zu perfektionieren, um erfolgreich zu sein. Ansonsten gibt es nichts zu fressen.

NICHT ALLE MÖGEN ES

Im Prinzip kann der Pawlow'sche Versuch (und somit auch das Clickertraining) auch auf Katzen übertragen werden, aber die Erfolge sind in der Regel weitaus mühsamer zu erzielen. Das könnte an folgenden Gründen liegen:

- Katzen sind schwieriger zu motivieren als Hunde.
- Bestechung führt bei Stubentigern noch lange nicht zum Erfolg.
- Samtpfoten bringen von Natur aus eine geringere Bereitschaft zur gezielten Zusammenarbeit mit sich.
- Kunststücke werden nur selten mit echter Begeisterung vorgeführt.
- Katzen verlieren schneller das Interesse an bestimmten Reizen.
- Die Ohren des Stubentigers sind hochsensibel. Das durchdringende „Klick-Klack" wird von manchen Gattungsvertretern als unangenehm empfunden.

Sie brauchen jetzt nicht enttäuscht den Kopf sinken zu lassen. Das Clickertraining ist tatsächlich auch für Katzen geeignet. – Man sollte diese Form des Freizeitspaßes jedoch etwas differenziert betrachten, um die Prinzipien des Trainings für Katzen tolerierbar zu machen.

PROBLEMLÖSUNG

- Falls Ihre Katze das Geräusch des Clickers als unangenehm empfindet (die Ohren werden abgewinkelt oder angelegt; sie schüttelt den Kopf oder läuft weg), können Sie den Rat Martin Pietrallas befolgen, der im Fall von ängstlichen Hunden empfiehlt, den Clicker in der Hosentasche zu betätigen, damit sein Geräusch gedämpft wird. Auf diese Weise erlangt das alles durchdringende „Klick-Klack" auch für Katzenohren eine erträgliche Intensität.
- Sie können die Motivationsbereitschaft der Katze steigern, indem Sie für das Clickertraining eine besonders begehrte Sorte Leckerchen benutzen, in deren Genuss der Stubentiger nur sehr selten kommt. Verwenden Sie hingegen Bröckchen des Trockenfutters, das der Vierbeiner ohnehin täglich im Napf vorfindet, sinkt der Motivationspegel schnell gegen null.
- Beugen Sie Langeweile und Überdruss vor, indem Sie der Katze immer neue Herausforderungen stellen. Lassen Sie Ihrer Kreativität freien Lauf.

CLICKERTRAINING AM BEISPIEL – AB IN DEN KARTON!

Nun zu einem präzisen Beispiel: Sie möchten Ihrer Katze beibringen, in einen Karton oder ein anderes Behältnis zu klettern und herauszugucken. Zu diesem Zweck gehen Sie folgendermaßen vor:

- Sie wählen einen Behälter, ein Gefäß, einen Karton etc., in den die Katze problemlos hineinpasst, und stellen sicher, dass Standfestigkeit gewährleistet ist, damit der Vierbeiner nicht mitsamt Behältnis umfällt und sich erschreckt.
- Nun legen Sie ein Leckerchen auf beziehungsweise in den Behälter. Wenn es sich um ein begehrtes Leckerchen handelt, wird der Stubentiger umgehend Witterung aufnehmen, sich dem Behälter nähern und das Leckerchen fressen.
- Kurz bevor dies geschieht, betätigen Sie den Clicker. „Klick-Klack" – Futter: Dieser Zusammenhang soll sich der Katze einprägen.
- Der Stubentiger wird nun den Behälter untersuchen. Vielleicht sind irgendwo noch mehr Leckerchen versteckt? Vermutlich wird er sogar hineinklettern, um auch im Inneren des Kartons nach Leckerbissen zu suchen. Dies ist der Moment, in dem Sie erneut den Clicker betätigen und der Katze ein Leckerchen geben oder zuwerfen: „Klick-Klack" – Futter. Daran wird sich der Vierbeiner erinnern.
- Der gesamte Trainingsablauf sollte mehrmals wiederholt werden, wobei darauf zu achten ist, dass die Katze dem Ganzen nicht überdrüssig wird. Brechen Sie das Training ab, solange der Vierbeiner mit Freude bei der Sache ist.
- Sobald der Stubentiger von selbst in die Kiste klettert und auf sein Leckerchen wartet, ist das Lernziel erreicht.

GEWAGTE KUNSTSTÜCKCHEN

Wenn Ihre Katze Spaß am Clickertraining findet, können Sie sich auch an schwierigere Übungen herantrauen. Einigen Katzenhaltern ist es gelungen, ihren Vierbeiner dazu zu bewegen, sich auf die Hinterbeine zu erheben oder auf den menschlichen Rücken zu klettern. Es gibt viele Kunststücke, die Sie Ihrer Katze mithilfe des Clickertrainings beibringen können. Der individuelle Erfolg und der Schwierigkeitsgrad der Kunststücke hängen allerdings nicht zuletzt vom Wesen und der Rasse der Katze ab. Generell ist davon auszugehen, dass ruhigere Gattungsvertreter wie Exotic Shorthairs weniger Interesse an akrobatischen Leistungen zeigen als dies bei Orientalen der Fall ist. Diesen Voraussetzungen muss sich der Katzenhalter beugen, was nicht heißt, dass es nicht auch für Perser und Co passende Kunststücke gibt. Eine einfache, aber unterhaltsame Idee ist es, einen Besenstiel beidseitig auf zwei Eimern zu legen und die Katze aufzufordern, hinüberzuspringen. Anfangs helfen zusätzliche Fänge rechts und links, ein Vorbeilaufen zu vereiteln. Als Fänge eignen sich beispielsweise Regenschirme. Als Lockmittel dient eine Spielzeugangel mit spannendem Köder.

[a]

[b]

[c]

[d]

[e]

[a] FORSCHERDRANG Katzen sind von Natur aus neugierig, was eine gute Voraussetzung für das Erlernen von Kunststücken ist.

[b] BELOHNT „Klick!“ und ein Leckerchen. Schon hat der Kater verstanden, dass es sich lohnt, auf Kommando in die Kiste zu steigen.

[c] MEINE Erstmal mit einem Kinnrubbler markieren. Somit ist klar, wem die Kiste gehört.

[d] AUSZEIT Deckel drauf und ein Nickerchen gehalten. So macht das kleine Kunststück Spaß.

[e] VOLLTREFFER! Der freudig hoch gereckte Schwanz signalisiert höchste Zufriedenheit mit sich und der Welt.

LOBEN MIT SYSTEM

Die einen tun es ständig, die anderen verzichten strikt darauf. Beides ist falsch, denn Loben mit System bringt eine Menge: motivierte, kooperationswillige Katzen, die erstaunliche Lernerfolge erzielen. Doch um diese Ziele zu erreichen, muss man wissen, welches Lob wann angebracht ist.
Früher gab es einfach ein Stück Wurst oder einen Klaps auf den Allerwertesten. Manchmal half das, manchmal nicht. Gut, dass sich heute hochrangige Wissenschaftler mit dem Lernverhalten von Katzen beschäftigen und dabei verschiedene „Lobtechniken" ins Visier nehmen. Der russische Physiologe Iwan Pawlow dürfte sich freuen, denn irgendwie dreht sich bei der flächendeckenden Forschung rund ums richtige Loben vieles um die von ihm Anfang des 20. Jahrhunderts erstmals eingehend analysierte Konditionierung. Allerdings nicht nur um die klassische Konditionierung, die den Pawlow'schen Hund beim Klang einer Glocke in freudiger Futtererwartung speicheln ließ, sondern auch um die operante beziehungsweise instrumentelle Konditionierung, bei der bestimmte Signale mit erwünschten Verhaltensreaktionen verknüpft werden.

DIE TRIEBFEDERN DER KATZE

Bei den internationalen Forschungen kristallisiert sich übrigens Folgendes heraus: Um Lernziele zu erreichen, machen sich erfolgreiche Katzenhalter natürliche Bedürfnisse

SELBSTBLOHNEND Katzen lernen durch positive Verstärker. Ein solcher ist auch das Herumrollen der Kugeln unter dem Papier, sobald sie die Pfote berührt. Das befriedigt den Spieltrieb und somit belohnt sich die Katze selbst.

der Katze zunutze. Futter, Komfort und Gesellschaft heißen die Triebfedern, die Miezen schneller lernen lassen. Sie alle sind ideale Belohnungen, die erwünschtes Verhalten bestärken und eine Wiederholung wahrscheinlicher machen. Somit lagen die Wurstverfütterer vergangener Tage gar nicht so falsch. Allerdings haperte es vermutlich oft am richtigen Zeitpunkt und der korrekten Dosierung des Lobs. Erfolgreiches Katzentraining basiert nämlich auf folgenden Schritten:

1. Signal
2. Reaktion
3. positive oder negative Verstärkung (innerhalb von ein bis zwei Sekunden!)

Und der Erfolg stellt sich natürlich nur beim korrekten Einsatz des Ganzen ein.

MOTIVATIONSBOOSTER

Hinzu kommt, dass sowohl positive als auch negative Verstärker zum Lernerfolg beitragen. Zur positiven Verstärkung gehören Leckerchen, lobende Worte und sanftes Streicheln. Zur negativen Verstärkung gehört das bewusste Nachlassen von zuvor gezielt aufgebautem Druck.
Beide Formen des Lobs scheinen Erfolg versprechend – die eine soll sogar nicht ohne die andere funktionieren. Doch obwohl die aktuellen Studien zeigen, dass ein positiver Verstärker nicht schlechter als ein negativer wirkt, zeichnet sich ganz klar ab: Positive Verstärker erhöhen die Motivation und somit die Lernbereitschaft. Und in diesem Bereich führt das Leckerchen ganz klar die Riege der Motivationsbooster an. Sie duften nach Hühnchen, Schinken oder Thunfisch, sie sind kross, rund oder eckig, groß wie ein Stückchen Salami oder klein wie eine Erbse. Wenn es um Belohnungshappen geht, läuft die Futtermittelindustrie zu Hochtouren auf. Kein Wunder, denn bei den meisten Katzenhaltern geht nichts ohne den motivierenden Leckerbissen zwischendurch. Schließlich ist die Gabe eines Leckerchens auch Zuwendung. Aber dennoch: immer auf das Körpergewicht achten.

SCHNELL SEIN HEISST DIE DEVISE

Die Gabe von Futter kann ein positiver Verstärker sein. Allerdings braucht man hierfür eine schnelle Hand. Das Leckerchen muss ein bis zwei Sekunden nach dem erwünschten Verhalten von der Hosentasche ins Katzenmaul wandern, ansonsten verfehlt es seine Wirkung. Gelingt der Blitztransfer, entfaltet das Leckerchen seine volle Wirkung. Aus Katzensicht handelt es sich hierbei schließlich um Futter, und Nahrung ist eine Ressource, ohne die Samtpfoten keine Überlebenschance hätten. Somit hat ein Leckerchen einen hohen Stellenwert. Einen weitaus höheren als das Kraulen des kuscheligen Pelzes. Das ist zwar auch nett und erzieherisch wirksam, aber weitaus unwichtiger fürs nackte Überleben.

RASCHELSACK Aufgrund der positiven Erfahrung steigt die Attraktivität des Papiers. Gleich wird wieder daran gezupft.

ANGESTUPST Katzen lernen durch Wiederholung. Erstmal wird versuchsweise nach den Vögeln gehangelt.

KLASSE! Bei Berührung schnellt der Vogel in die Höhe. Ein positiver Impuls, weil's Spaß macht.

NETTE WORTE

Viele Katzen reagieren übrigens auch sehr positiv auf ein freundliches Wort. Und obwohl sie verbale Schmeicheleien nicht zum Überleben brauchen, hilft die Kraft der Worte tatsächlich besser zu lernen. Der bisweilen verblüffende Erfolg beruht dabei weniger auf einer möglichst poetischen Wortwahl als auf wiederholter Assoziation. Der Stubentiger verknüpft eine bestimmte Verhaltensweise mit dem Stimmsignal des Besitzers. Er wird konditioniert, fast so wie damals der berühmte Pawlow'sche Hund, dem beim Klang einer Glocke sofort Speichel floss, weil er das Geräusch mit einer Futtergabe verknüpfte. Allerdings handelte es sich bei dem Versuchshund des russischen Physiologen Iwan Pawlow (1849–1936) um eine klassische Konditionierung: die Assoziation zweier Signale (Glockenklang – Futter). Setzt ein Katzenbesitzer seine Stimme ein, um sein Tier zu belohnen, handelt es sich dabei um eine instrumentelle Konditionierung – die Verknüpfung eines Signals mit einer Verhaltensreaktion.

VERBALES LOB IN SZENE GESETZT

Das Ganze funktioniert nur, wenn Signal und Verhalten fast zeitgleich einsetzen – maximal ein bis zwei Sekunden versetzt voneinander. In diesem Punkt gleicht das Stimmlob dem Lob mit Leckerchen. Es gibt allerdings einen gravierenden Unterschied zwischen beiden Varianten: Futter empfinden Katzen von Natur aus als starken Reiz, weil es ihr Überleben sichert. Von einem freundlichen „Gut gemacht" kann man sich nicht ernähren. Dass der Mensch mit dem Klanggebilde für gute Stimmung sorgen möchte, muss die Katze erst lernen. Die Verknüpfung gelingt schnell, wenn das „Prima" oder eben ein anderes lobendes Wort, das in dieser bestimmten Situation jedoch immer dasselbe sein sollte, spätestens ein bis zwei Sekunden nach der erwünschten Reaktion erklingt. Anfangs hilft ein zusätzlicher Verstärker – zum Beispiel ein Leckerchen, das es wiederum ein bis zwei Sekunden nach dem Stimmlob gibt –, die Verknüpfung zu festigen. Nach und nach reduziert man die Leckerchengabe und stellt das verbale Lob in den Vordergrund. Es genügt, in unterschiedlichen Abständen mit Futter zu loben, um die Motivation zu erhalten.

GEFÜHLVOLLER KÖRPERKONTAKT

Sanftes Öhrchenlecken, zufriedenes Schnurren, wohlig gefächerte Tatzen ... Wer Katzen beim gegenseitigen Verwöhnen zusieht, erkennt vermutlich ganz schnell, worauf es bei diesem hautnahen Körperkontakt ankommt. Eine gefühlvolle Berührung wird von den meisten Katzen sofort verstanden. Zärtliches Kraulen des Nackens oder sanftes Streicheln des Rückens beruhigt und entspannt sie. Der Stubentiger genießt die Zuwendung und Aufmerksamkeit, die er instinktiv aus dem eigenen Sozialverhalten kennt.

NOCH MAL! Also wird das Spielchen wiederholt, und am nächsten Tag beginnt alles von vorn.

IMMER GLEICH – ANTRAINIERTE SIGNALE

Man kann einen akrobatischen Handstand wagen, sich am Kopf kratzen oder „Tischbein" sagen … Dem Stubentiger ist es ganz egal, welches Signal mit einer bestimmten Reaktion verknüpft wird. Hauptsache, es ist immer dasselbe. Ein konditioniertes Lob ist eine Belohnung, die nicht direkt mit dem natürlichen Verhalten einer Katze zu tun hat. Es handelt sich somit weder um Nahrung oder Wasser noch um Zuwendung – also einen angeborenen Verstärker –, sondern um ein antrainiertes Signal. Angeboren bedeutet, dass das Wissen um die Verstärkerfunktion nicht erst erlernt werden muss.

POSITIVE BEDEUTUNG

Damit das Wort „Prima" denselben Effekt hat wie Verstärker, die aus dem natürlichen Verhalten der Katze stammen, macht man sich genau diese anfangs zunutze. Wenn es während der ersten Phase der Erziehung jedes Mal ein Leckerchen gibt, nachdem man „Prima" gesagt hat, wird die Samtpfote den Leckerbissen über kurz oder lang mit dem verbalen Signal verknüpfen. Es wird konditioniert. Nach und nach gibt es immer seltener ein Leckerchen, bis das „Prima" auch ohne zusätzliches Training als positiver Verstärker wirkt.

Konditionierung

Gibt es bei der Erziehung des Stubentigers häufige, regelmäßige Wiederholungen von Assoziationen, findet eine Konditionierung statt. Hierbei verankern sich die Assoziationen fest im Gehirn der Katze und gehen in ihr Langzeitgedächtnis ein. Bestimmte Reaktionen lassen sich durch antrainierte Signale abrufen. Man unterscheidet zwei Formen der Konditionierung.

DIE KLASSISCHE KONDITIONIERUNG

Hierbei kommt es zur Verknüpfung von zwei Signalen. Die Assoziation gelingt nur, wenn die beiden Signale fast zeitgleich auftreten.

DIE OPERANTE BZW. INSTRUMENTELLE KONDITIONIERUNG

Hierbei werden Signal und Verhaltensreaktion der Katze miteinander verknüpft. Beides muss fast zeitgleich auftreten.

VERSTÄRKER: BELOHNUNG UND BESTRAFUNG

Das Lernverhalten der Katze lässt sich durch Verstärker beeinflussen. Die **Belohnung** eines bestimmten Verhaltens ist eine positive Konsequenz und intensiviert das erwünschte Verhalten. Die **Bestrafung** eines bestimmten Verhaltens ist eine negative Konsequenz und schwächt das jeweilige Verhalten ab. Verstärker müssen fast zeitgleich mit der Verhaltensweise erfolgen, um zu wirken.

MARC HEPPNER

SPIELE
sind ihr Leben

SPIELEN UND JAGEN, DAS GEHT BEI KATZEN NAHTLOS INEINANDER ÜBER. BÄLLE, MÄUSE UND AN ANGELN BAUMELNDE OBJEKTE LASSEN DIE AUGEN DES FLINKEN FÄNGERS AUFBLITZEN. MIT PFEILSCHNELLEN PFOTEN ERWISCHT ER FAST ALLES, WAS ER INS VISIER NIMMT.

Warum Spielen so wichtig ist

SIE WOLLEN IHREN STUBENTIGER SO RICHTIG AUSLASTEN? VIELLEICHT SOGAR GEMEINSAM MIT IHM AKTIV WERDEN? DANN DÜRFTEN DIE HIER VORGESTELLTEN SPIELIDEEN GENAU DAS PASSENDE FÜR SIE UND IHREN VIERBEINIGEN FREUND SEIN. DAS GUTE DARAN: GEMEINSAMES SPIELEN IST NICHT NUR EIN RIESENSPASS, SONDERN AUCH NOCH GUT FÜR DIE BEZIEHUNG ZWISCHEN MENSCH UND KATZE. ES STÄRKT DIE BINDUNG UND FESTIGT DAS SELBSTVERTRAUEN DER SAMTPFOTE.

Damit beim Spielen alles klappt, sollten einige Grundregeln beachtet werden: Angefangen beim richtigen Spielzeug, das genau auf die Bedürfnisse der Katze zugeschneidert ist, über Spielregeln, die dafür sorgen, dass der Stubentiger nicht über die Stränge schlägt, bis hin zu bestimmten Spielwelten, die gezielt das Jagdverhalten stimulieren oder das Köpfchen kluger Katzen trainieren. Und natürlich geht es in den folgenden Kapiteln auch um katzengerechte Wohnungen. Freuen Sie sich auf Tipps und Tricks rund ums Thema Spielen. Katzenhalter sind kreative Menschen, denn ihre Spielideen sind überwältigend. Dabei achten sie darauf, dass die Spiele sich auch ohne Aufwand umsetzen lassen. Das Alter des Stubentigers spielt dabei keine Rolle. Ob Kätzchen oder Katzensenior – Sie können zu Hause die tollsten Sachen mit dem abenteuerlustigen Schnurrer anstellen. Dabei müssen Sie auch keine Sportskanone sein oder ein bestimmtes Alter haben – wichtig ist nur der Spaß an gemeinsamen Unternehmungen.

SPIELERISCH FORDERN UND FÖRDERN

Mit Spielen kann man sogar gezielt an „Schwächen" arbeiten. Ist die Katze aufgedreht und unruhig, lernt sie konzentriertes Arbeiten; ängstliche Katzen bekommen mehr Selbstvertrauen, und Kätzchen werden durch Gehirnjogging und Koordinationsspiele in ihrer Entwicklung gefördert. Selbst betagte Vierbeiner blühen richtig auf und zeigen, was in ihnen steckt. Spielerisch lässt sich auch an einer verbesserten Kommunikation zwischen Mensch und Tier arbeiten. Dabei lernt der Stubentiger, sich auf seinen Menschen zu konzentrieren, und ist weniger abgelenkt. Trotzdem gilt es, einiges zu beachten. Zum Beispiel, dass der Mensch bestimmt, wann das Spiel beginnt und wann es endet, damit die Katze nicht dauernd anfragt.

UND ACTION! **Energiebündel oder Schlaftablette? Beim Spielen zeigen Katzen, was in ihnen steckt.**

FIT GENUG?

Auch wenn das Alter nicht ausschlaggebend ist, sollten Sie doch Konstitution und Gesundheitszustand der Katze berücksichtigen. Mit schwerer Arthrose in den Beinen läuft es sich nicht mehr so gut; Kätzchen dürfen nicht über die Maßen gefordert werden, weil sie sich noch in der Wachstumsphase befinden. Lassen Sie Ihren gesunden Menschenverstand walten oder wenden Sie sich an Ihren Tierarzt. Spielzeug, an dem sich das Tier verletzen kann, sollte nicht benutzt werden.

WO IST ES? **Hunde lieben sie und Katzen schätzen Spielzeuge mit versteckten Leckerchen ebenso.**

Tipp

DER GELUNGENE SPIELEINSTIEG

Hier einige Tipps, wie der Einstieg ins Spiel am besten gelingt:

- Belohnen Sie Ihre Katze. Auch wenn ihr das Spiel Freude macht, muss sie es zuerst erlernen. Sie braucht Motivation, um die Aufgabe erfolgreich zu bewältigen. Dabei ist Futter die ideale Wahl. Und keine Sorge wegen der Figur: Verfüttern Sie einfach einen Teil der normalen Tagesration – zum Beispiel Trockenfutterbröckchen. Auch Clickertraining ist sinnvoll.
- Gehen Sie in kleinen Schritten vor. Auch wenn Sie eine genaue Vorstellung vom Spiel haben, hat der Stubentiger erst mal keinen blassen Schimmer davon. Üben Sie sich in Geduld, berühren Sie Ihren Mäusefänger während des Trainings nicht. Herumschubsen ist tabu. Erwarten Sie keine Perfektion und belohnen Sie den kleinsten Fortschritt.
- Das Timing ist wichtig. Die Katze sollte verstehen, wofür sie belohnt wird. Innerhalb einer Sekunde müssen Sie reagieren, andernfalls weiß sie die Belohnung wahrscheinlich gar nicht zuzuordnen. Am besten eignet sich dazu ein kurzes Lobwort wie „Prima". Einige Male wiederholen und anschließend immer sofort ein Leckerchen geben.
- Bei einigen Spielen kann ein Helfer sinnvoll sein, der dem Stubentiger das Leckerchen gibt.
- Spielen Sie lieber kurz, dafür jedoch häufig. Anfangs genügen wenige Minuten. Sollten weiterführende Übungen nicht gelingen, beenden Sie das Training mit etwas, das Ihre Katze schon kann. Vergessen Sie die Belohnung nicht!
- Erlernen Sie die Bedeutung der Körpersprache Ihrer Katze. Achten Sie auf Signale für Überforderung oder Stress.
- Kinder können natürlich mitspielen, allerdings unter Aufsicht von Erwachsenen. Zeigen Sie Ihrem Kind den richtigen Umgang mit der Katze.

SCHNÜFFELSPIELE

Katzen riechen um ein Vielfaches besser als Menschen. Weil ihr Orientierungssinn zum großen Teil auf dem Einsatz der Nase beruht, machen ihnen Spiele, die ihr Riechorgan fordern, besonders viel Spaß. Zudem wird ihre Konzentration gefordert. Es gibt inzwischen verschiedene Spielmodelle, die genau diese Idee aufgreifen. Zum Beispiel das Spiel mit dem Holzbrett, das mehrere Vertiefungen aufweist, in denen Leckerchen versteckt sind. Die Vertiefungen werden anschließend mit kleinen Holzhütchen oder Holzkugeln verschlossen. Jetzt heißt es: Schnuppern, Aufspüren, Hütchen umstoßen, Leckerchen finden und fressen. Ein ähnliches System verfolgen bunte Plastikbälle, die der Katzenhalter mit Leckerchen oder Trockenfutter füllen kann. Die Katze gelangt an die verführerischen Bissen, indem sie den Ball mit der Pfote oder der Nasenspitze herumrollt. Immer wenn die Öffnung des Balls den Boden berührt, fallen einige Bröckchen heraus und die Katze belohnt sich selbst. Im Gegensatz zu Hunden, die sich jeden Tag aufs Neue für dieses Spiel begeistern, verlieren Katzen schneller das Interesse daran.

Tipp

HÖCHSTE MOTIVATION!
Spiele, die mit Leckerchen als Verstärker arbeiten, haben ein hohes Motivationspotenzial. Sie sind auch gut dazu geeignet, eine Katze spielerisch an eine neue Umgebung zu gewöhnen.

KLOROLLEN-RECYCLING

Wer kein Spielzeug mit geheimem Leckerchenfach kaufen will, kann mit einfachen Mitteln selbst ähnlich strukturierte Spielideen umsetzen. Zum Beispiel einige Leckerchen im Papprohr einer ausgedienten Rolle Toilettenpapier verstecken, mehrere Löcher hineinbohren und die Seiten mit breitem Klebeband verschließen. Dann die Katze darauf ansetzen. Sobald es langweilig wird, die Leckerbissen mit der Pfote herauszufischen, kann man die Rolle mitsamt Leckerchen an einem schwer zugänglichen Ort verstecken, etwa in einem halb verschlossenen Umzugskarton. Oder man hängt sie an einem Seil auf. Dann muss die Katze springen und hangeln, um daranzukommen.

LECKERCHEN ANGELN Pfiffige Spielzeuge lassen sich übrigens auch selbst bauen – etwa aus Klopapierrollen.

ABENTEUER IM WOHNZIMMER

Draußen regnet es, der Himmel ist wolkenverhangen, die Bäume biegen sich im Sturm. Kein Wetter für Outdoorspiele, denken Sie? Richtig, deshalb wird jetzt das Wohnzimmer in einen aufregenden Abenteuerparcours verwandelt. Ob Möbel, Isomatten, Blumentöpfe, Leitern oder auch Kinderspielsachen – aus allem lässt sich ein interessanter Parcours anlegen, den der Stubentiger bewältigen kann. Sicher sind hier keine rasanten Läufe und großen Sprünge erforderlich. Achten Sie darauf, dass Ihre Katze sich nicht verletzen kann. Neue Gegenstände werden erst einmal beschnuppert, bevor es losgeht. Bei abenteuerlichen „Fantasiehindernissen“ sollten Sie genau auf die Reaktion Ihres Schnurrers achten. Fühlt er sich vielleicht unwohl, zeigt Anzeichen von Stress? Fühlt sich Ihre Katze wohl, ist fast alles erlaubt. Hier einige Beispiele zur Anregung.

MITTEN DRIN Katzen schätzen es, wenn ihr Kratzbaum an einem möglichst zentralen Ort steht, etwa im Wohnzimmer.

ABGETAUCHT Auch eine Decke hat ihren Reiz. Vor allem, wenn ein Beutestück darunter versteckt ist.

KEINE ANGST VORM DUNKLEN LOCH

Katzentunnel sind ideale Mutproben. Man kann sie fertig kaufen oder rollt einfach eine Isomatte – so weit, dass die Katze bequem hindurchkriechen kann. Am besten werfen Sie anfangs ein paar Leckerchen in den Tunnel oder halten Ihrem Stubentiger von der anderen Seite aus die Belohnung hin. Auf keinen Fall ziehen oder drücken! Die fortgeschrittene Variante ist der Sacktunnel. Er hat nur einen Ausgang. Das erfordert gleich doppelt viel Mut.

BALANCEAKT MIT HAUSHALTSLEITER

Die Koordinationsfähigkeit der Katze lässt sich schulen, indem man sie über eine auf den Boden gelegte Haushaltsleiter schreiten lässt. Einfach vorn mit einem Leckerchen locken. Anfangs an eine Wand legen, dann besteht nur auf einer Seite Ausbruchgefahr.

VORHANG AUF UND BÜHNE FREI!
Legen Sie einen Stock, eine Reitgerte oder den Stil eines Haushaltsbesens über zwei Stühle und spannen Sie einen Vorhang zum Beispiel aus rot-weißem Flatterband (Baumarkt), den die Katze durchqueren soll, während Sie auf der anderen Seite warten. Gehen Sie in kleinen Schritten vor. Die Katze erhält für jeden Versuch eine Belohnung.

SLALOMPARCOURS
Hierzu können Sie Tischbeine, Blumentöpfe oder auch einen Regenschirm benutzen, den Sie in der einen Hand festhalten, während die andere Hand ein Leckerchen oder ein Angelspielzeug hält und die Katze dazu ermutigt, den Parcours zu umrunden.

FREUDENSPRÜNGE
Ob Decken, Regalbretter oder leere Blumenkästen – aus allem kann man Sprünge für Katzen bauen. Anfangs sollten Sie einen Türrahmen oder etwas Ähnliches nutzen, damit der Stubentiger nicht an der Hürde vorbeilaufen kann. Vielleicht springen Sie ja sogar gemeinsam mit ihm über das Hindernis.

MUTPROBEN
Sie lassen sich auch am Boden üben. Lassen Sie Ihren Vierbeiner über eine Plane oder über eine (krallensichere!) Luftmatratze schreiten. Schritt für Schritt sollte er ihm unbekannte Untergründe erkunden.

VERWEGENE BALANCIERSPIELE
Auf einer Wippe zu balancieren, macht ganz verwegenen Samtpfoten auch Spaß. Nach einigen Überquerungen können Sie auch versuchen, ob die Katze eine Zeit darauf verweilt. Wichtig: Die Wippe muss breit genug sein und stabil stehen. Sollte sie beim Training umkippen, würde das die Katze verunsichern. Eine Wippe ist übrigens schnell selbst gebaut: aus einem etwa armdicken runden Stück Holz und einem circa 20 Zentimeter breiten Brett, das vor und hinter der Auflagefläche mit zwei von unten festgeschraubten Holzsplinten stabilisiert wird.

FREUDENSPRUNG Ein Handschuh mit kleinen Objekten an den Fingerspitzen ist sehr verlockend.

DAS LABYRINTH
Bauen Sie doch einfach mal ein Labyrinth. Nehmen Sie dazu Steckelemente oder auch nur Wollfäden und Pflanzstäbe. Gelingt es, den Stubentiger mit Angel oder Leckerchen durch das Labyrinth zu locken, ohne dass er die Begrenzungen überschreitet?

KLETTERGARTEN
Natürlich kann man aus Kisten und Brettern auch einen Kletterparcours quer durchs Wohnzimmer legen. Achten Sie dabei auf ausreichende Stabilität!

SPRING DURCH MEINE ARME!
Spielen Sie selbst Hindernis. Setzen Sie sich hin, legen Sie sich auf den Boden, formen Sie mit den Armen einen Reifen. Nun brauchen Sie allerdings einen Helfer, der die Katze zum Sprung motiviert.

OUTDOORSPIELE

War man im Wohnzimmer noch räumlich eingeschränkt, hat man als Besitzer eines Freigängers draußen ganz andere Möglichkeiten. Während das Wohnzimmer ein beschränktes Platzangebot bietet, kann sich die Samtpfote draußen richtig austoben. Allerdings ist gerade hier an die körperlichen Möglichkeiten der Katze zu denken. Zudem ist das Wetter nicht immer ideal für Outdoor-Fun. Große Hitze, starker Wind und strömender Regen kommen bei den meisten Mäusefängern gar nicht gut an. Ansonsten gelten aber die gleichen Bedingungen wie drinnen: Lassen Sie Ihrer Fantasie freien Lauf!

FÜR SPRINGPROFIS

Wie wäre es mit einem Ausflug ins Reitsportgeschäft? Ohne Katze versteht sich, denn dort wollen Sie nur Equipment für die Profihürde kaufen. Ideal sind aus Kunststoff bestehende Stangenhalter, an denen man ein oder zwei Stangen befestigen kann. Die sind zwar nicht ganz billig, aber dafür halten sie ein Katzenleben lang und haben schön abgerundete Formen. Von ihnen geht keine Verletzungsgefahr aus. Gerade zu Anfang sollten man niedrig und unmittelbar vor den Hürden beginnen. Erst allmählich wird dann der Anlauf mit eingebaut. Laufen Sie aus verschiedenen Winkeln auf die Hürde zu, mal rechts, mal links von der Katze, und locken Sie sie mit einem Leckerchen.

DURCH DIE STANGEN GEFÄDELT

Stecken Sie mit Besenstielen einen Slalomparcours ab. Aus dem Wohnzimmerparcours ist bekannt, dass die Katze erst mit Leckerchen zwischen den Stangen hindurchgelotst wird. Mit etwas Übung folgen manche Miezen später auch bei Fuß.

KRIECHRÖHRE ODER SCHRECKGESPENST?

Katzentunnel – oder alternativ Kinderkriechtunnel beziehungsweise Tunnel aus dem Agilitybedarf für Hunde – und Reifensprünge machen erst im Garten richtig Spaß. Achten Sie aber auf ausreichende Stabilität des Tunnels, falls Wind aufkommt. Ihr Stubentiger würde es Ihnen äußerst übel nehmen, wenn sich das lustige Spielzeug zum Schreckgespenst wandelt.

DAS RICHTIGE SPIELZEUG

Plüschige Fellmäuse, kunterbunte Schaumstoffbälle, Angeln mit verschiedenen Anhängern, kleine Holzlabyrinthe, kreisrunde Mäuserennstrecken aus Kunststoff, lange Knistertunnel mit mehreren Ein- und Ausgängen, kunstvoll anmutende Installationen, auf deren Sprungfedern Stoffmäusefamilien wippen … Stubentiger wähnten sich vermutlich im Schlaraffenland, wenn sie selbst vor einem Regal mit Katzenspielzeugen stünden.

UND HOPP Einladend wird die Katze zum Sprung aufgefordert.

FLANKE Während des Sprungs bleibt das lockende Signal erhalten.

GUT GEMACHT! Und jetzt kommt die verdiente Belohnung.

BESTE KUMPEL Dieser Norweger liebt es, ausgelassen mit seinem Freund Philip zu spielen. Bei dem Kaliber sind allerdings schnelle Reaktionen gefragt, ansonsten rollen Kater und Kind über den Rasen.

Doch meistens steht da der Besitzer der Samtpfote. Und das nicht selten ziemlich ratlos. Soll es nun eine neonfarbene Plastikwelt „Made in China" sein, die Einzug ins heimische Wohnzimmer hält? Oder vielleicht doch lieber eine cremefarbene Biokreation mit deutschem Gütesiegel? Will die Katze lieber angeln, hangeln, springen, klettern oder kriechen? Angesichts der überwältigenden Auswahl an Anregungen kommen sogar erfahrene Katzenhalter ins Grübeln.

HAUPTSACHE, UNGEFÄHRLICH!

Wie auch immer die Entscheidung ausgeht – wichtig ist, dass das Spielzeug der Wahl ungefährlich für den Stubentiger ist. Das sollte selbstverständlich sein, ist es aber nicht. Oft finden sich sogar im professionellen Fachhandel Objekte, die besser auf einer Sondermülldeponie aufgehoben wären als im Katzenkörbchen. Kunstfarben, die beim Durchkauen abfärben, sind eines der Risiken. Sie enthalten manchmal schädliche Stoffe, die über das Maul der Katze in die Entgiftungsorgane (Leber und Nieren) gelangen und diese belasten. Bei hochkonzentriert giftigen Farben kann es sogar direkt nach dem Verzehr zu Vergiftungserscheinungen kommen. Vermehrtes Speicheln, Apathie und Muskelzittern können Anzeichen hierfür sein. Treten solche Symptome auf, sofort ab zum Tierarzt. Wenn der nicht da ist, in die nächste Tierklinik. Wenn möglichst schnell eine Behandlung eingeleitet wird, besteht noch Hoffnung.

VERSCHLUCKBARE KLEINTEILE

Eine weitere, oft unterschätzte Gefahr, die von mangelhaftem Katzenspielzeug ausgeht, sind verschluckbare Kleinteile. Eltern kleiner Kinder kennen das Problem, und bei Samtpfoten verhält es sich ähnlich. Allerdings ist dieses Problem bei ihnen nicht nur auf das Kleinkindalter beschränkt, sondern besteht ein ganzes Katzenleben lang. Sie neigen dazu, ein frisch erbeutetes Spielzeug mit den Krallen festzuhalten und mit den Zähnen zu bearbeiten. Dabei lösen sich winzige Teile wie Fäden, Bänder, Mäuseaugen, kleine Glöckchen oder Schwänzchen ab und verschwinden im Schlund des Mäusefängers. Zwar erliegen längst nicht alle Stubentiger dieser Versuchung, aber es gibt viele Gattungsvertreter, die in ihrem Schluckverhalten Staubsaugern gleichen. In ihrem Maul verschwindet alles, was nicht niet- und nagelfest ist. Mit etwas Glück durchwandert der Fremdkörper den Verdauungstrakt und kommt später am anderen Ende wieder heraus, ohne größere Schäden zu verursachen.

ERSTE HILFE BEI VERSCHLUCKTEN TEILEN

Es kann aber auch anders kommen: Womöglich bleibt der gefährliche Fremdkörper auf diesem Weg auch stecken und verursacht Probleme. Verstärkter Speichelfluss, Würgen, Erbrechen, Futterverweigerung, Abmagerung und Apathie können Anzeichen für einen verschluckten Fremdkörper sein. Sofortmaßnahme: Der Katze einen halben Teelöffel Olivenöl einflößen. Das funktioniert am besten mit einer Einwegspritze (ohne Nadel), die man seitlich ins Mäulchen des Nimmersatts schiebt. Kommt das verschluckte Objekt trotz „Ölspritze“ nicht ans Tageslicht und die Beschwerden halten an, besteht sofortiger Handlungsbedarf. In solchen Fällen hilft meistens nur eine röntgenologische Untersuchung beim Tierarzt oder in der Tierklinik. Wird der Fremdkörper gefunden, kann er vielleicht operativ entfernt werden. Es reicht leider nicht immer, der Katze etwas Olivenöl einzuflößen.

MIT UND OHNE AUFSICHT

Somit ist klar, worauf es bei der Auswahl des Katzenspielzeugs ankommt. Es sollte aus unbedenklichen Materialien bestehen und keine abtrennbaren Kleinteile aufweisen. Die Formen des Spielzeugs sind abgerundet, weil von Kanten und Spitzen eine Verletzungsgefahr – insbesondere für die Augen und Nase – ausgehen könnte. Wichtig: Nicht alle Spielzeuge sind für unbeaufsichtigten Spielspaß gedacht. Seriöse Hersteller weisen sogar darauf hin. Das gilt für Spielangeln, an denen lange Bänder hängen. Es spricht nichts dagegen, gemeinsam mit der Katze damit zu spielen. Lässt man sie jedoch damit allein, besteht die Gefahr, dass sie Teile abtrennt und verschluckt. Es gibt allerdings auch Spielzeuge, die extra für die unbeaufsichtigte Nutzung entwickelt wurden. Sie sind beispielsweise aus Sisal und bestens zum gefahrlosen Beknabbern geeignet.

ERFOLG ODER FLOP? – IHRE KATZE ENTSCHEIDET

Neben der Qualität stellt sich bei der Auswahl des Spielzeugs auch die Frage nach dem Typ. Samtpfoten sind wählerisch, was ihre Freizeit angeht, und längst nicht jeder Stubentiger begeistert sich für alle Spielwelten. Angelspiele stehen bei vielen Katzen hoch im Kurs. Und es gibt verschiedene Einsatzmöglichkeiten, die man auf das Bewegungsbedürfnis des Vierbeiners abstimmt. Mal lässt man ihn auf der Jagd nach der Angel hoch in die Luft springen, mal flitzt der Köder über den Boden und lädt zu einer rasanten Verfolgungsjagd ein. Der Übergang zu Spielzeugen, die den Jagdtrieb stimulieren, ist somit fast fließend. Allerdings zählt beim Jagdspiel auch das echte Beutefeeling. Federn, Fell, Mäuse-, Vogel- oder Fischformen versprechen wilden Jagdspaß und lassen kaum eine Katze kalt. Bei Kletterspielen verhält sich das anders. Ihre vierbeinige Zielgruppe ist jung, unternehmungslustig und agil. Katzensenioren oder ruhiger veranlagte Rassen sind zu bequem, um Seile zu erklimmen und Sisaltürme zu stürmen.

Ein Riesenerfolg oder aber ein Riesenflopp sind auch Spielzeuge für Katzen mit Köpfchen. Entweder stürzt sich der Stubentiger mit Begeisterung auf die gestellte Aufgabe, tüftelt konzentriert daran herum und belohnt sich selbst durch wachsende Erfolge, oder aber der Schnurrer würdigt die gut durchdachte Kreation für Intelligenzbestien keines Blickes.

SPIELZEUGE TESTEN

Wenn sich Katze und Mensch erst kurze Zeit kennen, ist bei der Auswahl des Spielzeugs viel Ausprobieren angesagt. Man muss herausfinden, welche Vorlieben das neue Familienmitglied pflegt. Anfängliche Fehlgriffe sollten nicht deprimieren, sondern als Anregung verstanden werden, weiterzusuchen. Vielleicht freut sich ein befreundeter Katzenhalter über das in Ungnade gefallene Spielzeug und schließlich ist ja auch einmal pro Jahr Weihnachten. Ein unbenutztes Spielzeug gibt – mit einer tollen Schleife versehen – auch ein gutes Geschenk ab. Warum Katzen so unterschiedlich sind, wenn es um ihren Spielzeuggeschmack geht? Ganz einfach. Weil es unterschiedliche Spielertypen gibt.

JAG DAS FEDERVIEH! Federn üben einen unwiderstehlichen Reiz auf die meisten Katzen aus, vor allem, wenn sie baumeln oder sich bewegen. Und wenn der Besitzer noch mitspielt, macht das Ganze gleich doppelt soviel Spaß.

Spielertypen

VERSPIELT SIND ALLE KATZEN. NUR IN VERSCHIEDEN STARKER AUSPRÄGUNG. WÄHREND DIE EINEN UNERMÜDLICH HINTER DEM SPIELBALL HERFLITZEN, HABEN ANDERE NACH ZWEI MINUTEN KEINE LUST MEHR. DAS KANN AUCH NOCH EINEN GANZ ANDEREN GRUND HABEN. VIELLEICHT ENTSPRICHT DAS SPIEL NICHT DEM GESCHMACK DES STUBENTIGERS. DENN IN DER KUNTERBUNTEN WELT DER KATZEN GIBT ES UNTERSCHIEDLICHE SPIELERTYPEN. HIER EINIGE BEISPIELE.

DER DRAUFGÄNGER

Er ist immer zum Spielen aufgelegt und kennt keine Grenzen. Ihm ist es ganz gleich, ob eine winzige Fellmaus oder ein Regenschirm zum Opfer der unersättlichen Spiellaune wird. Der Draufgänger geht prinzipiell erst einmal an alles ran, setzt hemmungslos Krallen und Zähne ein und schleppt selbst völlig überdimensionierte Beutestücke mit vor Stolz geschwellter Brust davon. Diesem Spielertyp ist kein Kratzbaum zu hoch und kein Kletterseil zu gewagt. Er stürmt Schränke und Kommoden, ist meistens dort, wo er gar nicht hin soll. Trotz aller nervenaufreibenden Momente, die ein Draufgänger so mit sich bringt, erweist sich diese Spielernatur als unkomplizierter Spielcharakter. Er freut sich über jedes Katzenspielzeug – folglich gibt es keine Fehlkäufe.

DER GESCHICKTE

Spiele, die präzise Pfotentätigkeiten erfordern, sind der erklärte Zeitvertreib dieses Spielertyps. Je kniffliger die ganze Angelegenheit ist, desto besser. Der Geschickte angelt unermüdlich mit der Pfote unter Sofas, Schränken und Sesseln herum, um mit spitzer Kralle dahintergerutschtes Spielzeug wieder ans Tageslicht zu befördern. Er liebt es, Herausforderungen zu bewältigen. Zu den markanten Merkmalen dieses pfiffigen Spielermodells gehört eine bemerkenswerte Konzentrationsgabe. Einfach drauflos? Das gibt es beim Geschickten nicht. Alles erfolgt nach genauer Überlegung. Dafür aber mit Bravour. Selbst gebaute Spielzeuge mit ungewöhnlichem Anforderungsprofil sind bei diesem Spielertyp sehr gefragt, denn mit Banalitäten gibt er sich nicht zufrieden. Und es muss immer wieder etwas Neues sein, das die Geschicklichkeit auf die Probe stellt. Denn diese Katzen sind schnell gelangweilt.

BIENENFREUND? Draufgänger legen sich auch gern mit den ganz dicken Brummern an.

KÖPFER ODER BAUCHPLATSCHER? Kleine Tollpatsche purzeln im Eifer des Spiels auch mal kopfüber auf die Couch.

DER TOLLPATSCH

Er spielt für sein Leben gern, sorgt dabei aber ständig – ganz ungewollt – für Slapstick-Einlagen. Im Wohnzimmer gibt es einen tollen neuen Katzenkorb, der mit Seilen an der Decke befestigt ist und lustig hin und her schwingt? Der Tollpatsch wird mit vor Euphorie blitzenden Augen hineinspringen und auf der anderen Seite wieder herausfallen. Oberhalb des Schranks wurde eine neue Aussichtsplattform mit verschiedenen Spielobjekten zum Zeitvertreib angebracht? Nichts wie rauf und… vermutlich im Sturzflug wieder runter. Denn bei diesem Spielertypus geht der Sprung in Richtung Spielball sicher daneben. Das Gute am Tollpatsch: Meistens gehen seine Stunts ohne Verletzungen ab und die gute Laune wird durch die kleinen Missgeschicke nicht getrübt.

DAS SENSIBELCHEN

Handverlesen sollten die Spielzeuge für schnurrende Sensibelchen sein. Sie würden eine unbefriedigende Erfahrung mit einem Spielzeug niemals verzeihen. Während der Tollpatsch bei der Jagd nach der motorbetriebenen Maus fünfmal vor das Tischbein prallt und trotzdem noch mit Feuereifer hinterherhetzt, würde das Sensibelchen bereits nach einem Unfall dieser Art das verantwortliche Spielzeug mit entsetzter Missachtung strafen. Große, plumpe oder gar laute Spielzeuge liegen diesem Spielertypus gar nicht. Er bevorzugt feine kleine Objekte, die sich mit eleganten Pfotenbewegungen von einer Seite zur anderen schubsen lassen. In einen unheimlichen Katzentunnel würde das Sensibelchen nie vorstoßen. Wer weiß, was darin lauert?

KLEINE SENSIBELCHEN Feinfühlige, etwas ängstliche Katzen lieben Versteckspiele. So eine Tüte bietet schließlich Schutz und Geborgenheit, und ab und zu entdeckt man auch etwas Interessantes darin.

KEINE LANGEWEILE! Ganz schön temperamentvoll! Aktive Spielertypen brauchen Daueraction.

DER HYPERAKTIVE

Daueraction ist angesagt, wenn eine hyperaktive Katze im Haushalt wohnt. Wildes Kreiseln, spurtende Mäuse, Surren und Rattern … je mehr auf der heimischen Vergnügungsfläche los ist, umso besser. Dabei ist mit „hyperaktiv" ganz und gar keine krankhafte Verhaltensweise gemeint, sondern vielmehr ein äußerst temperamentvoller, unermüdlicher Charakter, dessen Sinn nach Abwechslung und Abenteuer strebt. Um diesen Spielertypus glücklich zu machen, bedarf es einfallsreicher und immer neuer Spielzeuge.

DIE SCHLAFTABLETTE

Sie ist nur schwer aus der Reserve zu locken und sorgt dafür, dass die Abstellkammer recht schnell aufgrund frustrierender Fehlkäufe überquillt. Die Schlaftablette würdigt 99,9 Prozent aller Spielzeuge höchstens mit dem müden Heben eines Augenlids. Quietschende Fellknäuel am Ende einer Angelleine? Todlangweilig. Hüpfende Bälle und springende Stoffmäuse? Gähn. Es grenzt an eine Meisterleistung, diesen Spielertypen auf Trab zu bringen. Das Verblüffende: Die Schlaftablette fährt meistens auf Spielzeuge ab, denen man diese Wirkung nie im Leben zugetraut hätte. Fazit: Skurrile Spielzeuge auswählen und ausprobieren, welches den besten Aufputscheffekt hat.

FAULENZEN Kaum einen Blick hat diese Katze für ihr Spielzeug übrig. Sie hält lieber ein Nickerchen.

UNTERSCHIEDLICHE CHARAKTERE

Doch woher kommt es eigentlich, dass es so unterschiedliche Spielertypen gibt? Das ist bei uns nicht anders! Auch Menschen unterscheiden sich durch stark voneinander abweichende Charaktere. Stubentiger verfügen auch über individuelle Wesensmerkmale, die zugleich Einfluss auf das Spielverhalten nehmen. Ihre Charaktere werden durch unterschiedliche Faktoren geprägt. Zum einen trägt die genetische Disposition eines Geschöpfs zur individuellen Entwicklung bei, zum anderen kommen diverse Umweltfaktoren zum Tragen. Die äußeren Lebensumstände während der Geburt und Aufzucht spielen für das spätere Spielverhalten eine wichtige Rolle.

SCHWERE KINDHEIT

Haltungs- und Umgangsfehler während der ersten Lebenswochen können dazu beitragen, dass eine Katze einen problematischen Charakter entwickelt. Auch traumatische Erlebnisse, Besitzerwechsel oder die Umstellung von einem Leben in Freiheit auf eine Wohnungshaltung können bei Stubentigern seelisch bedingte Komplikationen begünstigen, die unter anderem zu einem schwierigen Spielverhalten führen. Katzenhalter sollten lernen, das individuelle Wesen ihres Tieres zu verstehen, um ganz gezielt auf es einzugehen – und das nicht nur beim Spiel. Finden beide nicht zueinander, kann vielleicht ein Tierpsychologe helfen.

SPIELREGELN

Gute Spiele zeichnen sich durch Kreativität und uneingeschränkte Spielfreude aus. Da darf es ruhig etwas wilder zugehen. Ausgelassenheit ist schließlich ein wohltuender Gegenpol zur alltäglichen Disziplin. Allerdings gehören zu jedem guten Spiel auch Spielregeln. Bei Katzen bezieht sich das weniger auf das eingehende Studium schriftlich niedergelegter Regeln als vielmehr auf einen gewissen Verhaltenskodex. Denn selbst der temperamentvollste Stubentiger darf sich nicht alles herausnehmen. Ansonsten drohen schmerzhafte Kratzer am Körper des zweibeinigen Gegenspielers, vielleicht sogar Bisse, und womöglich hält die Wohnungseinrichtung der entfesselten Spielgewalt auch nicht mehr stand. Um all das zu vermeiden und ungetrübtem Spielspaß den Weg zu ebnen, müssen Regeln aufgestellt werden. Allerdings reicht es nicht, sie einfach nur aufzustellen. Die Katze muss verstehen, worauf es bei diesen Regeln ankommt, und sie sollte diese Regeln auch konsequent einhalten. Doch wie stellt man das an?

PAPIER IST NICHT GLEICH PAPIER

Die meisten Katzen lieben es: ein schönes Stück Papier, das der Zweibeiner mit geschickten Handbewegungen zusammenknüllt und dann als verlockende Spielkugel über den Fußboden schleudert. Da wird mit Feuereifer hinterhergehetzt. Die Kugel mit den Vorderpfoten gefangen und weitergekickt. So weit, so gut. Doch bei diesem Spiel gibt es ein Risiko. Es könnte passieren, dass der Stubentiger keinen Unterschied zwischen der Papierkugel und anderem Papier macht. Schon wird an Zeitungen gerissen, der frisch frankierte Brief zerfetzt oder der Inhalt der versehentlich offen gelassenen Schreibtischschublade in Konfetti verwandelt. Um dem vorzubeugen, darf der Katze von Anfang nur erlaubt werden, mit der Papierkugel zu spielen. Sobald sie sich über anderes Papier hermacht, wird das Spiel sofort eingestellt. Wichtige Dokumente sicherheitshalber gut wegschließen. Denn der Katze ist es egal, womit sie spielt.

REVIERGRENZEN SETZEN

Frei lebende Katzen haben Reviere, deren Grenzen sie rigoros abstecken und gegen Artgenossen verteidigen. Wohnungsmiezen steht meistens der gesamte Wohnraum uneingeschränkt zur Verfügung. Die Erfahrung, Reviergrenzen zu respektieren, bleibt dabei auf der Strecke. Deshalb raten Katzenpsychologen sogar ausdrücklich dazu, dem Stubentiger Grenzen zu setzen. Das kann das Schlafzimmer sein, das tagsüber tabu ist. Oder das Arbeitszimmer, dessen Tür nachts verschlossen bleibt. Diese Reviergrenzen gelten natürlich auch beim Spielen. Wenn der Wohnzimmertisch als Kletterzone tabu ist, muss die Katze diese Grenze akzeptieren.

REGELN KLARSTELLEN

Doch wie macht man einer Katze Reviergrenzen klar? Gute Argumente helfen wenig, dafür aber Katzensprache. Es mag skurril

STYLING-EXPERTE Zuschauen ist erlaubt, aber es wird nicht nach dem Pinsel gehangelt.

anmuten, aber es wirkt Wunder, wenn der Katzenhalter empört an dem Platz schnuppert, auf dem der Stubentiger verbotenerweise saß, und ihn anschließend mit durchdringendem Blick anstarrt. Auch lautes Fauchen hilft bei der Kommunikation. Übrigens: Anpusten klingt so ähnlich wie Fauchen und ist den meisten Stubentigern ein Gräuel. Auch ein gutes Mittel, um spielerischen Übergriffen auf Tabuzonen zu begegnen.

KONTINUITÄT INS SPIEL BRINGEN

Das Wohlbefinden der Katze hängt zu einem großen Teil von Routine ab. Ein Tagesablauf, den sie einschätzen kann. Gewisse Dinge, die sich tagtäglich wiederholen. Darunter fällt auch das gemeinsame Spiel mit der Bezugsperson. Es ist ideal, wenn täglich eine feste Zeit oder – besser noch – mehrere Zeitspannen für das Spiel mit der Katze reserviert sind. Das kann gleich morgens nach dem Aufstehen sein. Oder in der Mittagspause. Notfalls auch abends nach der Arbeit oder kurz vor dem Zubettgehen. Kontinuität beim gemeinsamen Spiel stabilisiert die Psyche des Stubentigers und festigt die Beziehung zwischen Katze und Mensch. Übrigens: Manche Verhaltensforscher glauben, dass rund 60 Minuten Spiel täglich erforderlich sind, um die Katze auszulasten. Andere empfehlen zweimal täglich 15 Minuten.

DER MENSCH IST KEIN SPIELZEUG

Katzen sollten von klein auf lernen, dass der Körper ihrer Bezugsperson kein Spielobjekt ist, in das man herzhaft reinbeißen oder die Krallen hineinschlagen darf. Auch wenn sich die Finger der menschlichen Hand verlockend bewegen, darf das kein Anlass für einen Beutefangsprung sein. Deshalb: Grundsätzlich nie die Hände oder Füße einsetzen, um die Katze zum Spiel zu motivieren.

ZEIG MAL DEINEN PINSEL Die Grenzen des Spiels bestimmt der Mensch und nicht die Katze.

ICH WILL AUCH MAL MALEN Ganz schön vorwitzig. Der Jungkater muss noch ein paar Manieren lernen.

LOS GEHTS! Gemütlich auf den Boden gesetzt und die Angel gezückt: Die Spiele sind eröffnet!

ZUGEHAUEN Angelspiele fordern Konzentration und Reaktionsvermögen.

ANGELSPIELE

Dass Angeln und Katzen zwei Themenbereiche sind, die etwas miteinander zu tun haben, liegt auf der Hand. Scherz beiseite. Natürlich ist der Hintergrund des Angelspiels nicht in der bei Katzen weitverbreiteten Vorliebe für frischen Fisch zu suchen. Angelspiele stehen bei der schnurrenden Zunft vielmehr deshalb hoch im Kurs, weil sie gezielt den Jagdtrieb stimulieren. Und bei Katzenhaltern sind diese Spiele besonders beliebt, weil man sie so schön bequem vom Sofa oder vom Bett aus spielen kann. Einfach den Angelstock schnappen, locker von rechts nach links bewegen, und schon geht der Stubentiger ab „wie Schmitts Katze".

ÜBERWÄLTIGENDES ANGEBOT

Der Fachhandel hat diese Vorlieben längst erkannt und mit der Ausschüttung einer schier überwältigenden Vielfalt an Angelspielzeugen reagiert. Es gibt kurze und lange Angeln. Statische und in der Länge variierbare Modelle. Bunte und naturfarbene. Angeln mit kleinen Mäusen am Leinenende. Kreationen mit Fischen, Hunden und Kätzchen. Varianten mit Lederbändern. Dasselbe in Kunststoffausführung. Hobbyangler wären bestimmt froh angesichts einer an die Schatzkammern Ali Babas erinnernden, reichen Vielfalt.

FÜR DRAUFGÄNGER UND GESCHICKTE

Doch Vorsicht! Nicht einfach wahllos zugreifen. Denn Katzen sind Individualisten und deshalb auch wählerisch, was Angelspiele angeht. Draufgänger mögen große Angeln mit fetter Beute. Die darf gern auch laut quietschen oder andere Geräusche von sich geben. Geschickte Katzen bevorzugen Angelspiele mit filigranen Beuteobjekten, die ganz schwer zu erwischen sind. Kommen dann noch besonders zackige Bewegungen der Angel hinzu – was den zweibeinigen Spieler am anderen Ende fordert –, ist das Spielerglück perfekt.

FÜR TOLLPATSCHE Tollpatschige Katzen neigen dazu, beim Angelspiel die halbe Wohnung in Schutt und Asche zu legen. Warum? Weil sie von weit her Anlauf nehmen, der Angel mit einem tollkühnen Sprung entgegenschnellen, am Ziel vorbeisausen und wieder irgendwo dagegenprallen. Das macht ihnen natürlich gar nichts aus. Sie wagen weitere Versuche und stören sich nicht daran, wenn dabei Zeitschriftenstapel umkippen, Couchkissen durch die Luft wirbeln oder ebenfalls im Haushalt lebende Artgenossen umgerempelt werden. Wählen Sie für schnurrende Tollpatsche Angelspiele mit großen, leicht zu greifenden Ködern.Die können sie bequem mit den Vorderpfoten packen und bearbeiten.

AUS VERSEHEN Vorsicht Krallen! Beim Angelspiel kann es schon mal einen Kratzer setzen.

ERWISCHT Katzen lernen schnell, zwischen Spielzeug und Hand zu unterscheiden.

FÜR SENSIBELCHEN Sensible Katzen könnten auf überdimensioniertes Spielzeug verstört reagieren. Sie müssen unbedingt immer den Überblick behalten, ansonsten macht sich sofort Verunsicherung breit. Sie mögen dezente Angelspiele mit kleinen feinen Ködern, die keinesfalls zu wild bewegt werden dürfen. Und unbedingt darauf achten, der Katze keinen Köder vor den Kopf zu schleudern. Das würde sie in die hintersten Winkel der Wohnung flüchten lassen und dem Angelspiel auf ewig Misstrauen bescheren.

FÜR HYPERAKTIVE Katzen mit eingebautem Dauerturbo spielen gern mit allen erdenklichen Angelspielvariationen. Form, Farbe und Größe sind völlig egal – Hauptsache, es ist viel Action angesagt, und das möglichst lang. Womit die Herausforderung klar wäre: Als Besitzer einer stets in Spiellaune befindlichen Katze, braucht man jede Menge Zeit und Durchhaltevermögen. Und wenn der Arm vom ausgiebigen Angelschleudern irgendwann schlappmacht, gibt es ja noch die Möglichkeit, auf motorisierte Angelspiele zurückzugreifen. Die wirbeln notfalls stundenlang, und das reicht dann auch für die hyperaktivste Samtpfote. Tipp: Damit das Angelspiel auf Dauer seinen Reiz behält, ein Modell mit Zeitschaltuhr wählen. Das macht alle paar Minuten eine Pause und bietet dann gleich wieder Action pur.

NACH DEM SPIELEN WEGGERÄUMT

Doch ganz gleich, für welche Art von Angelspiel man sich entscheidet. Die meisten sind nicht dafür gedacht, sie der Katze den lieben langen Tag, ohne Aufsicht, zu überlassen. Es gibt gleich mehrere Gründe, die dagegen sprechen. Einer der wichtigsten ist, dass die meisten Angelspiele mit langen stabilen Bändern versehen sind, mit denen sich ein Stubentiger versehentlich strangulieren könnte. Das kann schnell geschehen, wenn die Samtpfote ausgelassen mit der Beute herumkugelt und sich dabei im Seil verheddert. Sie muss jetzt nur noch losflitzen und irgendwo mit der Angel im Schlepptau hängen bleiben. Schon besteht akute Erstickungsgefahr.
Ein weiterer Grund, der gegen „Angelspielen" ohne Aufsicht spricht, sind die Kleinteile, die zu vielen Angeln gehören. Die beißen spielende Miezen nämlich nur allzu gern ab und manche verschlingen die vermeintliche Beute gleich mit Begeisterung. Je nachdem, was da durch den Verdauungstrakt wandert, können gesundheitliche Komplikationen drohen.
Angeln mit Kunststoffbändern, die glitzern wie weihnachtliches Lametta, sind übrigens für Katzenausstellungen gedacht. Züchter und andere Aussteller nutzen diese Angeln gern, um ihre Tiere optimal vor den Zuchtrichtern zu präsentieren, weil sie die Aufmerksamkeit wecken.

DAS „SPIELPFÖTCHEN“

Beim Angelspiel werden Sie übrigens oft eine zutiefst katzentypische Geste sehen: das Spielpfötchen. Doch bei dem ist auch etwas Vorsicht geboten! Es sieht einfach zu niedlich aus, wenn eine Katze ihre Pfote spielerisch in die Luft reckt, um ihren Menschen zum Spielen aufzufordern. Doch welche Bedeutung hat diese Geste wirklich? Falls Sie Ihre Finger nicht riskieren und blutige Kratzer von vornherein vermeiden wollen, sollten Sie über das vielfältige Repertoire des sogenannten Spielpfötchens Bescheid wissen, ansonsten könnte es eine böse Überraschung und verpflasterte Hände geben.

BLITZSCHNELL ZUGEHAUEN

Eine erhobene Pfote ist an erster Stelle eine Facette des Jagd- und Beuteverhaltens der Katze und keinesfalls eine spielerische Aufforderung. Blitzschnell vorschießende Pfoten und Krallen werden meistens von einem angehobenen Pfötchen eingeleitet, weil es sich aus dieser Position heraus sehr viel zügiger reagieren lässt. Deshalb sieht man diese Pfotenhaltung auch beim

SPIELPFÖTCHEN Die erhobene Pfote, das „Spielpfötchen“, ist eine beliebte Katzengeste. Sie kann jedoch auch eine Drohung sein.

Spielen mit der Katze vor allem dann, wenn sich der Vierbeiner gerade mit dem Gedanken trägt, eine fröhlich wippende Angel mit einer Feder oder ein anderes bewegliches Objekt kätzischer Begierde zu ergattern. – Ausprägungen des Beuteverhaltens eben.

BETTELN ODER MAUSEN

Gourmandise und ein knurrender Magen bieten ebenfalls ideale Voraussetzungen für den Einsatz des „Spielpfotchens". So schnellt es verwegen in die Höhe, wenn der Zweibeiner einen verführerisch duftenden Leckerbissen in den Händen hält oder gerade am Tisch sitzt und sich sein wohlverdientes Abendessen schmecken lässt. Vielleicht kann man als gewiefter Vierbeiner mit besonders „langem Arm" unbemerkt ein saftiges Häppchen vom Teller fischen oder mit einem possierlich anmutenden Antippen des Unterarms für Amüsement und eine kleine Belohnung sorgen.

AUF DIE KÖRPERSPRACHE ACHTEN

Ein Spielpfötchen ist somit zwar niedlich anzusehen, aber dennoch mit Vorsicht zu genießen. Missverständnisse können schnell zu einem blutigen Finger führen, und dabei darf man seinem Stubentiger noch nicht mal böse sein. Wenn er plötzlich zuschlägt, bestand ganz offensichtlich ein Missverständnis. Achten Sie auf die Körperhaltung und den Augenausdruck der Katze, bevor Sie sich von ihrem vermeintlichen „Spielpfötchen" verleiten lassen. Eine angespannte Körperhaltung, nervöses Schwanzzucken und seitlich abgewinkelte Ohren sind sicherlich nicht als Aufforderung zum Spiel zu verstehen – wogegen ein offener, Blick, nach vorn gefächerte Schnurrhaare und eine entspannte Ausstrahlung in Verbindung mit erhobener Pfote sicherlich freundlich zu werten sind.

Tipp

ANGEL MIT KÖDER

Fressköder lassen sich auch an Angeln befestigen. Gut geeignet sind Trockenfleischstreifen. Die lassen sich ganz leicht am Angelseil festbinden. Das ist echtes Beutefeeling.

VOLLER EINSATZ Beim Angelspiel sollte die Katze immer gewinnen. Sonst verliert sie die Lust daran.

SIEGERTYPEN

Und es gibt noch einen wichtigen Tipp für ein erfolgreiches Angelspiel: Lassen Sie Ihre Katze beim Spiel immer wieder gewinnen. Wenn es ihr nie gelingt, die an der Angel baumelnde Beute zu erwischen, sinkt die Motivation des Stubentigers irgendwann gegen null. Das schönste Spielzeug verliert so schnell seinen anfänglichen Reiz. Aber zu leicht darf man es der Samtpfote natürlich auch nicht machen. Das würde wiederum der Motivation schaden. Am besten hält man die Erfolgserlebnisse im Gleichgewicht. Mal siegt der Stubentiger, mal der Zweibeiner. Und lassen Sie die Katze ruhig ab und zu mit ihrer Beute davonflitzen. Allerdings sollten Sie sie dabei beobachten und darauf achten, dass sie nirgendwo hängen bleibt. Sie sollte die Angel auch nicht in aller Ruhe auseinandernehmen, weil dabei Kleinteile verschluckt werden könnten.

JAGDSPIELE

Dieser Spieltypus liegt der Mehrheit aller Katzen im Blut. Das ist kein Wunder. Schließlich wurde die schnurrende Zunft von der Natur mit allem ausgestattet, was ein perfekter Jäger zum Überleben braucht: scharfe Zähne, nadelspitze Krallen, eine hervorragende Beobachtungsgabe – gekoppelt mit einem exzellenten Gehör – und ein geradezu überwältigendes Sprungvermögen. Alle diese Fähigkeiten sollte ein gut durchdachtes Jagdspiel ansprechen. Da zu einer richtigen Jagd auch geduldiges Auflauern gehört, sollte auch dieser Aspekt nicht zu kurz kommen. Anpirschen, Belauern, Angriff, Überwältigung – so lautet das Erfolgsrezept.

BATTERIEBETRIEBENE RENNMÄUSE

Es gibt längst eine Reihe industriell gefertigter Jagspiele, die genau auf die Zielgruppe „Raubtier" mit allen ihren Bedürfnissen abzielen. Zum Beispiel die kreisrunden Mäuserennstrecken, auf denen ein batteriebetriebenes Beutetier um „sein Leben" wetzt. Viele Katzen lieben es, sich wenige Zentimeter weit entfernt auf die Lauer zu legen, um dann mit der Pfote hervorzuschnellen und dem Mäuschen Einhalt zu gebieten. Dass die Beute dann noch – von der Batterie gepowert – zwischen den Krallen vibriert und weiterflitzt, sobald der Stubentiger die Pfote zurückzieht, erhöht den Spaß noch ungemein.

VÖGELCHEN AN LANGEN FEDERN

Wer es natürlicher mag und deshalb eher auf Jagdspiele ohne Batterieantrieb setzt, könnte seinem Stubentiger womöglich mit einem Sprungfederspiel Freude bereiten. Diese Variante des Jagdspiels besteht aus einer Bodenplatte, auf der mehrere kleine Sprungfedern befestigt sind. Am oberen Ende wippen – je nach Modell – lustige Fellmäuse, bunte Vögelchen oder andere Objekte der Katzenbegierde. Dieses Jagdspiel wird einfach an beliebiger Stelle aufgestellt. Schon kann sich die Katze mit flinken Pfoten und schnappendem Mäulchen darüber hermachen. Am besten auch unter Aufsicht, denn ansonsten befinden sich die Beutetiere nach vollendeter

TURBOMAUS Die kreisrunde Mäuserennstrecke ist batteriebetrieben und spornt den Jagdtrieb so richtig an.

HALT! Die Pfote schnellt hervor und schon ist das Rennmäuschen gestoppt.

Jagd vermutlich nicht mehr an Ort und Stelle. Solange es sich um Objekte aus verdaulichem Material handelt, besteht keine Gesundheitsgefahr. Ist das nicht der Fall, sollte man die Gesundheit der Katze keinesfalls gefährden und es nach dem Spiel wegräumen. Den meisten Katzen macht ein Jagdspiel ohnehin erst richtig Spaß, wenn ihr Besitzer kräftig mitmischt. Also, eine Wolldecke geschnappt, bäuchlings auf den Boden gelegt und gemeinsam nach der Mäusefamilie hangeln.

SELBSTINSZENIERTE JAGDABENTEUER

Jagdspiele lassen sich übrigens auch mit einfachen Mitteln inszenieren. Kaufen Sie ein circa 1,50 Meter langes Nylonseil im Baumarkt (Durchmesser circa einen Zentimeter) und befestigen ein Beuteobjekt daran. Wer kein Spielzeug opfern will, füllt eine ausgediente Baumwollsocke mit Reis und knotet sie zu. Nun kann die Jagd beginnen. Den Köder kreuz und quer durch die Wohnung ziehen und die Katze dazu motivieren, hinterherzujagen. Bei mangelndem Interesse können ein paar Tropfen Katzenminzeöl (Cat Nip) helfen, den Jagdeifer zu entfachen. Damit keine Langeweile aufkommt, muss der Schwierigkeitsgrad der Jagd nach und nach erhöht werden. Wurde das selbst gebaute Jagdobjekt zuerst ganz offen durch die Wohnung gezogen, warten nun knifflige Aufgaben. So kann man das Seil beispielsweise durch einen Katzentunnel führen und am anderen Ende durch Zupfen für Bewegung sorgen. Die Jagd kann ohne Weiteres auch durch einen Slalomparcours oder über zuvor aufgestellte Hindernisse gehen. Lassen Sie Ihrer Fantasie freien Lauf und überraschen Sie Ihre Katze mit immer neuen Jagdabenteuern.

Tipp

WILDE JAGD MIT KATZENKUMPELN

Wenn Sie mehrere Katzen besitzen, motivieren Sie Ihre Stubentiger zum gemeinsamen Spiel. Das stärkt den Zusammenhalt und trägt dazu bei, dass sich die Katzen auch miteinander beschäftigen, wenn Sie einmal länger außer Haus sind. Je öfter die Katzen ihren Jagdtrieb ausleben können, umso geringer ist ihr Interesse, Unsinn anzuzetteln und Zerstörungswut auszuleben.

STECKT FEST Nur das Rausholen fällt schwer. Die Maus sitzt fest, als Ersatz gibt es ein Leckerchen.

JAGDFEELING FÜR FREIGÄNGER

Freigänger zeigen manchmal recht wenig Interesse an Jagdspielen. Das liegt daran, dass sie ihre angeborenen Instinkte in der freien Natur ausleben können. Eine Bauernhofkatze, die täglich fünf springlebendige Mäuse jagt, fängt und schließlich tötet, wird den Sinn einer Stoffmaus womöglich infrage stellen. Was nicht heißt, dass Freigänger keine Faszination für Spielchen mit ihrem Besitzer haben. Das interessiert sie schon, aber echtes Jagdfeeling kommt dabei nicht unbedingt auf. Trotzdem: Interesse an knisternden, hüpfenden oder sich schnell bewegenden Reizen sollte auch ein Freigänger haben. Warum?

Der Jagdinstinkt einer Katze ist angeboren. Deshalb zeigen ihn sowohl Wohnungsmiezen als auch Freigänger. Manche Katzenpsychologen gehen sogar davon aus, dass eine Katze, die auf Dauer kein Interesse an Jagdspielen zeigt, krank ist. Dahinter kann sich ein psychisches, aber auch ein physisches Problem verbergen. Vielleicht ist der Vierbeiner verstört, weil er traumatische Erlebnisse verarbeiten muss. Oder ihn schmerzt der Bewegungsapparat, wenn er versucht zu jagen. Auf jeden Fall ist es ratsam, einen Tierarzt aufzusuchen, wenn die Katze über längere Zeit hinweg gar kein Interesse an Jagdspielen zeigt. Aus der instinktiven Lust an Jagdspielen ergibt sich in umgekehrter Konsequenz: Jagdspiele sind hochgradig gesund. Und zwar für die Motorik des Mäusefängers und für sein Reaktionsvermögen. Das wird nämlich immer schneller, wenn er regelmäßig Jagdspiele macht.

FRUSTRIERTE KATZEN

Der Verzicht auf Jagdspiele bringt nur Nachteile. Wenn die Katze ihre Instinkte nicht ausleben kann, verändert sie sich. Und zwar immer zum Nachteil. Lustlosigkeit, Frustration und Zerstörungswut machen sich breit. Die unterforderte Psyche sucht sich Ventile, um den unterdrückten Instinkt auszugleichen. Also wundern Sie sich nicht, wenn Ihre Katze die Füllung der Sofakissen ans Tageslicht befördert oder die Fransen der Tagesdecke auf dem Bett abnagt. Es sind unzählige Unarten, die nur entstehen, weil Stubentiger ihren Jagdtrieb unterdrücken müssen. Unsauberkeit, Aggressionen, Unverträglichkeit ... Die Liste der negativen Folgen ist lang. Bei Katzen, die ausschließlich in der Wohnung leben, ist sie natürlich noch viel länger als bei Freigängern, die im Garten Kurzweil finden.

PING-PONG-VERGNÜGEN

Zum Glück sind die Möglichkeiten, ein Jagdspiel zu inszenieren, schier unbegrenzt. Und es gibt auch kostengünstige Lösungen. Zum Beispiel Tischtennisbälle. Die kleinen weißen, kugelrunden Katzenverführer sind federleicht, rollen unheimlich gut und hüpfen auch toll auf Parkett oder Steinboden, ohne dabei einen Riesenlärm zu produzieren. Den meisten Samtpfoten macht es unheimlich viel Spaß, hinter den Kunststoffbällen herzutoben. Die Krux an der Sache: Passen Sie bloß auf, dass Sie nicht auf einen vergessenen Tischtennisball treten und auf die Nase fallen! Kein Scherz, das ist schon vielen spielverrückten Katzenhaltern passiert.

GEHALTEN Ping-Pong-Bälle sind bei den meisten Katzen sehr beliebt. Sie lassen sich gut durch die Gegend schießen.

ABWURF Sicher in der Pfote überlegt der Kater, ob er den Ball wieder abspielen soll.

DICKE FISCHE Aqua-Fun – ein Riesenspaß, vor allem im Sommer! Allerdings ist es ratsam, eine Folie unter den Mini-Pool zu legen. Schwimmende Köder üben eine besondere Faszination auf viele Katzen aus.

AUF DER FLUCHT

Tischtennisbälle sollten Sie auch immer von der Katze weg und nie in ihre Richtung werfen. Diese Regel gilt übrigens für alle Jagdspiele. Die Beute bewegt sich grundsätzlich vom Jäger weg und nähert sich ihm nicht freiwillig. Katzen würden vermutlich ganz schön verdutzt reagieren, wenn Mäuse und Maulwürfe plötzlich todesmutig aus ihren Erdlöchern stürmten und auf sie zuliefen. Um ein möglichst realistisches Jagdfeeling zu ermöglichen, bewegt der Katzenhalter die Beute also stets vom Stubentiger weg und gibt ihm die Möglichkeit, den Köder zu verfolgen.

SENIORENGERECHTE JAGDSPIELE

Wenn die Katze langsam älter wird, verliert sie womöglich die Lust an ausgelassenen Jagdspielen. Hüpfende Tischtennisbälle sind ihr viel zu schnell und bei der motorbetriebenen Rennmaus wollen die betagten Knochen nicht mehr so recht mitmachen. Nun ist es an der Zeit, eine Alternative zu finden. Ein Jagdspiel, das auch der älteren Generation gerecht wird. Optimal sind Spiele, bei denen sich die Katze möglichst wenig bewegen muss und trotzdem ihren Jagdtrieb befriedigen kann. Auch diesbezüglich haben die Spielzeughersteller schon reagiert. Da gibt es beispielsweise einen kleinen Swimmingpool, in den man Wasser füllt, um dann kleine Kunststoffobjekte darin schwimmen zu lassen. Eine unwiderstehliche Versuchung für viele Stubentiger. Und dabei können sie an einer Stelle sitzen bleiben. Es reicht, eine Pfote vorzustrecken und nach den schwimmenden Beutestücken zu hangeln. Schon kommt Bewegung in das dümpelnde Szenario und der Jagdinstinkt der Katze auf Hochtouren. Alternativ lässt sich dieses Jagdspiel auch selbst bauen. Einfach eine Schüssel mit Wasser füllen und halbierte Weinkorken darin schwimmen lassen. Die kann man auch mit Basteldraht aneinander befestigen und noch tollere Beutestücke schaffen.

KLETTERN Es trainiert die Muskeln und hält die Katze fit. Einen deckenhohen Kratzbaum erklimmen? Kein Problem.

KLETTERSPIELE

Neben ihnen erblasst jeder Hochseil- und Trapezkünstler. Wenn Katzen ihrem spektakulären Gleichgewichtssinn freien Lauf lassen, macht ihnen niemand so schnell Konkurrenz. Die höchsten Bäume erklimmen? Über schmale Zaunlatten balancieren? Kein Problem. Das beliebteste Haustier der Deutschen ist ganz vorn, wenn es um Schwindelfreiheit und Todesmut geht.
Stubentiger kennen keine Angst. Sie vertrauen auf ihre Instinkte, wenn sie vom deckenhohen Kratzbaum aus zum Sprung auf den zwei Meter weit entfernten Schrank ansetzen. Während ihrem Besitzer der Atem stockt, fliegt der elegante Katzenkörper gestreckt durch die Luft und landet auf federnden Pfoten.

AKROBATIK IM BLUT

Klettern, Balancieren und Springen liegt unternehmungslustigen Mäusefängern im Blut. Das hat nicht zuletzt mit ihrer Funktion als Raubtier zu tun. Die Beute ist flink und wendig. Wer ein blitzschnelles Mäuschen erhaschen oder einen flatternden Vogel auf einem wippenden Zweig erwischen will, muss auch unter erschwerten Bedingungen präzise arbeiten und reaktionsschnell vorgehen.

GRANDIOSES GLEICHGEWICHT

Woher nehmen Katzen die Gabe, akrobatische Höchstleistungen zu vollbringen? Wissenschaftler machen den angeborenen Gleichgewichtssinn dafür verantwortlich. Er ist sehr viel ausgeprägter als der des Menschen. Nervenimpulse werden in rasanter Geschwindigkeit von den Augen auf die Muskeln und schließlich die Gelenke übertragen. Auch die Bedeutung des Schwanzes scheint nicht unerheblich zu sein. Blickt die Katze beim Balancieren nach rechts, richtet sich der Schwanz automatisch nach links aus und umgekehrt. Samtpfoten scheinen folglich tatsächlich den Schwanz als eine Art Balancestange einzusetzen. Erfolgen beim schnellen Spurt plötzliche Richtungswechsel, kommt ebenfalls der Schwanz als Steuerruder zum Einsatz.

DER STELLREFLEX

Vierbeinige Akrobaten arbeiten nicht mit Netz und doppeltem Boden. Sie verfügen dafür aber über den sogenannten Stellreflex, der sie im Fall der Fälle davor schützt, auf dem Rücken zu landen. Bei einem Sturz aus großer Höhe werden die Augen und das Gleichgewichtsorgan im Innenohr sofort aktiv. Sie informieren das Gehirn darüber, in welcher Position zum Boden sich der Kopf befindet. Positionsänderungen verursachen Bewegungen der im Gleichgewichtsorgan befindlichen Kristalle und Flüssigkeiten. Feine Flimmerhärchen registrieren die jeweilige Bewegung. Binnen weniger Augenblicke verfügt das Gehirn über alle erforderlichen Informationen. Es sendet umgehend Nervenimpulse aus, die ein Aufrichten des Kopfes auslösen. Dann richtet sich auch der Körper aus und die Katze landet sicher auf allen vieren. Der Stellreflex ist angeboren und aktiv, sobald ein kleines Kätzchen seine Augen öffnet. Leider bewahrt der Stellreflex Stubentiger nicht immer vor Verletzungen. Bei einem Sturz aus sehr großer Höhe ist dennoch mit schweren Blessuren zu rechnen.

HOCH HINAUS

Trotzdem wollen Katzen hoch hinaus. Je höher die Aussichtsplattform ist, die nach anstrengender Kraxelei als Belohnung wartet, umso besser. Vorausgesetzt, der Rückweg ist bequem genug. Denn so leicht dem Wohnzimmerraubtier das Stürmen großer Höhen fällt, so schwer fällt ihm manchmal der Abstieg. Das weiß jeder Katzenfreund, der schon einmal die Feuerwehr alarmieren musste, um den geliebten Mäusefänger aus den luftigen Höhen eines Baumes zu befreien. Die Krux liegt im Körperbau der Katze begründet und fängt schon bei den Krallen an. Die sind nach hinten gebogen und geben beim Hochklettern stabilen Halt. Doch wenn es abwärts geht, sind sie ganz und gar keine Hilfe. Außer der Stubentiger wagt den Abstieg mit dem Allerwertesten voran. Da dabei aber das Körpergewicht der Erdanziehungskraft erliegt und es in höchstem Maße anstrengend ist, Zentimeter für Zentimeter hinabzurutschen, bevorzugen Katzen einen gewagten Sprung aus luftiger Höhe. Zu hoch darf der Sprung allerdings nicht sein. Ansonsten verlässt sie der Mut und die Feuerwehr muss ran.

MEHRERE ETAGEN

All das sollte man bei der Auswahl eines Kletterspiels beachten. Hoch hinaus ist o.k., aber das Ganze sollte möglichst mit Zwischenstationen ausgestattet sein. Geeignet sind mit Teddyfell überzogene Bretter mit einer Größe von mindestens 20 mal 20 Zentimetern. Oder Liegemulden. Der Stubentiger muss darauf bequem Platz finden, sich drehen und „sammeln“ können. Zwischenstationen beugen Stress beim Kletterabenteuer vor. Eine besonders breite Liegefläche bietet Platz für zwei.

MEIN PLATZ Bei mehreren Katzen auf ausreichend viele Sitz- und Liegeflächen achten, sonst gibt es Keilereien.

KLETTERPARADIESE

Für die Kletteraktion selbst bieten sich mit Sisal bespannte Bretter oder auch dicke Taue aus dem Schiffereibedarf an. Die Krallen des Stubentigers müssen in den Fasern der Oberfläche Halt finden, dürfen aber keinesfalls hängen bleiben. Natürlich kommen auch runde, mit Sisal umwickelte Rohre infrage, wie sie gern für Kratzbäume verwendet werden. Wie steil die Elemente des Kletterspiels sein dürfen, hängt von der Fitness und Beweglichkeit der Katze ab. Orientalen sind unheimlich flink und agil. Bei ihnen dürfen Seile, Bretter und Rohre auch senkrecht in Szene gesetzt werden. Behäbigere Katzenrassen erfreut man mit weniger stark ansteigenden Klettermöglichkeiten. Auch bei älteren Stubentigern ist ein moderater Kletteranreiz zu bevorzugen.

KEINE LUST?

Doch was ist zu tun, wenn die Katze sich weigert, von selbst die Initiative zu ergreifen? Von Lust am Klettern trotz ausgiebiger Basteltätigkeit oder wohlüberlegter Auswahl im Fachhandel beim Stubentiger keine Spur zu entdecken ist? Dann ist wieder die Initiative des Besitzers gefragt. Am besten greift er nun zur Spielangel und lässt sie verführerisch an dem Kletterspielzeug hochgleiten. Wenn der Mäusefänger ansonsten auf das Angelspiel abfährt, wird es auch jetzt nicht seine Wirkung verfehlen. Ein anderer Anreiz ist das gezielte Deponieren kleiner Futterstationen. Hat der Stubentiger erst mal verstanden, dass oben auf der höchsten Liegefläche eine köstliche Belohnung wartet, steigt seine Kletterlust sicherlich enorm.

DIE DRITTE DIMENSION Ein deckenhoher Kratzbaum – ein Traum für kletterfreudige Samtpfoten.

PASST! Der Abstand zwischen den Etagen sollte auf die Größe der Katze abgestimmt werden.

Besonders unternehmungslustige Samtpfoten schätzen es, wenn die Leckerbissen relativ schwierig zu erreichen sind, weil sie beispielweise in einer beidseitig mit Klebeband verschlossenen Toilettenpapierrolle stecken. Weniger motivierte Katzen freuen sich nach einer Klettertour über leicht erreichbare Häppchen. Alles andere würde sie nur frustrieren.

MIT PANORAMABLICK

Hoch motivierend wirken auch knapp unter der Zimmerdecke platzierte Liegeflächen mit toller Ausblickgarantie. Wenn vom katzeneigenen Aussichtsturm der ultimative Rundumblick über das gesamte Wohnzimmer möglich ist oder eine direkte Aussicht nach draußen, punktet der Katzenhalter ganz gewaltig. Kletterspiele, die in die langweiligsten Winkel der Wohnung führen, haben hingegen wenig Reiz.

AUFGEPEPPT

Kletterspiele lassen sich auch durch viele weitere Accessoires aufpeppen. Befestigen Sie Spielzeuge, Federn, Lederbänder und andere verlockende Objekte an den Seilen oder Sisalmatten. Auf diese Weise lassen sich Angel-, Jagd- und Kletterspiele geschickt miteinander kombinieren. Achten Sie auch hierbei darauf, nur risikolose Objekte am Kletterspielzeug zu befestigen. Keinesfalls darf die Gefahr bestehen, dass der Stubentiger irgendwo hängen bleibt oder sich bei einem Sturz strangulieren könnte.

SELBST GEBAUTER KRATZBAUMTRAUM

Ein Kratzbaum, der alle Wünsche kletterwütiger Stubentiger befriedigt, ist übrigens auch leicht selbst zu bauen.

STABILE BASIS SORGT FÜR HALT

Als Erstes müssen Sie eine stabile Basis schaffen, die dem Hauptträger des Kratzbaums einen festen Halt bietet. Als Unterlage kommen ein massives Holzbrett oder auch eine große Baumscheibe in Betracht. Ein Kratzbaum wäre nicht katzengerecht, wenn er den spitzen Krallen keinen Halt böte. Folglich umwickeln wir die einzelnen Kletterelemente mit einem Sisalseil, das wir zuvor im Baumarkt erstanden oder von einem alten, ausgedienten Kratzbaum abgewickelt haben. Das Sisalseil kann richtig dick, aber auch relativ dünn sein. Für die Katze macht das keinen Unterschied. Bei einem dünnen Seil muss man allerdings wesentlich länger wickeln als bei einem dickeren. Nun wird der sisalumwickelte „Pfeiler“ des Kratzbaums installiert. Jetzt gilt es, den Holzstamm oder das Kunststoffrohr so zu fixieren, dass auch nach stürmischen Kletteraktionen nichts wackelt oder sogar kippt. Ein Rohr sollte in die Unterlage des Kratzbaums eingelassen und anschließend sorgfältig verschraubt werden. Holz kann genagelt oder geschraubt werden, wobei darauf zu achten ist, dass nirgendwo scharfe Kanten herausstehen, an denen sich die Katze verletzen könnte.

Checkliste

EINKAUFSLISTE FÜR DEN KRATZBAUM

Das brauchen Sie dazu:

- [ ] Einen Holzstamm oder ein stabiles Kunststoffrohr aus dem Baumarkt
- [ ] Sisal zum Umwickeln der einzelnen Elemente
- [ ] Holzbrettchen, die später als Sitz- und Liegeflächen dienen
- [ ] Einen stabilen Stoffbezug, Teppichreste oder „Teddyfell“
- [ ] Einen Hammer, Nägel, Schrauben
- [ ] Teppichkleber
- [ ] Spielelemente (Bällchen, die an einem Band hängen, bunte Bänder etc.)

BECHERSPIELE Ein Plastikbecher mit Futter im Inneren vermag den Spieltrieb der Katze mächtig anzuheizen.

HAT IHRE KATZE KÖPFCHEN?

Doch wird sich die eigene Katze von solchen Experimenten in den Bann ziehen lassen? Hat sie Grips genug, um zu verstehen, was von ihr verlangt wird? Lässt sich die Intelligenz eines Tieres überhaupt zuverlässig messen? Kann man es einem IQ-Test unterziehen, der Vergleiche zu menschlichen Analyseverfahren gestatten würde? Fragen über Fragen. Die Wissenschaft hat immerhin eine Meinung dazu: Verhaltensforscher konfrontieren Katzen beispielsweise mit bestimmten Situationen und Reizen, um die dadurch ausgelösten Reaktionen zu beobachten und auszuwerten. Manche Stubentiger lernen sehr schnell, dass sie mit der Pfote den rechten Knopf drücken müssen, um den Durchgang zur Futterstelle zu öffnen. Andere begreifen diesen Zusammenhang nie und ziehen sich resigniert zurück. Ihr Verhalten scheint ganz individuell zu sein. Es ist eine schwierige Frage, ob solche Versuche Rückschlüsse auf Intelligenz zulassen. Geht es hierbei nicht vielmehr um Lernfähigkeit, Beobachtungsgabe und das Erkennen von Zusammenhängen? Wenn man solche Eigenschaften als Intelligenz versteht, haben wissenschaftliche Projekte dieses Typus sicherlich Aussagekraft.

ZUM JÄGER GEBOREN, FÜRS LEBEN GELERNT

Tatsache ist, dass jede Katze, die das Licht der Welt erblickt, von Natur aus mit allen Voraussetzungen ausgestattet ist, die ein fleischfressendes Raubtier zum Überleben braucht – von einigen extremen züchterischen Kreationen vielleicht abgesehen. Sie kann hervorragend jagen, Beute machen, diese genüsslich verzehren, sich effektiv verteidigen, offensiv angreifen oder in weiser Voraussicht zum blitzschnellen Rückzug blasen. Ob es sich hierbei um eine Rasse- oder eine Straßenkatze handelt, ist dabei völlig egal.

Viel wichtiger ist, welche Prägung und Erziehung die Samtpfote während ihrer Entwicklung erfährt. Als Bauernhofmieze wird sie schon im zarten Alter weniger Wochen die Mäusejagd der Mutterkatze beobachten und deren Technik erlernen können. In einer Wohnungsaufzucht muss ein Kätzchen auf derartige Erlebnisse verzichten. – Dennoch wird es später Jagd auf Spielzeuge machen und dabei viele Facetten des natürlichen Jagdverhaltens zeigen. Sollte es tatsächlich einmal mit einer lebendigen Maus konfrontiert werden, kann es – mangels Erfahrung – zu atypischen Verhaltensweisen kommen. Deshalb ist die Wohnungskatze aber nicht dümmer; sie verfügt lediglich über andere Erfahrungswerte.

IQ-TEST FÜR KATZEN

Mit der Intelligenz von Katzen verhält es sich vermutlich genauso wie mit der menschlichen Intelligenz. Einige sind klüger als die anderen, lernbereiter, aufnahme- und koordinationsfähiger – ganz unabhängig davon, ob es sich um eine Rasse- oder eine Straßenkatze handelt. Diese Eigenschaften kann man übrigens leicht überprüfen, und wenn Sie Lust haben, können Sie Ihre Katze auf die Probe stellen. Hier einige Vorschläge für den kätzischen Intelligenztest:

EINFACHER TEST Verschließen Sie die Tür des Raumes, in dem Sie zuvor einen Napf voll Katzenfutter aufgestellt haben. Der Vierbeiner sollte Sie dabei beobachtet haben und Appetit auf etwas Leckeres verspüren. Abhängig von seinem Einfallsreichtum wird er versuchen, Sie dazu zu bewegen, die Tür zu öffnen. Je deutlicher und ausgeprägter sein Bemühen ist, umso mehr scheint in seinem Köpfchen vorzugehen.

SCHWIERIGER TEST Schneiden Sie zwei identische Öffnungen in einen Pappkarton. Markieren Sie eine mit weißer Farbe, die andere mit schwarzer. Diese Kontraste sind für Katzen besonders deutlich wahrzunehmen. Nun motivieren Sie Ihre Katze dazu, durch die weiße Klappe zu kriechen, indem Sie vor ihren Augen ein Leckerchen im Inneren des Kartons ablegen. Wiederholen Sie den Vorgang einige Male und stellen Sie die Übung danach ein. Am nächsten Tag holen Sie den Karton wieder hervor und beobachten, ob Ihr Stubentiger Interesse an der weißen Klappe zeigt. Läuft er zielstrebig darauf zu und kriecht hinein, hat er eine beachtliche Verknüpfungsleistung erbracht.
Wenn diese Art der Herausforderung gut ankommt, lassen sich viele Spielvarianten entwickeln, die die grauen Zellen der Katze herausfordern. Ideal ist es, wenn mehrere Komponenten des Spielverhaltens miteinander kombiniert werden. Denn das fordert den Stubentiger heraus und erhöht die Motivation.

LÖSUNGSORIENTIERT? Das Spielverhalten erlaubt bedingt Rückschlüsse auf die Intelligenz der Katze. Wer mehr im Köpfchen hat, begreift schneller, wie knifflige Aufgaben zu lösen sind.

Abwechslungsreiche Wohnung

DAS LEBEN ALS STUBENTIGER MUSS NICHT TRIST UND LANGWEILIG SEIN. IN DEN EIGENEN VIER WÄNDEN GIBT ES MINDESTENS GENAUSO VIEL ZU ENTDECKEN WIE DRAUSSEN. DAS GLAUBEN SIE NICHT? DANN SOLLTEN SIE IHRE WOHNUNG MIT KATZENAUGEN BETRACHTEN.

LUXURIÖSE FENSTERBANK

Da gibt es Fensterbänke, die man mit einem kühnen Satz erklimmen kann, und große Fenster, an die man sein neugieriges Näschen drückt, um – sich selbst in Sicherheit wiegend – zu beobachten, wie die verzweifelte Nachbarkatze von dem dreisten Schäferhund gejagt wird. Fensterbänke lassen sich übrigens mit Kissen und Kuscheldecken ganz leicht in luxuriöse Liegezonen verwandeln. Sind die Fensterbänke zu schmal, kann man unterhalb Liegeflächen abringen. Einfach stabile Holzbretter im Baumarkt kaufen (Durchmesser mindestens 20 x 30 Zentimeter), diese mit stabilem Stoff überziehen und mit ausreichend großen Metallwinkeln an der Wand befestigen.

IN SZENE GESETZTE KATZENMÖBEL

Auch Tische, Stühle und Regale erweisen sich als ideale Kletterzonen – zumindest, wenn die lieben Zweibeiner außer Haus weilen und man als Katze uneingeschränkte Narrenfreiheit genießt. Und erst das Büro mit all seinen verführerischen Winkeln, Nischen und Papierstapeln, die ein kräftiger Tatzenhieb hoch durch die Luft wirbeln lässt – herrlich! Um das Ganze in kontrollierte Bahnen zu lenken und zur Katzenfreundlichkeit der Wohnung beizutragen, ist es ratsam, spezielle Katzenmöbel gekonnt in Szene zu setzen. Das kann beispielsweise ein ausgedienter Rattansessel sein, an dessen Seiten sich der Stubentiger herrlich die Krallen wetzen kann. Die Sitzfläche lässt sich mit einem gemütlichen Katzenkissen kostengünstig in eine Deluxe-Ruhezone verwandeln.

GANZ SCHÖN FLAUSCHIG! Schaffelle sehen gut aus und sind eine hervorragende Kuschelfläche für verschmuste Stubentiger. Und sie lassen sich problemlos mit einem Lederwaschmittel reinigen.

HÄLT ES? Der Katzenkorb wird mit stabilen Seilen unter der Decke befestigt.

HÄRTETEST Auch das Seil ist ein verführerisches Spielobjekt zum Hangeln und zum Knabbern.

AUCH MEINS! Und aus dem Korb heraus lassen sich auch noch weitere Spielzeuge erhangeln.

KATZENKÖRBCHEN

Eine Ruhezone mit hohem Spaßfaktor lässt sich übrigens ganz leicht mithilfe eines Korbes schaffen. Einfach einen schönen Korb mit einer Innenfläche von circa 40 Zentimetern mit bequemen, waschbaren Kissen ausstatten und an mindestens vier Stellen des Korbes Seile befestigen. Diese Seile nach oben zur Decke führen und in einem stabilen Haken befestigen. Der Korb muss übrigens gar nicht sehr weit oben hängen. Es reicht, wenn er rund 20 Zentimeter weit vom Boden entfernt ist. So kann die Katze bequem hineinspringen und das sanfte Schaukeln genießen.

AQUASPASS FÜR KATZEN

Und dann gibt es noch einen Geheimtipp, der unternehmungslustige Katzenherzen höher schlagen lässt: das Badezimmer. Hierbei handelt es sich um so eine Art „Aquaspaß". Zugegeben, Badewannen erfüllen verwegene Mäusefänger nicht nur mit Neugier, sondern auch mit einer gesunden Portion Skepsis. Zwar interessieren sie sich brennend für die seltsame Schale, in der sich der Zweibeiner mindestens zweimal pro Woche inmitten duftender Schaumberge entspannt, aber die Liebe geht nicht so weit, dass man mit hineinspringen würde.

LIEBER OHNE WASSER Richtig interessant wird eine Badewanne erst dann, wenn der Zweibeiner das Wasser herausgelassen hat. Nun kann der Stubentiger geschickt über den Wannenrand balancieren, ohne dabei Gefahr zu laufen, ins lauwarme Nass zu fallen. Rutscht er tatsächlich einmal ab, ist das halb so schlimm. Die paar Tropfen auf dem Wannenboden können einen gestandenen Mäusefänger nicht schrecken. Manche Katzen genießen es sogar, sich nach dem Bad ihres Menschen auf den feuchten Wannenboden zu legen. Offensichtlich empfinden sie die dort verbliebene Restwärme als angenehm. In einer katzenfreundlichen Wohnung sollte dieser Spaß keinesfalls verboten werden.

KATZENPLANSCHBECKEN Ein Waschbecken ist aus Katzensicht so etwas wie ein Kinderplanschbecken. Hier kann man seinem Spieltrieb freien Lauf lassen, ohne dabei einen nassen Pelz zu riskieren. Es kann zwar eine ganze Weile dauern, bis der Zweibeiner gelernt hat, dass zum Katzenglück nicht nur Dosenöffnen, Trockennahrung-Aufreißen und gelegentliche Streicheleinheiten, sondern auch das Aufdrehen des Wasserhahns gehört. Hat der Mensch diese Lektion erst gelernt und kommt beflissen angelaufen, sobald der

FÜR WASSERRATTEN Laufende Wasserhähne ziehen Katzen magisch an. Erst wird beobachtet und dann schnellt die Pfote vor, um einen Tropfen zu fangen. Ob die Katze ins Waschbecken darf, ist eine Grundsatzentscheidung.

Stubentiger im Bad bittend maunzt, steht dem Planschspaß nichts mehr im Wege. Zuerst wird der fröhlich rauschende Wasserstrahl mit leuchtenden Augen fixiert, und dann schnellt auch schon das Pfötchen vor, um das Ganze einmal richtig aufzumischen. Die Spritzer können nur eine unerfahrene Katze schrecken. Echte Badezimmerprofis empfinden es als persönlichen Erfolg, wenn das nasse Element nur so durch die Luft fliegt. Da wird einmal kräftig das Fell geschüttelt, und schon folgt der nächste Übergriff auf den Wasserstrahl.

LIEBER TRÖPFCHENWEISE Sollte Ihre Katze zu den weniger draufgängerischen Exemplaren gehören und sich vor kräftig sprudelnden Wasserfontänen fürchten, können Sie Ihren Vierbeiner vielleicht mit dem beliebten Tröpfchenspiel erfreuen. Stellen Sie den Wasserhahn so ein, dass von Zeit zu Zeit ein dicker Tropfen hervorquillt und mit einem lauten „Platsch“ im Waschbecken landet. Es gibt Katzen, die diesem Treiben stundenlang voller Faszination zusehen können und jeden Tag aufs Neue ins Bad laufen und ihren Menschen dazu auffordern, den Wasserhahn tropfen zu lassen.

TABUZONE KLO Zu jedem vollständigen Bad gehört eine Toilette und natürlich gehört auch dieses im Dienst der Bedürfnisse stehende Utensil zu den begehrtesten Objekten badezimmerorientierter Katzen. Sie spitzen fasziniert die Ohren, wenn die Spülung ertönt, klettern neugierig auf dem Deckel herum und versuchen vielleicht sogar, ihn mit einer geschickten Pfotenbewegung anzuheben. Als verantwortungsvoller Katzenbesitzer halten Sie den Toilettendeckel stets geschlossen. Sollte es Ihrem Stubentiger jedoch einmal gelingen, eine offene Toilette zu kapern, kann das ganz schön gefährlich werden. Für kleine Kätzchen ist dieses Experiment sogar lebensgefährlich. Sie können von der Toilettenbrille abrutschen und kopfüber in die Toilettenschüssel stürzen. Da es ihren kleinen Pfoten nicht gelingt, Halt an den rutschigen Außenwänden zu finden, rutschen sie immer wieder ab und drohen sogar zu ertrinken, wenn ihr lebensgefährliches Malheur nicht rechtzeitig entdeckt wird.

MIT AUSGUCK Ein schöner Liegeplatz mit gutem Überblick ist ideal, gern auch am Fenster.

Ausgewachsene Katzen werden aufgrund ihrer Größe zwar nicht kopfüber in die Toilette fallen und dort hilflos ertrinken, aber auch sie können sich unter Umständen ernsthaft verletzen, wenn sie plötzlich von der Toilettenbrille abrutschen.

MEIN BAD, DEIN BAD, UNSER BAD Es gibt Katzenhalter, die ihren Tieren das Betreten des Badezimmers generell verbieten. Das ist eigentlich schade, denn ein menschliches Badezimmer gleicht für viele Stubentiger einer spannenden Spielwiese und erweist sich auch nicht als sonderlich gefährlich, wenn man daran denkt, den Toilettendeckel zu schließen und keine spitzen oder scharfen Gegenstände wie Nagelfeilen oder Scheren herumliegen zu lassen. Die sind gefährlich.

DABEISEIN IST ALLES

Doch das Badezimmer sollte natürlich nicht der einzige Bereich der Wohnung sein, in dem sich die schnurrende Zunft austoben darf. Je mehr Räume ihr zur Verfügung stehen, desto besser. Kletter- und Liegemöglichkeiten sind ebenso wichtig wie Aussichtspunkte, die einen Blick hinaus ins Freie gestatten oder eine Überwachung der Wohnung ermöglichen. Deshalb gehört ein Kratzbaum auch immer in einen stark frequentierten Bereich der Wohnung. So können sich die Samtpfoten darauf niederlassen und bekommen trotzdem alles mit. Der schönste Kratzbaum verliert seinen Reiz, wenn er in einen einsamen Winkel abgeschoben wird. Wer handwerkliches Geschick besitzt, kann seine Wohnung nach einem Besuch im Baumarkt und im Bastelladen, mit viel Kreativität katzengerecht gestalten. Aber es gibt auch vorgefertigte Elemente, die aus einer Unterhaltungswüste ein El Dorado des Katzenspaßes machen. Die Kunst besteht darin, alles geschickt zu verteilen und an den besten Stellen zu platzieren. Schön ist es, wenn es in der Wohnung verschiedene Spiel-, Relax- und Abenteuerzonen gibt, die der Stubentiger ganz nach Gusto nutzen kann. Sie sollten sich sowohl in Ruhezonen als auch an zentralen Orten befinden.

[a] ZWEI, DIE SICH VERSTEHEN Gemeinsam spielen macht Spaß und schmiedet zusammen.

[b] SOFAVERGNÜGEN Dieses Spiel eignet sich auch für die Ruhephase am wohl verdienten Feierabend.

[c] RASCHELSPASS Mit großen Tüten beschäftigen sich manche Katzen stundenlang allein.

[d] HELLWACH „War da nicht etwas?" Der Jagdtrieb ist entfacht. Katzen reagieren auf kleinste Bewegungen oder ein Rascheln.

[e] GEKRALLT Kurz aufgelauert und schon mit der Pfote erwischt! Reaktionsvermögen eben! Nun zieht sich der Rote wieder in seine Tüte zurück. Auf Wiedersehen.

DR. RENATE JONES

VERHALTENSPROBLEME *und Beziehungskrisen*

OB KLEINE MISSVERSTÄNDNISSE ODER AUSGEWACHSENE VERHALTENSPROBLEME: SO ERKENNEN SIE DIE ERSTEN ANZEICHEN UND ERFAHREN, WIE SIE RICHTIG DARAUF REAGIEREN KÖNNEN.

Von Katzen und Menschen

KATZEN SIND EINES DER BELIEBTESTEN HEIMTIERE GEWORDEN, WEIL IHRE HALTUNG SO EINFACH ERSCHEINT: SIE STELLEN KEINE GROSSEN ANSPRÜCHE; EINE WOHNUNG GENÜGT; ALLEIN LASSEN – KEIN PROBLEM, KATZEN SIND SOWIESO EINZELGÄNGER. EIN PAAR STREICHELEINHEITEN AM ABEND NACH DER ARBEIT, FUTTER, WASSER, EIN KRATZBAUM UND EIN KATZENKLO: SCHON IST FÜR ALLE BEDÜRFNISSE GESORGT. WENN MAN SICH JEDOCH ANSCHAUT, WIE KATZEN UNTER „NATÜRLICHEN" BEDINGUNGEN LEBEN, IST SCHNELL KLAR, DASS DAS EIN TRUGSCHLUSS SEIN MUSS.

Tatsächlich ist mehr Aufwand nötig, wenn man einer Wohnungskatze ein einigermaßen artgerechtes Leben bieten möchte. Viele Katzen leben unter Umständen, die ihren Fähigkeiten und ihren artspezifischen Ansprüchen nicht angemessen sind. Manchmal sind Katzen damit überfordert, und das kann Verhaltensweisen auslösen, die die Beziehung zwischen Katze und Mensch belasten.

UNERWÜNSCHTES VERHALTEN

Man unterscheidet zwischen unerwünschtem Verhalten und Verhaltensproblem beziehungsweise echter Verhaltensstörung. Schon ganz normales Katzenverhalten wie Krallenschärfen oder Urinsprühen kann stören. Oder aber ein eigentlich normales Verhalten tritt merkbar verstärkt auf, zum Beispiel andauerndes oder besonders lautes Miauen.
Es gibt aber auch Verhaltensweisen, die stark vom Normalverhalten abweichen bis hin zur Selbstbeschädigung, beispielsweise aggressive Attacken auf den eigenen Schwanz oder massives Putzen. Die Übergänge zwischen diesen Kategorien sind fließend: Ein zunächst nur etwas verstärkt gezeigtes Verhalten kann sich mit der Zeit und unter bestimmten Umständen eine richtige Verhaltensstörung entwickeln.

PROBLEME IM ZUSAMMENLEBEN

Letztendlich beruhen Probleme im Zusammenleben auf folgenden Ursachen:

- Versuche der Katze, ihre individuellen oder arttypischen Bedürfnisse zu befriedigen, können für den Halter problematisch sein.
- Manchmal sind die Haltungsbedingungen objektiv betrachtet oder für die betreffende Katze unzureichend.
- Ängstliche und unsichere Katzen reagieren empfindlicher auf Stress, sind weniger anpassungsfähig und daher anfälliger für die Entwicklung von Verhaltensauffälligkeiten als selbstbewusstere Tiere.
- Katzen, die mit Menschen zusammenleben, orientieren ihr Verhalten natürlich am Verhalten ihrer Bezugsperson(en). Oft verstärkt der Halter unerwünschtes Verhalten unbewusst und unbeabsichtigt.
- Erkrankungen jeder Art und altersbedingte organische Veränderungen können zu Verhaltensauffälligkeiten führen.

UNTER DIE LUPE GENOMMEN

Wie in der Medizin steht vor der Behandlung von unerwünschtem Verhalten die Diagnose. Dazu betrachtet man das Verhalten der Katze sowie ihr gesamtes Umfeld genauer. Das beinhaltet die sozialen Beziehungen zwischen Katze und Bezugspersonen bzw., wenn mehrere Katzen zusammenleben, sowohl die

Beziehungen der Katzen zueinander als auch die Beziehung jeder einzelnen Katze zu den Bezugspersonen. Da körperliche Veränderungen jeder Art wie Erkrankungen und Schmerzen, aber auch nachlassende Sinnesleistungen Auswirkungen auf das Verhalten haben, muss bei Verhaltensauffälligkeiten grundsätzlich außerdem eine tierärztliche Überprüfung des Gesundheitszustands erfolgen.

AUSLÖSER, URSACHE UND SYMPTOM

Man unterscheidet bei Verhaltensauffälligkeiten zwischen Auslöser, Ursache und Symptom. Wenn eine Katze ein neues Möbelstück markiert, ist der Auslöser für das Markieren die Anwesenheit des Möbelstücks. Die Ursache für das Markierverhalten könnte sein, dass diese Katze besonders ängstlich ist und durch jede Veränderung in ihrem Umfeld verunsichert wird.

Das Symptom für die Verunsicherung der Katze ist das Markieren selbst. Bei einer anderen Katze könnte Ängstlichkeit ein anderes Symptom auslösen, zum Beispiel vermehrtes Krallenschärfen, also Markieren durch Kratzen, oder auch Unsauberkeit. Am sinnvollsten ist eine Therapie, bei der die Ursache direkt beseitigt wird.

MEIN DUFT, DEIN DUFT, UNSER DUFT Für Menschen ein Zeichen der Zuneigung, für die Katze eine wichtige Aufgabe: Der Gruppengeruch wird angebracht, indem die Katze um die Beine streicht und dabei großzügig ihren Duft verteilt.

Überblick über die Therapiemöglichkeiten

DIE THERAPIE WIRD INDIVIDUELL AN DAS PROBLEM SOWIE AN DIE BETROFFENE KATZE UND DEREN LEBENSUMSTÄNDE ANGEPASST. DURCHGEFÜHRT WIRD, WAS FÜR DEN HALTER AKZEPTABEL IST. JE FRÜHER GEEIGNETE BEHANDLUNGSMASSNAHMEN EINGELEITET WERDEN, DESTO BESSER SIND DIE ERFOLGSAUSSICHTEN.

Es gibt eine ganze Palette von Behandlungsmöglichkeiten. Da auf diese Maßnahmen immer wieder Bezug genommen wird, und weil sie oft schon die Entstehung von Problemen verdeutlichen, werden sie vor den einzelnen Problembereichen beschrieben.

ÄNDERUNG DER HALTUNGSBEDINGUNGEN

Das Leben von Wohnungskatzen ist, verglichen mit den Lebensbedingungen von Katzen, die frei leben, vergleichsweise reizarm. Auch das Platzangebot in einer Wohnung kann in keinem Fall mit dem Territorium frei laufender Katzen mithalten. Diese Unterschiede sind nicht selten mitbeteiligt oder sogar verantwortlich für die Entwicklung von unerwünschtem Verhalten.

Daher besteht eine der wichtigsten therapeutischen Maßnahmen bei verhaltensauffälligen Katzen in einer Änderung der Haltungs- und Lebensbedingungen. Anhaltspunkte zu einer Verbesserung bieten die Lebensumstände und das Verhalten frei laufender Katzen:

Sie verbringen viel Zeit mit der Jagd, damit, sich Futter zu beschaffen und die Umwelt aus sicheren, möglichst erhöhten Verstecken zu beobachten. In einer aufgeräumten Wohnung gibt es nur wenig Möglichkeiten für Jagd- und Erforschungsaktivitäten. An diesen Punkten kann man ansetzen.

EIN GUTER KRATZBAUM verbessert die Lebensqualität.

BESSERES PLATZANGEBOT

Das Platzangebot wird verbessert, wenn man der Katze Möglichkeiten bietet, die dritte Dimension, also die Höhe des verfügbaren Raums, zu nutzen. Über Stege und Regale können Katzen Zugang zu erhöhten Beobachtungsposten und Ruheplätzen auf Schränken und in Regalen erhalten.

- Beliebt sind, besonders bei ängstlichen Katzen, Plätze, von denen man alles gut beobachten kann, aber selbst nicht gesehen wird.
- Beobachtungsplätze mit Ausblick nach draußen bieten Abwechslung.

Wenn mehr als eine Katze zusammenleben, sollten Ruhe- und Beobachtungsplätze mehr als einen Zugang haben. Sonst versperren sich Katzen manchmal gegenseitig den Weg, oder eine Katze kann eine andere gezielt daran hindern, einen Platz zu räumen. Dann sind Konfrontationen unvermeidlich.

LANGSAM GEWÖHNEN

Alles Neue muss sorgfältig an die betreffende(n) Katze(n) angepasst werden. Änderungen sollten dosiert und nicht schlagartig von heute auf morgen durchgeführt werden, auch wenn sie die Lebensumstände der Katze verbessern. Gerade verhaltensauffällige Katzen und vor allem ängstliche Katzen können durch eigentlich positive Veränderungen leicht überfordert werden. Neue Verhaltensweisen bzw. neue Fütterungsmethoden müssen daher oft erst einmal aufgebaut, geübt und schrittweise eingeführt werden. Der Halter sollte daher nicht enttäuscht sein, wenn z.B. ein neuer Kratzbaum nicht gleich akzeptiert sondern erst nach einiger Zeit benutzt wird.

Tipp

MEHR ABWECHSLUNG

Der Tagesablauf wird auch für ein Tier interessanter, wenn es etwas zu tun gibt. Katzen, die ihre Fähigkeiten einsetzen können, um Probleme zu lösen, sind beschäftigt und langweilen sich nicht.

- Der einfachste Weg, das zu erreichen, besteht darin, die Katze für ihr Futter „arbeiten" zu lassen und es ihr nicht einfach nur hinzustellen. Katzen haben unter anderem Spaß daran, Futter auszupacken oder danach zu angeln. So wird mehr Zeit für „Beutefang" und Futteraufnahme verwendet. Auch Zootieren macht man so das Leben spannender und abwechslungsreicher.

- Vor allem während der Abwesenheit sollte man Beschäftigungsmöglichkeiten bieten, z. B. aufgehängte Spielzeuge, nach denen geschlagen und geangelt werden kann. Jedoch auch gute Spielzeuge verlieren mit der Zeit ihren Unterhaltungswert und sollten daher immer wieder ausgetauscht werden.

Der eigenen Fantasie sind hier keine Grenzen gesetzt und im Internet und Fachhandel findet man viele Anregungen.

WAS MACHEN WIR JETZT? Interessiert und aufmerksam: ganz offensichtlich zur Mitarbeit bereit.

VERHALTENSTHERAPIE

Durch verhaltenstherapeutische Maßnahmen wie Habituation (Gewöhnung), systematische Desensibilisierung und Gegenkonditionierung kann man Gefühle beeinflussen und verändern. Neue Verhaltensweisen müssen sorgfältig aufgebaut und ausreichend lange geübt werden (operante/instrumentelle Konditionierung).

Man macht sich meist wenig Gedanken, bevor man ein Tier neuen Reizen und Situationen aussetzt, sondern probiert es einfach aus. Es lohnt sich jedoch, bei geplanten Neuerungen schon im Vorfeld darüber nachzudenken, wie man am besten vorgeht.

HABITUATION

Mittels einer Habituation gewöhnt man ein Lebewesen an neue Reize oder an eine neue Situation, die es bisher noch nie erlebt und mit der es auch noch keine schlechten Erfahrungen gemacht hat. Dazu sollte die Situation oder der Reiz, an die sich die Katze gewöhnen soll, immer wieder ohne unangenehme und störende Begleiterscheinungen erlebt werden.

- Der Reiz bzw. die Situation sollte nicht sehr intensiv oder auffallend sein.

HMM! Der erste Futterbissen ist leicht erreichbar und wirkt positiv auf die weitere Motivation.

DIE ANSPRÜCHE STEIGEN Für diesen Bissen muss sie sich ein bisschen mehr anstrengen.

- Das Tier sollte das Ganze einmal oder mehrmals täglich und an aufeinanderfolgenden Tagen erleben.
- Die einzelnen Übungssituationen sollten die Leistungsfähigkeit des betreffenden Tiers nicht überfordern, also auch nicht zu lange dauern.
- Man geht in kleinen Schritten vor.

Die wiederholte Erfahrung, dass ein bestimmter Umweltreiz oder eine bestimmte Situation nichts Bedrohliches ankündigen, bewirkt, dass er/sie nicht weiter beachtet wird und keine Angst und/oder Abwehrverhalten mehr hervorruft. Man kann die einzelnen Übungssituationen zudem attraktiv gestalten, wenn es, vor allem am Anfang, etwas Gutes zu fressen gibt. So kann man traumatischen Erfahrungen und unerwünschten Entwicklungen vorbeugen. Etwas wieder rückgängig zu machen ist erheblich aufwendiger.

SENSIBILISIERT

Wenn Reize und Situationen zu intensiv, aufregend oder unangenehm sind, oder wenn zusätzlich etwas Störendes passiert, erfolgt eine Sensibilisierung: Wachsamkeit und Aufregung steigen. Die Erregungslage erhöht sich. Wenn das passiert, kann die Reaktion auf diesen so erlebten speziellen Reiz bzw. diese Situation zunehmen. Gleichzeitig steigt auch die allgemeine Reaktionsbereitschaft (Reaktivität). Dann lösen auch weitere, evtl. ganz andere Reize schneller eine Reaktion wie Abwehrverhalten aus. Gleichzeitige Belastung durch Lärm oder eine erhöhte Umgebungstemperatur steigert die Gefahr einer Sensibilisierung zusätzlich.

SYSTEMATISCHE DESENSIBILISIERUNG

Eine systematische Desensibilisierung wird zur Behandlung von Angst- oder Abwehrverhalten und bei einer schon erfolgten Sensibilisierung durchgeführt. Dazu bringt man die Katze in Situationen, in denen sie den Angst auslösenden Reiz in so geringer Stärke unter kontrollierten Bedingungen erlebt, dass keine Angst ausgelöst wird. Wenn also der Angstauslöser ein Geräusch ist, wird beim ersten Mal dieses Geräusch so leise präsentiert, dass die Katze zwar aufmerksam wird, aber keine Anzeichen von Angst zeigt. Die Stärke des Geräuschs wird in kleinen Schritten erhöht. Das Ganze wird so oft wiederholt, bis die Katze es schließlich auch bei der Lautstärke, in der es normalerweise auftritt, nicht weiter beachtet.

OHNE ZEITDRUCK Jede Sitzung darf erst beendet werden, wenn die Stärke des Geräuschs, mit der man gerade arbeitet, keinerlei Anzeichen von Angst oder Beunruhigung auslöst. Auch jeder folgende Schritt in der Behandlung, eine kleine Steigerung des Geräuschs, erfolgt erst dann, wenn die Katze entspannt ist. Das wird ein oder mehrmals täglich durchgeführt. Die Sitzungen sollten so geplant werden, dass es nicht zu Zeitdruck und Störungen kommen kann. Bei den Arbeiten sind Fingerspitzengefühl und Geduld gefragt. Wenn man zu schnell vorgeht, kommt es zu Angst und damit zu Rückschritten.

GEGENKONDITIONIERUNG

Auch mit einer Gegenkonditionierung kann Angst- und Abwehrverhalten behandelt werden. Dazu wird die Katze mit dem Angstauslöser konfrontiert. Sofort, wenn der Angstauslöser erscheint, und während der ganzen Zeit, die er anwesend ist, bekommt die Katze Futter. In dem Augenblick, in dem er verschwindet, wird die Fütterung beendet. Eine Gegenkonditionierung ist Präzisionsarbeit: Das Füttern muss innerhalb einer halben Sekunde nach Erscheinen des Angstauslösers beginnen. Wenn es richtig gemacht und oft genug durchgeführt wird, freut sich die Katze

SO AUFGEREGT! Ein Kätzchen mit allen Zeichen der Aufregung. Angenehme Erfahrungen fördern besonders bei Jungtieren die Entwicklung von Anpassungsfähigkeit und Stresstoleranz. Strafen bei der Erziehung schaden eher.

Info

ZUFÄLLIGE KONFRONTATIONEN VERMEIDEN
Wenn man eine Gegenkonditionierung oder eine Desensibilisierung durchführt, darf die Katze dem Angstauslöser ausschließlich während der Behandlung ausgesetzt werden. Ein Angsterlebnis durch eine zufällige Konfrontation kann den ganzen Behandlungserfolg zunichte machen.

nun auf Futter, sobald sie den Angstauslöser wahrnimmt, und reagiert nicht mehr Angst- und Abwehrverhalten.

FUTTERVERWEIGERUNG Tiere verweigern bei hoher Anspannung die Futteraufnahme, selbst dann, wenn es besonders gut ist. Bei einer Gegenkonditionierung wählt man daher die Stärke des Angstauslösers so, dass die Katze noch fressen kann, und verwendet außerdem außergewöhnlich gutes Futter.

REIZÜBERFLUTUNG

Die folgende Methode ist zur Behandlung von Angst nicht zu empfehlen, wird aber der Vollständigkeit halber erwähnt. Bei der sogenannten Reizüberflutung (Flooding) wird der Patient dem Angst bzw. Aggression auslösenden Reiz in voller Stärke ausgesetzt. Dabei wird Flucht- und Meideverhalten verhindert. Eine Katze könnte man der Angst machenden Situation z. B. in einem Reisekäfig aussetzen. Bei einer Reizüberflutung lassen die Angstreaktionen nicht nach, weil sich der Patient an den Reiz bzw. Situation gewöhnt und erkannt hat, dass sie ungefährlich sind. Sie werden weniger, weil die Angst bedingten körperlichen Reaktionsmöglichkeiten irgendwann erschöpft sind. Daher darf eine Behandlungssitzung erst beendet werden, wenn keine unerwünschten Reaktionen mehr stattfinden oder wenn sie deutlich verringert sind. Wenn vorher abgebrochen wird, verschlimmert sich das Problem. Man kann nicht vorhersagen, wie lang eine solche Sitzung dauern und wie oft sie wiederholt werden muss. Bei Menschen wird Flooding nicht mehr angewendet. Bei Tieren ist die Methode tierschutzrelevant. Sie sollte allenfalls nach sorgfältiger Abwägung und dann nur mit der Unterstützung geeigneter Medikamente eingesetzt werden. Es gibt andere wirksame, weniger tierschutzrelevante Behandlungsmöglichkeiten.

ERLERNEN NEUER VERHALTENSWEISEN

Bei neuen Verhaltensweisen lernt man als Erstes den Ablauf einer Handlung. Anschließend wird diese Handlung so oft ausführt, bis sie fehlerlos und flüssig abläuft. Wissenschaftlich wird das als instrumentelle bzw. operante Konditionierung bezeichnet.

ÜBUNG MACHT DEN MEISTER

Um Verhaltensweisen zuverlässig und fehlerfrei ausführen zu können, muss man sie sehr oft und unter unterschiedlichen Umständen üben. Jeder, der eine Sportart trainiert, Auto fährt, oder ein Musikinstrument spielt, kennt das. Erst wenn man ein neues Verhalten Hunderte von Malen ausgeführt hat, beherrscht man es flüssig. Besonders lang dauert es, alte Gewohnheiten zu ändern, also umzulernen. Das hat fast jeder schon am eigenen Leib erfahren. Auch Katzen brauchen ihre Zeit, um ein neues Verhalten zu lernen.

EINE FRAGE DER MOTIVATION

Es trifft zu, dass man Katzen zu nichts zwingen kann. Das heißt jedoch keineswegs, dass man Katzen nicht erziehen und trainieren könnte. Es ist vielmehr eine Frage der Motivation. Eine Katze wird ein bestimmtes Verhalten dann ausführen, wenn man ihr gute Gründe dafür liefert. Grundsätzlich zeigt jedes Säugetier ein bestimmtes Verhalten öfter, wenn es sich lohnt, wenn also dadurch etwas Angenehmes (= Belohnung) gewonnen oder wenn Nachteile und Schaden (= Strafe) vermieden werden können.

BELOHNUNGEN

Mit Belohnungen kann man Katzen gut erziehen. Besonders gut funktionieren kleine Leckerbissen, aber auch Zuwendung wie Lob und Streicheleinheiten, sofern die Katzen Menschen mögen und gut mit Menschen sozialisiert sind. Manche Katzen bevorzugen es, wenn man mit ihnen spricht, und lassen sich nicht so gern anfassen. Man muss also bei jeder Katze individuell und evtl. auch von Situation zu Situation abwägen, welches die richtige Belohnung wäre. Damit ein Verhalten verstärkt wird, muss die Belohnung sofort auf das Verhalten folgen.

STRAFEN

Mit Strafen will man erreichen, dass ein Verhalten weniger bzw. gar nicht mehr gezeigt wird. Als Strafe wirkt, wenn bei einem bestimmten Verhalten etwas Angenehmes verschwindet oder wenn etwas Unangenehmes passiert. Auch bei Strafen bestehen individuelle Unterschiede, was wann als Strafe empfunden wird. Ein zu schwacher Strafreiz wirkt nicht, und ein zu starker Strafreiz verängstigt. Je ängstlicher und sensibler ein Lebewesen ist, desto weniger stark darf der Strafreiz sein. Bei der Erziehung von Katzen haben Strafen insgesamt eher Nachteile.

NACHTEILE VON STRAFE

- Wenn man z. B. mit Belohnungen ein neues Verhalten aufbaut und die Katze es nicht so ausführt, wie sie soll, könnte man als Strafe die Belohnung vorenthalten. Für die meisten Katzen würde dadurch die Situation unattraktiv, sie würden das Interesse verlieren und sich zurückziehen. Man hat also durch die Strafe nicht erreicht, dass die Katze intensiver mitarbeitet, sondern das Gegenteil.
- Ein unerwünschtes Verhalten könnte man abbrechen, wenn etwas passiert, was die Katze als unangenehm empfindet. Wenn man nicht möchte, dass die Katze auf den Esstisch springt, könnte man z. B. laut schreien oder in die Hände klatschen. Sie bekommt einen Schreck und springt vom Tisch. Das Ziel „Katze nicht auf dem Esstisch" ist damit erreicht. Aber die Katze hat natürlich nicht nur die Erfahrung gemacht: Auf dem Esstisch ist es unangenehm. Es gibt zwei weitere Lerneffekte. Erstens: Auf dem Esstisch ist es unangenehm, wenn mein Mensch in der Nähe ist, und zweitens: mein Mensch hat mir Angst gemacht. Das kann dazu führen, dass der Esstisch nur dann gemieden wird, wenn derjenige, der den Schreck ausgelöst hat, in der Nähe ist. Es kann außerdem bewirken, dass das Vertrauen zu diesem Menschen in diesem Raum oder sogar grundsätzlich leidet und die Katze ihm unter bestimmten Umständen lieber aus dem Weg geht. Zusätzlich kann die Katze durch ein solches Erlebnis insgesamt verunsichert werden und sich in ihrer Umgebung weniger entspannt und sicher fühlen. Das gilt besonders für Katzen, die schon von vornherein ängstlich sind.

ANONYME STRAFREIZE

Die beiden ersten dieser unerwünschten Lerneffekte kann man durch sogenannte „anonyme" Strafreize vermeiden, also durch Strafreize, bei denen für die Katze nicht erkennbar ist, dass der Mensch dafür verantwortlich ist. Aber man kann nicht ausschließen, dass die Katze sich in Zukunft in ihrer heimischen Umgebung vielleicht weniger sicher fühlt.
Da gerade ängstliche und unsichere Katzen zu unerwünschtem Verhalten neigen, z. B. zum Markieren und Krallenschärfen, ist die Anwendung von Strafen bei Katzen mit einem hohen Risiko verbunden. Das betrifft besonders Katzen, die schon verhaltensauffällig sind.

VERHALTEN LÖSCHEN

Eine Löschung erfolgt, wenn ein Verhalten keine positiven Reaktionen aus der Umwelt mehr erfährt. Es wird dann nicht länger verstärkt, lohnt sich sozusagen nicht mehr und wird nach einer Weile nicht mehr gezeigt.
Auch unerwünschte Verhaltensweisen können gelöscht werden. Bedingung ist, dass alles, was das betreffende Verhalten verstärkt, identifiziert wird und in Zukunft im Zusammenhang mit diesem Verhalten nie wieder geschieht.

Das ist komplizierter, als man glaubt. Einerseits ist für Menschen häufig nicht erkennbar, was ein Tier als belohnend empfindet. Andererseits wirken bei Tieren, die mit Menschen zusammenleben, schon Aufmerksamkeit und Zuwendung verstärkend. Folglich verstärkt schon ein Blick unerwünschtes Verhalten. Um eine Verstärkung zu vermeiden, muss das unerwünschte Verhalten also ignoriert werden: Es darf niemals und in keiner Weise darauf reagiert werden. Das beinhaltet: Nicht ansehen, nicht ansprechen, nicht anfassen. Das ist außerordentlich schwer durchführbar. Wenn auch nur ab und zu eine Reaktion erfolgt, wirkt das als sogenannte intermittierende Belohnung. Das erhält das Verhalten nicht nur weiter aufrecht und verstärkt es, sondern zementiert es förmlich.

ANFANGS WIRD ES SCHLIMMER

Wenn es gelingt, alle Verstärker zu identifizieren und auszuschalten, lauert ein weiteres Problem: Sobald die Verstärkung aufhört, entstehen intensive Gefühle von Frustration. Dadurch wird das Verhalten, bevor eine Löschung eintritt, erst stärker. Diese Reaktion ist ganz normal und unausweichlich. Der Betreffende tut das nicht absichtlich, er kann einfach nicht anders. Man bezeichnet das als „extinction burst“ bzw. „Löschungstrotz“. An diesem Punkt geben viele Tierhalter auf. Sie gewinnen den Eindruck, dass diese Vorgehensweise nicht funktioniert, oder sie halten das verstärkte Verhalten einfach nicht aus, z. B. wenn ihre Katze mitten in der Nacht laut miaut oder unbedingt ins Zimmer will und an der Tür randaliert.

SPRICH MIT MIR! Menschen antworten, wenn ihre Katze miaut. Katzen lernen schnell, damit Aufmerksamkeit und Zuwendung auszulösen. Doch ständiges Miauen kann auf die Dauer ganz schön nervig sein.

CHIRURGISCHE MASSNAHMEN

Auch chirurgische Maßnahmen können Verhalten verändern. So verringert die Kastration die Wahrscheinlichkeit von Harnsprühen, vor allem bei Katern. Wann und welche chirurgischen Maßnahmen bei unerwünschtem Verhalten sinnvoll sind, muss im Einzelfall mit dem behandelnden Tierarzt abgeklärt werden. Manches, was in anderen Ländern durchgeführt wird, wie z. B. die Amputation der Krallen, ist in Deutschland aus tierschutzrechtlichen Gründen nicht erlaubt.

PHEROMONTHERAPIE

Pheromone sind körpereigene Substanzen, die mit dem Jacob'schen Organ (siehe Seite 16) wahrgenommen werden und der innerartlichen Kommunikation dienen. Zur Pheromontherapie verwendet man meist synthetische Stoffe, die den natürlichen Pheromonen nachgebaut sind. Für Katzen gibt es Feliway und Felifriend im Handel.

FELIWAY

Feliway ist dem F3-Pheromon nachempfunden, das von speziellen Drüsen im Kopfbereich produziert wird. Es dient dazu, die Umgebung zu markieren. Bei der Katze lösen diese eigenen Markierungen ein Gefühl von Vertrautheit mit der Umgebung und damit eine gewisse Entspannung aus. Der Einsatz von Feliway ist daher bei Unsicherheit und Angst hilfreich. Mit einem Spray werden bestimmte Stellen in der Umgebung regelmäßig eingesprüht. Weniger arbeitsaufwendig ist ein Diffuser, den man einfach in die Steckdose steckt und je nach Raumgröße nach drei bis vier Wochen auswechselt.

FELIFRIEND

Felifriend entspricht dem F4-Pheromon, das ebenfalls von speziellen Drüsen im Kopfbereich stammt. Dieses Pheromon sorgt dafür, dass die Mitglieder einer Gruppe einen „Gruppengeruch“ haben, ein Anzeichen dafür, dass man zusammengehört. Eine Katze würde also die Nähe von einer anderen Katze oder auch von Händen mit diesem Geruch eher tolerieren. Die Anwendung erfolgt über ein Spray. Allerdings wird niemals direkt auf ein Tier gesprüht, sondern auf die Hände oder z. B. auf ein Wattepad. Erst nach dem Trocknen streicht man über Körper und Gesicht der Katze und überträgt so den Duftstoff.

EIGENDUFT

Man kann auch die natürlichen Pheromone verwenden. Dazu wischt man der Katze mit einem Wattepad mehrmals über Stirn, Wangen und Kinn. Anschließend kann man die so gewonnenen Pheromone dort abstreifen, wo man sie haben möchte, z. B. an einer anderen Katze oder in der Umgebung, oder ein so präpariertes Wattepad an einer gewünschten Stelle in der Umgebung anbringen.

SPRÜHEN MACHT ANGST Daher sollte die Katze nicht im Raum sein, wenn Spray aufgetragen wird.

MEDIKAMENTE

Früher wurden bei Tieren zur Verhaltensbeeinflussung sogenannte Gestagene verwendet. Sie sind mit Sexualhormonen verwandt und werden aufgrund ihrer massiven Nebenwirkungen, u.a. Krebs, nicht mehr eingesetzt. Heute setzt man Psychopharmaka ein, Substanzen, die direkt auf Nerven und Gehirn wirken. Allerdings sind die meisten davon in Deutschland bisher für die Behandlung von Tieren nicht zugelassen.

LANGZEITWIRKUNG

Eine Behandlung dauert im Allgemeinen einige Wochen bzw. Monate. Die Wirkung tritt bei manchen Psychopharmaka erst nach zwei bis vier Wochen ein. Beim Abschluss der Behandlung dürfen manche nicht einfach abgesetzt, sondern müssen ausgeschlichen werden. Dabei wird die tägliche Dosis über einen Zeitraum, der sich an der Dauer der vorhergehenden Behandlung orientiert, in kleinen Schritten verringert. Bei Psychopharmaka bestehen wie bei anderen Medikamenten individuelle Unterschiede darin, wie gut der Patient auf das Medikament anspricht und wie gut er es verträgt. Unerwünschte Nebenwirkungen sind möglich. Es ist daher durchaus üblich, verschiedene Medikamente auszuprobieren, um das zu finden, das am besten geeignet ist.

ABSPRACHE MIT DEM TIERARZT

Es ist jedoch bei Katzen oft nicht leicht, ein Medikament regelmäßig und über längere Zeit zu verabreichen. Viele wehren sich heftig, wenn man ihnen etwas eingeben möchte. Mittel, die zu bitter sind, können auch nicht einfach ins Futter gemischt werden. Manches, was Menschen und Hunde gut vertragen, ist für Katzen ungeeignet. Valium z.B. kann für Katzen tödlich sein. Aus diesen sowie aus rechtlichen Gründen muss eine Behandlung mit Medikamenten immer in Absprache mit einem Tierarzt durchgeführt werden, am besten mit einem, der auf Verhaltensmedizin spezialisiert ist.

Tipp

PLATZWECHSEL

Wenn die Lebensumstände einer Katze die überwiegende Ursache für ihr unerwünschtes Verhalten sind und wenn keine Chancen für eine Verbesserung der Situation bestehen, ist ein Platzwechsel sinnvoll. Obwohl es nicht leicht ist, für verhaltensauffällige Katzen ein neues Heim zu finden, sollte auch diese Möglichkeit sachlich und objektiv überprüft werden. Manchmal ist es für Katze und Halter der einzige Weg, um das Leben wieder erträglich zu machen.

ALTERNATIVE BEHANDLUNGEN

Bei Behandlungen mit Bach-Blüten, Homöopathie und Traditioneller Chinesischer Medizin sollten, ebenso wie für Tellington-TTouch und Massage, die entsprechenden Fachleute zugezogen werden.

LETZTE MÖGLICHKEIT

Die letzte Maßnahme ist eine Euthanasie, z.B. bei Katzen mit anhaltenden und nicht therapierbaren Angstzuständen. Hier muss man, wie bei manchen organischen Erkrankungen, von erheblichem und auf Dauer nicht zumutbarem Leiden der Katze ausgehen. Bei besonders intensivem und/oder unvorhersehbarem Aggressionsverhalten, das bei Katzen ausgesprochen gefährlich sein kann, muss ebenfalls über eine Euthanasie nachgedacht werden. Eine Weitervermittlung solcher Tiere verbietet sich von selbst.
Auch bei Verhaltensänderungen aufgrund hohen Alters oder nicht behandelbarer organischer Veränderungen, die für den Halter auf Dauer unerträglich und nicht zumutbar sind, kann eine Euthanasie als letzte Maßnahme infrage kommen.

Verhaltensprobleme

MANCHE KATZEN LEIDEN UNTER ANGSTZUSTÄNDEN, PHOBIEN, STOFF-FRESSEN, AUTOAGGRESSIONEN ODER ANDEREN VERHALTENSSTÖRUNGEN. DOCH NICHT NUR DIE MIEZE LEIDET, AUCH FÜR DIE BESITZER KÖNNEN DIESE VERHALTENSWEISEN GANZ SCHÖN BELASTEND SEIN.

ANGST

Angststörungen sind häufiger, als den meisten Katzenhaltern bewusst ist. Sie werden jedoch oft als normales Katzenverhalten empfunden und daher unterschätzt. Oft sind Angst und Unsicherheit an der Entwicklung anderer Verhaltensauffälligkeiten beteiligt oder sogar die Ursache. Man unterscheidet zwischen Phobie und anhaltendem Angstzustand.

PHOBIE

Ein oder mehrere Reize, die eigentlich nicht gefährlich sind, lösen bei der Katze intensive Angst mit den dafür typischen Anzeichen aus: Es kommt zu Flucht- bzw. Abwehrverhalten und den damit verbundenen körperlichen Reaktionen (siehe Seite 43). Eine Phobie ist zeitlich begrenzt.

CHRONISCHE ANGSTZUSTÄNDE

Für chronische Angstzustände kennzeichnend ist, dass die Katze andauernd übermäßig wachsam und fluchtbereit ist. Solche Katzen leben sogar in einer Wohnung häufig im Verborgenen. Einzelne Auslöser, die für diesen Zustand verantwortlich gemacht werden können, sind nicht zu identifizieren, allenfalls solche, die den Zustand zusätzlich noch verschlechtern.

SYMPTOME DER ANGST

Typische Symptome für Angst und Phobie sind Hecheln und Atemnot, erhöhter Herzschlag, Schwitzen (Pfotenballen), erweiterte Pupillen, Speicheln und veränderter Harn- und Kotabsatz. In Extremsituationen können sich Blase, Darm und Analbeutel spontan entleeren.

ALLES IM BLICK Von der Wendeltreppe kann man alles genau beobachten. Die ganz leicht vergrößerten Pupillen sind ein Zeichen für erhöhte Aufmerksamkeit, noch nicht für Beunruhigung.

Besonders bei chronischen Angstzuständen besteht ein erheblicher Leidensdruck. Leider wird vor allem bei Katzen, die bei intensiver Angst erstarren, die Tragweite des Geschehens oft völlig übersehen: körperliche Reaktionen wie z. B. erhöhter Herzschlag und intensivere Atmung, die ein Lebewesen dazu befähigen, Krisen- und Stresssituationen zu bewältigen, führen auf Dauer zu einer Schädigung des Organismus, und, ähnlich wie Mobbing bei Menschen, zu organischen Erkrankungen. Chronische Angst verursacht nicht selten chronische Durchfälle und/oder häufiges Erbrechen. Eine durch Stress bedingte psychogene Blasenentzündung ist bei Katzen wissenschaftlich nachgewiesen.

URSACHE UND BEHANDLUNG

Für Angststörungen kann vieles verantwortlich sein, u. a. Defizite in der frühen Entwicklung, ein einmaliges Angst auslösendes Erlebnis oder mit Schmerzen verbundene Erkrankungen. Es ist auch oft nicht mehr abzugrenzen, ob eine organische Erkrankung die Ursache oder die Folge der Verhaltensproblematik ist.

Zur Behandlung gehört eine Optimierung der Haltungsbedingungen. Das beinhaltet das Vermeiden von Angst auslösenden Situationen ebenso wie das Anbieten von geeigneten Rückzugsorten. Pheromone können die subjektive Befindlichkeit der Katze verbessern. Bei einzelnen definierten Angstauslösern werden Desensibilisierung und Gegenkonditionierung angewendet. Eventuell können Medikamente die Lebensqualität erheblich verbessern.

AUFMERKSAMKEITSERREGENDES VERHALTEN

Alle Haustiere, die eng mit Menschen zusammenleben, lernen schnell, dass bestimmte Verhaltensweisen menschliche Zuwendung auslösen, und zeigen dann diese Verhaltensweisen immer häufiger. So kann sich aus jedem nur vorstellbaren Verhalten, das eine Katze zeigt, aufmerksamkeitserregendes Verhalten entwickeln. Zuwendung in jeglicher Form – Ansehen, Ansprechen, Anfassen – wirkt dabei als Verstärkung (siehe Seite 240).

„ICH HABE ANGST!" Die etwas abgeflachten Ohren und die stark vergrößerten Pupillen zeigen deutlich: Dieser Kater ist beunruhigt und fühlt sich keineswegs wohl in seiner Haut.

BEIN HOCH Bei einem Kätzchen kein Problem - ab einem gewissen Gewicht jedoch schmerzhaft.

KLETTERMAX Unerwünschte Gewohnheiten wird man erfahrungsgemäß nicht so schnell wieder los.

Bei Verhaltensweisen, die der Halter als angenehm empfindet, schadet das nicht. Aber auf diesem Weg können ganz normale Verhaltensweisen bis ins Unerträgliche gesteigert werden. Leider werden gerade unerwünschte Verhaltensweisen sehr oft unbeabsichtigt und unbewusst durch den Halter verstärkt.

ANFANGS LUSTIG, SPÄTER LÄSTIG

Das gilt besonders bei Jungtieren, die manchmal Dinge erforschen und sich mit Sachen beschäftigen, die im menschlichen Zusammenleben zumindest auf Dauer nicht erwünscht sind. Wenn also Verhaltensweisen gezeigt werden, wie z.B. an Gardinen hochklettern oder Ähnliches, sollte man genau überlegen, wie man das auf Dauer verhindert. Beim ersten Mal muss man wahrscheinlich lachen und wohl oder übel das Kätzchen aus der Gardine sammeln. Aber damit sich kein aufmerksamkeitserregendes Verhalten daraus entwickeln kann, sollten auf jeden Fall für eine gewisse Zeit Vorkehrungen getroffen werden, die das Verhalten von vornherein verhindern. Man könnte z.B. die Gardine so befestigen, dass sie nicht zum Hochklettern verlockt, und damit schlechten Gewohnheiten von Anfang an vorbeugen.

Aufmerksamkeitserregendes Verhalten kann sich zeitlebens entwickeln, besonders bei einer sehr engen Bindung zwischen Katze und Mensch. Betroffen sind vor allem Verhaltensweisen wie Miauen, Schreien, nächtliches Randalieren und Pflanzen-Anfressen. Aber auch ganz normale Verhaltensweisen wie Sich-Putzen oder Fressen und Trinken können auf diesem Weg übermäßig gesteigert werden.

VERHALTEN VERÄNDERN

Aufmerksamkeitserregende Verhaltensweisen werden nur verändert, wenn jede Verstärkung dauerhaft ausgeschaltet wird. Aufgrund von Frustration wird das Verhalten zunächst stärker („extinction burst" siehe Seite 241), daher ist bei Aggressions- oder Jagdverhalten besondere Vorsicht geboten (siehe Seite 262).
Es ist für den Halter außerordentlich schwer, seine eigenen Reaktionen ausreichend gut unter Kontrolle zu haben. Am besten vermeidet man daher Situationen, in denen das Verhalten gezeigt wird, von vornherein. Wenn das Verhalten schon so zwanghaft ist, dass es durch Außenreize kaum oder gar nicht mehr zu unterbrechen ist, oder bei besonders großem Leidensdruck der Menschen im Umfeld der Katze sind Medikamente sinnvoll.

KRALLEN SCHÄRFEN (MARKIEREN DURCH KRATZEN)

Wie jedes Markierverhalten dient Krallenschärfen dazu, die sozialen Strukturen zu ordnen. Änderungen im sozialen Umfeld, aber auch räumliche Änderungen sind daher ein häufiger Grund für vermehrtes Krallenschärfen.
Da Krallenschärfen erhebliche Schäden an Möbeln und Wänden verursachen kann, reagieren Halter meist, wenn die Katze an anderen Stellen als am Kratzbaum kratzt. Katzen, die die Reaktion des Halters als Zuwendung empfinden, benutzen diese Stelle immer öfter zum Krallenschärfen. Der Halter hat das Verhalten unbewusst und unbeabsichtigt verstärkt.

STRAFE HILFT MEIST NICHT

Straf- oder Schreckreize (siehe Seite 240), um die Katze von den Kratzstellen zu verjagen, können die Unsicherheit und damit das Bedürfnis zu markieren steigern: Das Kratzverhalten wird insgesamt nicht weniger. Möglicherweise tut die Katze es an dieser Stelle nur noch in Abwesenheit des Halters, oder sie sucht weitere Stellen, die sie für geeignet hält. Zusätzlich kann Harnmarkieren oder Unsauberkeit ausgelöst werden.

WAS DAVON NOCH ÜBRIG BLIEB Die Folgen von Kratzmarkieren: Das ist eigentlich ein Tischbein.

MÖGLICHKEITEN ZUR BEEINFLUSSUNG

Optimierte Haltungsbedingungen und Pheromone verbessern die Befindlichkeit der Katze und können ihr Bedürfnis für Markierverhalten vermindern. Die angebotenen Kratzstellen sollten hinsichtlich Ort und Material geeignet sein. Die im Handel erhältlichen Kratzbäume taugen aufgrund der Querwicklung des Sisals nur bedingt zum Krallenschärfen.
Neue Kratzstellen werden nicht unbedingt sofort akzeptiert. In vielen Fällen muss die Katze das erst lernen. Man kann die neuen Stellen mit Zuwendung attraktiv machen, also durch Ansehen und Lobworte, während die Katze an der richtigen Stelle ist, und besonders, wenn sie ihr Markierverhalten dort ausführt. Anfassen lenkt meist zu sehr ab. Wenn man mit den Katzenpfötchen Kratzbewegungen am Kratzbaum ausführt, empfinden das die meisten Katzen als unangenehm. Das könnte einer Katze den neuen Kratzbaum sogar verleiden. Unbewusste und unbeabsichtigte Verstärkung beim Kratzen an unerwünschten Stellen muss vermieden werden, aber man muss mit einem „extinction burst" (siehe Seite 241) rechnen. Am besten macht man unerwünschte Kratzstellen daher so weit wie möglich unzugänglich. Bei einer zugrunde liegenden Angstproblematik können Medikamente helfen.

LAUTÄUSSERUNGEN (MIAUEN UND SCHREIEN)

Art und Qualität erlauben bei Lautäußerungen meist gute Rückschlüsse auf die Ursachen. So sind z. B. Schmerzensschreie oder Schreie im Zusammenhang mit der Fortpflanzung im Allgemeinen eindeutig zuzuordnen. Bei sexuell motivierten Schreien ist eine Kastration das Mittel der Wahl. Bei Schmerzen muss die Ursache gesucht und behoben werden. Vor allem eine länger andauernde Schmerztherapie ist bei Katzen jedoch nicht ganz einfach.

MIAUEN

Katzen miauen vorwiegend im Umgang mit Menschen. Es bestehen individuelle Unterschiede darin, wie viele verschiedene Miaulaute eine Katze beherrscht und bezüglich der Neigung zu miauen. Besonders Siamkatzen sind für ihr vieles „Reden“ bekannt. Im Zusammenspiel zwischen Halter und Katze entwickelt sich nicht selten eine ganz individuelle Kommunikation, die auch ritualisiert ablaufen kann.

Im Lauf des Lebens kann sich das Miauen einer Katze bezüglich der Tonqualität und Lautstärke verändern und an Häufigkeit zunehmen. Übermäßiges und/oder besonders lautes Miauen kann zu einer massiven Belastung werden und sogar zu Nachbarschaftskonflikten führen.

MÖGLICHE URSACHEN

Da die Beweggründe für Miauen vielfältig sind, ist es oft nicht leicht, die Ursachen für gesteigertes Vokalisieren zu finden. Es kommen verschiedene Möglichkeiten in Betracht:

- Häufig reagiert der Halter auf die Lautäußerung der Katze in einer Art, die die Katze als angenehm empfindet. Daraus kann sich aufmerksamkeitserregendes Verhalten entwickeln, das der Halter unbewusst weiterhin verstärkt.
- Manche Katzen versichern sich durch Miauen der Nähe einer Bezugsperson, wenn sie Angst haben oder unsicher sind. Eine unbewusste und unbeabsichtigte Verstärkung durch den Halter hält das Verhalten aufrecht und verstärkt es weiter.
- Für vermehrtes Miauen kann auch eine zunehmende Taubheit verantwortlich sein. Hinweis darauf ist oft eine veränderte Tonqualität, z. B. auffallend lautes, grölendes oder jaulendes Miauen. Bei Demenz stößt die Katze oft immer wieder monoton denselben Laut aus.

BEHANDLUNGSMÖGLICHKEITEN

Zur Behandlung sollten die Ursachen so weit wie möglich beseitigt und die unbeabsichtigte und unbewusste Verstärkung vermieden werden. Bei Katzen, die vor allem nachts vermehrt vokalisieren, kann eine Änderung der Haltungsbedingungen, z. B. eine verbesserte Auslastung am Abend, die Schlafgewohnheiten positiv beeinflussen. Bei stereotypen und/oder demenzbedingten Lautäußerungen bewirken Medikamente manchmal eine Besserung.

HART BLEIBEN Es ist fast unmöglich, auf eine verzweifelt miauende Katze überhaupt nicht zu reagieren.

STÖRUNGEN BEIM FRESSVERHALTEN

Angststörungen, Trauer, Stress, Depressionen und ein posttraumatisches Syndrom sowie die unbewusste und unbeabsichtigte Verstärkung durch den Halter können eine Veränderung im Fressverhalten bewirken, und zwar sowohl eine gesteigerte als auch eine verringerte Futteraufnahme bzw. Futterverweigerung.
Zunächst werden organische Ursachen wie schmerzhafte Prozesse in der Maulhöhle und im Halsbereich sowie Stoffwechsel- und Allgemeinerkrankungen ausgeschlossen bzw. behandelt. Therapeutisch werden angst- und stressvermindernde Maßnahmen eingesetzt. Die unbeabsichtigten und unbewussten Verstärker des unerwünschten Verhaltens werden identifiziert und ausgeschaltet. Bei Bedarf kann man im Zusammenhang mit der Fütterung neue Verhaltensweisen aufbauen, z. B. ein anderes Ritual, oder die Katze könnte lernen, sich ihr Futter aus einer neuen Vorrichtung zu beschaffen, anstatt es einfach aus dem Napf zu fressen.

MEIN FUTTER FRESS ICH NICHT! Essstörungen – zuviel oder zu wenig – gibt es auch bei Tieren.

FRESSEN VON UNVERDAULICHEN GEGENSTÄNDEN

Es ist normal, dass Katzen an Pflanzen herumknabbern. Es ist auch normal, dass Katzenwelpen neugierig auf Sachen herumkauen, die nicht essbar bzw. unverdaulich sind. Allerdings geschieht das bei Weitem nicht in dem Ausmaß wie bei jungen Hunden. Versuche, Katzen von diesen Dingen fernzuhalten, verstärken das Verhalten meist und verschlechtern die Situation. Strafen bewirken erfahrungsgemäß eine Verunsicherung mit den entsprechenden Folgen (siehe Seite 240).
Als wichtigste Voraussetzung für eine Änderung darf die Katze keine Gelegenheit haben, das Verhalten auszuführen, also keinen Zugang zu den Dingen haben, die sie anknabbert. Bei Jungtieren kann man so von vornherein die Entwicklung von unerwünschten Gewohnheiten vermeiden.
Das Bestreichen mit übel riechenden oder schlecht schmeckenden Stoffen von Pflanzen oder Gegenständen, die die Katze anfrisst, ist aufwendig und wirkt oft nicht zufriedenstellend. Eine ganz spezielle Form, auf unverdaulichen Stoffen zu kauen, sie zu zerbeißen und manchmal auch zu verschlucken, wird als „Pica" bezeichnet und im folgenden Kapitel besprochen.

VERHALTENSSTÖRUNGEN

Manche Verhaltensweisen weichen eindeutig vom arttypischen Verhalten von Katzen ab und können Wohlbefinden bzw. die körperliche Gesundheit der Katze beeinträchtigen. Dazu gehören u. a. bis zur Selbstbeschädigung gesteigertes Putzverhalten, die sogenannte Psychogene Alopezie, außerdem Hyperästhesie, ein auffallendes und unnormales Zucken der Haut, Pica, das Fressen von unverdaulichen Stoffen, und aggressive Attacken auf den Schwanz.

SCHÖNE BLUMEN! Katzen knabbern gern an Pflanzen, besonders, wenn sie neu sind. Wichtigster Grundsatz: Nichts in Reichweite stellen, was giftig sein könnte! – Auch Tulpen gehören zu den weniger bekömmlichen Pflanzen.

GESTEIGERTES PUTZVERHALTEN

Katzen neigen dazu, sich in Konfliktsituationen zu putzen. Auf Menschen wirkt das, als ob die Katze „verlegen" sei. Putzverhalten kann sich so steigern, dass dabei Haarverlust, völlig kahle Stellen und sogar Hautdefekte auftreten können. Zu Beginn ist der Haarwuchs an den betroffenen Stellen oft nur lichter oder erscheint stoppeliger. Später kommt es zu deutlichen haarlosen Bereichen. Oft ist die Haut, abgesehen davon, dass sie kahl ist, völlig unauffällig.

SCHLEICHENDER PROZESS

In manchen Fällen merkt der Halter schon frühzeitig, dass die Katze sich vermehrt oder besonders hektisch putzt oder dass kleine ausgerissene Haarbüschel herumliegen. Meist jedoch ist der Beginn schleichend und das Problem wird erst augenfällig, wenn Fell und Haut entsprechend verändert sind, wenn die Katze sich andauernd und besonders intensiv putzt oder sich womöglich kaum oder gar nicht mehr durch Umweltreize vom Putzen ablenken lässt.

Die betroffenen Hautstellen liegen bevorzugt im hinteren Bauchbereich und an der Innenseite der Oberschenkel, können aber auch am Rücken, auf der Außenseite der Oberschenkel oder an der Flanke sein. Die Gliedmaßen, vor allem die Vorderläufe, die bei Hunden besonders oft betroffen sind (akrale Leckdermatitis), belecken Katzen eher selten. Hinweise darauf, dass die Katze die Defekte nicht selbst verursacht, sind veränderte Stellen in Körperzonen, die für die Katze selbst nicht zugänglich sind, z. B. im Kopf- und Nackenbereich.

GESUNDHEITSCHECK

Zur Abklärung sind umfassende tierärztliche Untersuchungen unumgänglich. Neben Parasitenbefall müssen alle Erkrankungen ausgeschlossen werden, die mit Juckreiz und/oder Schmerzen einhergehen und dadurch vermehrtes Belecken einer bestimmten Körperstelle verursachen können. So kann z. B. ein Blasenstein Belecken und damit eine kahle Stelle im hinteren Bauchbereich auslösen.

PUTZFIMMEL? Zwanghaftes Putzen führt zu kahlen Stellen und sogar Hautverletzungen.

Neurologische Ursachen, d.h. Veränderungen in Gehirn und Nervensystem, können ebenfalls gesteigertes Putzverhalten hervorrufen. Putzen kann sich durch Lernen zu einer Verhaltensstörung entwickeln. Das geschieht manchmal z.B. im Zusammenhang mit einer organischen Erkrankung, wenn die Katze unter Hautveränderungen leidet, die nicht beleckt werden sollen. Wenn der Halter immer wieder versucht, die Katze vom Belecken einzelner Körperstellen abzuhalten, bewirkt das eine Verstärkung des Verhaltens, die über die Erkrankung hinaus andauern kann.

BEHANDLUNGSMÖGLICHKEITEN

Nach Ausschluss bzw. der Behandlung organischer Ursachen werden durch eine Optimierung der Haltungsbedingungen die Stressfaktoren reduziert. Wenn einzelne Stressoren bekannt sind, können die diesbezüglichen Gefühle der Katze mittels Habituation, Desensibilisierung und Gegenkonditionierung beeinflusst werden. Durch Psychopharmaka kann die der psychogenen Alopezie zugrunde liegende Angst- und Stressproblematik therapiert werden. Aber auch bei organischen Hintergründen, besonders bei juckenden Hauterkrankungen, können Medikamente die damit einhergehende psychische Belastung lindern. In den Fällen, in denen das Putzverhalten der Katze durch Außenreize kaum oder überhaupt nicht mehr zu unterbrechen ist, oder wenn die Haut wund geleckt wird, ist eine Behandlung ohne Psychopharmaka erfahrungsgemäß zum Scheitern verurteilt.

ZUCKUNGEN (HYPERÄSTHESIE)

Bei einer Katze, die an Hyperästhesie leidet, zuckt die Haut am Rücken immer wieder an einzelnen Stellen oder es verlaufen wellenartige Bewegungen der Haut über den gesamten Rücken. Die Reaktionen der betreffenden Katzen sind unterschiedlich intensiv. Die entsprechenden Hautbereiche werden meist hektisch und intensiv beleckt, manche Katzen springen sogar aus dem Schlaf auf und laufen weg. Dabei wenden sie sich immer wieder den zuckenden Stellen am Rücken zu und belecken diese. Ein derartiger Anfall kann unterschiedlich lang andauern.
Allgemeinerkrankungen und Parasitenbefall können ähnliche Symptome auslösen und müssen daher ausgeschlossen werden. Als Ursache der Hyperästhesie werden neurologische Hintergründe vermutet. Mit Psychopharmaka kann man manchmal eine Besserung erzielen.

AGGRESSIVE ATTACKEN AUF DEN SCHWANZ

Die Katze kann zunächst ihren Schwanz argwöhnisch beobachten, anfauchen und anknurren. Dann versucht sie ihn zu fangen, und wenn ihr das gelingt, erfolgen heftige Bisse. Oder aber die Katze springt spontan und ohne weitere Vorankündigung auf ihren eigenen Schwanz los und attackiert ihn heftig. Das kann bis zu einem Blutbad führen.

Allgemeinerkrankungen sowie Veränderungen, Erkrankungen und Schmerzen im Schwanzbereich müssen als Ursache ausgeschlossen bzw. behandelt werden. Als Sofortmaßnahme kann eine Schmerzbehandlung mit Medikamenten hilfreich sein. Es gibt Fälle, in denen die Katze nach einer Vollnarkose über längere Zeit symptomfrei bleibt. Mit mechanischen Schutzmaßnahmen, z.B. einem Verband, kann man den Schwanz vor weiteren Verletzungen bewahren. Manchmal ist aufgrund der Verletzungen eine (Teil-)Amputation des Schwanzes unumgänglich. Das kann jedoch keinesfalls als Therapie betrachtet werden. Wenn alle anderen Ursachen ausgeschlossen sind, geht man von neurologischen Hintergründen aus. In derartigen Fällen führen allenfalls Medikamente zu einer Besserung.

STOFFFRESSEN (PICA)

Katzen, die unverdauliche Stoffe fressen, leiden unter Pica. Das Verhalten beginnt im Allgemeinen damit, dass die Katze in einer Art Trance an einem zum Fressen ungeeigneten Material lutscht, darauf herumkaut oder Stücke abbeißt. Meist spezialisiert sich eine Katze auf einen bestimmten Stoff. Beliebt sind Textilien wie Wolle, aber auch Kunststoffe, z.B. Plastiktüten, werden angefressen. Die Folge, wenn derartig unverdauliche Stoffe verschluckt werden, ist nicht selten ein Darmverschluss, akute Lebensgefahr für die Katze und eine Operation. Erheblicher Schaden entsteht, wenn die Katze sich auf hochwertige Stoffe wie Kaschmir festgelegt hat.

URSACHE UNBEKANNT

Die genauen Ursachen sind bisher nicht geklärt. Verschiedene Möglichkeiten werden diskutiert, u.a. ungünstige Aufzuchtbedingungen. Weil überwiegend Siamkatzen und Burmesen betroffen sind, werden genetische Hintergründe vermutet. Eine Katze sollte möglichst keinen Zugang zu Materialien haben, die bei ihr Pica auslösen. Eine Optimierung der Haltungsbedingungen, vermehrte Spielangebote, eine insgesamt bessere Auslastung und weniger Gelegenheit zu Langeweile kann die Neigung zu Pica reduzieren. Wenn das Verhalten sehr intensiv ist, sollte der Einsatz von Medikamenten versucht werden.

RISKANTES HOBBY Beim Kauen von Wolle oder Plastik können verschluckte Teile einen Darmverschluss und damit lebensgefährliche Situationen auslösen.

UNERWÜNSCHTER HARN- UND KOTABSATZ

Fast alle Katzen setzen irgendwann einmal in ihrem Leben Kot oder Urin an einer anderen Stelle als in der Katzentoilette ab. Dabei muss als Erstes geklärt werden, ob es sich um Unsauberkeit oder um Markierverhalten handelt, da beides unterschiedlich therapiert wird. Allerdings kann natürlich auch beides zusammen auftreten.

UNSAUBERKEIT

Bei Unsauberkeit wird Kot und Urin oder beides in der für normales Ausscheidungsverhalten typischen Körperhaltung (s. S. 27) auch an anderen Stellen als in der Katzentoilette abgesetzt. Mögliche Ursachen dafür sind die Toilette selbst, organische Erkrankungen und unangenehme Erfahrungen bei der Benutzung der Toilette.

SAUBERES KLO

Es ist gut verständlich, dass Katzen Kot und Urin vorzugsweise an sauberen und getrennten Stellen absetzen wollen, sie müssen ja direkt in das Klo gehen! Daher reagieren gerade besonders reinliche Tiere schnell mit Unsauberkeit. Wenn die Katze an der Toilette riecht und wieder geht, wenn sie am Rand balanciert und nicht hineingehen möchte, wenn sie die Ausscheidung neben die Toilette platziert und/oder neben dieser Scharrbewegungen ausführt, sind das häufig Anzeichen dafür, dass die Toilette selbst das Problem ist.
Auch unangenehme Erfahrungen jeder Art im Zusammenhang mit der Toilette, der Katzenstreu oder dem Ausscheidungsvorgang selbst, z. B. Schmerz- und Schreckerlebnisse sowie Störungen, können bewirken, dass die Katze das Katzenklo meidet und stattdessen andere Stellen aufsucht.

BEHANDLUNG

Bei einer Katze, die unsauber ist, wird daher als Erstes die Toilettensituation überprüft und, wenn nötig, verbessert, indem man für genügend viele und ausreichend saubere Toiletten an ruhigen, ungestörten Stellen sorgt.

VIEL ZU KLEIN
Solche Toiletten sollte man keiner Katze zumuten, trotz aller Vorteile, die Menschen davon haben könnten.

WOHNUNGSPUTZ Die verunreinigten Stellen müssen gründlich gereinigt werden, da der Geruch die Unsauberkeit aufrechterhalten kann. Neutrale Reiniger ohne zusätzliche Duftstoffe oder verdünnter Essig können verwendet werden, aber chlor- und ammoniakhaltige Reinigungsmittel nicht. Damit die im Urin vorhandenen Fettanteile gelöst werden, behandelt man die Stellen zusätzlich mit 70%igem Alkohol und besprüht sie evtl. außerdem mit einem der im Handel erhältlichen enzymatischen Geruchsentferner. Alles geschieht in Abwesenheit der Katze(n). Zugang zu diesen Stellen wird erst wieder erlaubt, wenn alles getrocknet ist.

KEINE STRAFE Die Katze sollte selbst dann nicht bestraft werden, wenn man sie in dem Augenblick erwischt, in dem sie ihr Geschäft an einer unpassenden Stelle verrichtet. Erfahrungsgemäß wird das unerwünschte Verhalten durch Strafen nicht unterdrückt, sondern in Zukunft an anderen Stellen und gezielt in Abwesenheit des Halters durchgeführt. Strafen können außerdem weitere Verhaltensauffälligkeiten auslösen.

ORGANISCHE URSACHEN müssen ausgeschlossen bzw. bei Bedarf behandelt und andere Stressfaktoren identifiziert und soweit wie möglich eingeschränkt werden. Bei Unsicherheit und Angst sind Pheromone und Medikamente sinnvoll.

GEWÖHNUNG AN DIE TOILETTE

Häufig besteht das unerwünschte Verhalten schon länger und hat sich dadurch zu einer Gewohnheit entwickelt. Dann reicht es oft nicht aus, die zugrunde liegenden Ursachen und Auslöser zu beseitigen. Die Katze muss umlernen und wieder sorgfältig an die Benutzung der Toilette gewöhnt werden. Neues Verhalten kann man folgendermaßen aufbauen:

- Vermeiden von unbeabsichtigter Verstärkung durch Hinsehen, Anfassen und Ansprechen der Katze während des unerwünschten Verhaltens.
- Gewünschtes Verhalten verstärken. Dazu spricht man die Katze an und lobt sie, während sie die Toilette aufsucht.
- Man macht den Zugang zu den Stellen, die die Katze zum Harn- und Kotabsatz benutzt, unmöglich.
- Verunreinigte Stellen können umfunktioniert werden, z.B. indem man dort Futter anbietet.
- Bei einer Vorliebe für einen ungeeigneten Untergrund zur Ausscheidung, z.B. Teppich, muss eine Umgewöhnung an andere Stoffe durchgeführt werden.

Tipp

OHNE ZWANG
Es ist erfahrungsmäßig nicht förderlich, die Katze in das Katzenklo zu setzen oder gar mit ihren Pfoten in der Streu zu scharren. Das verleidet ihr eher das Katzenklo.

IM MEHRKATZENHAUSHALT

In einem Haushalt mit mehreren Katzen muss abgeklärt werden, welche Katze für die Verunreinigungen verantwortlich ist. Das ist durchaus nicht immer nur eine Katze. Ein klarer Beweis ist, wenn man das oder die Tiere dabei gesehen hat. Wenn man eine Katze dabei nie beobachtet hat, ist das jedoch kein Gegenbeweis. Eine eindeutige Bestätigung kann durch Färben der Ausscheidung erfolgen. Bei Kot kann man dazu Lebensmittelfarbe ins Futter geben oder Rote Beete(saft). Urin kann man anfärben, indem man der Katze Fluorescin® verabreicht. Allerdings hinterlässt Fluorescin® intensive, schwer zu entfernende gelbe Flecke. Man kann auch die Katzen vorübergehend so halten, dass immer nur eine bestimmte Katze während einiger Tage Zugang zu den betroffenen Stellen hat. Fehlerquelle dabei ist, dass die verantwortliche Katze aufgrund der veränderten Situation ein anderes Verhalten zeigen kann.

MARKIERVERHALTEN

Beim Markierverhalten werden Kot und Urin an bestimmten, meist auffälligen Stellen platziert. In einer Wohnung werden dazu vorwiegend die Bereiche gewählt, die an die Außenwelt grenzen. Urin wird in einer auffallenden und charakteristischen Körperhaltung (siehe Seite 27 f.) häufig und in kleinen Mengen meist an senkrechte Stellen gesprüht. Dadurch entstehen typische Spritzspuren, die an horizontalen Stellen lang gestreckt sind – im Gegensatz zu einer Pfütze bei normalem Urinabsatz. Allerdings gibt es auch nicht gesprühte Urinmarkierungen in Form kleiner Pfützen, z. B. im Bereich von Außentüren.

WARUM KATZEN MARKIEREN

Harn- und Kotmarkierungen informieren frei laufende Katzen darüber, wann und auf welchen Wegen sich Artgenossen bewegen. So können Katzen je nach Bedarf Kontakt suchen oder vermeiden und den Umgang mit Artgenossen zeitlich und räumlich strukturieren. Je größer bei einer Katze das Bedürfnis nach einem klar strukturierten Umfeld ist, desto eher neigt sie zum Markieren.

- Selbstsichere Tiere machen durch Markieren ihre Territorialansprüche deutlich und markieren insbesondere, wenn es um die Fortpflanzung geht.
- Bei unsicheren Katzen dienen eigene Duftmarken dazu, das Heimgefühl und damit ihr eigenes Gefühl von Sicherheit zu verstärken. Diese Katzen übertönen sozusagen mit ihrem eigenen Geruch fremde Gerüche.
- Auch Katzen, die eigentlich selbstsicher und entspannt sind, können durch bestimmte Ereignisse so verunsichert werden, dass sie empfindlicher reagieren.

Markierverhalten kann durch jede Art von Änderung in der Umgebung, im täglichen Ablauf oder im sozialen Umfeld ausgelöst werden. Für Menschen ist es oft nicht leicht, Ursachen und Auslöser zu erkennen. In einem Haushalt mit mehreren Katzen muss außerdem geklärt werden, wer für das Markieren verantwortlich ist (siehe Seite 255).

BEHANDLUNG

Es gibt einige Maßnahmen, die bei der Behandlung prinzipiell sinnvoll sind. Man kann versuchen, die Befindlichkeit der betreffenden Katze(n) durch Pheromone positiv zu beeinflussen. Da unkastrierte Katzen und Kater vermehrt markieren, ist eine Kastration unbedingt anzuraten. Leider ist das jedoch keine Garantie dafür, dass das Harnsprühen völlig eingestellt wird. Die verunreinigten Stellen müssen korrekt gesäubert werden (s. S. 255). Die Situation wird auf mögliche Stressoren überprüft und diese wenn möglich ausgeschaltet. Die Toiletten werden optimal platziert und gepflegt. Organische Ursachen müssen ausgeschlossen bzw. behandelt werden. Kontakte mit fremden Katzen sollten ausgeschaltet oder so weit wie möglich vermindert werden. Erwiesenermaßen verschlechtern Strafen die Situation (siehe Seite 240).

WEITERE MASSNAHMEN

Andere Maßnahmen richten sich nach den Lebensumständen von Halter und Katze(n):

- Der Zugang zu markierten Stellen wird verhindert.
- Man kann „erlaubte" Markierungsstellen einrichten.
- Der Stress für den Halter kann reduziert werden, wenn die Katze nur zu bestimmten Bereichen Zutritt hat.
- Manche Katzen hören auf, in der Wohnung zu markieren, wenn sie nach draußen dürfen.
- Bei bekannten Auslösern können die Gefühle und damit die Reaktion der Katze durch Habituation, Desensibilisierung und Gegenkonditionierung verändert werden.
- Wenn mehrere Katzen zusammenleben, können Desensibilisierung und Gegenkonditionierung Konflikte entschärfen.
- Manchmal ist eine vorübergehende oder auch dauerhafte räumliche Trennung von Katzen, die sich stressen, angebracht.
- Vor allem bei Angst kann durch Psychopharmaka die Befindlichkeit der betroffenen Katze(n) verbessert werden.
- Als letzte Möglichkeiten kommen Umplatzierung oder Euthanasie in Betracht.

NICHT ZU SPASSEN! Flach zur Seite gelegte Ohren und aufgerissene Pupillen signalisieren Angst und Abwehrbereitschaft. Durch Lautäußerungen wie Knurren, Schreien und Fauchen wird das zusätzlich unterstrichen.

AGGRESSIONSVERHALTEN

Die Gefährlichkeit von Aggressionsverhalten bei Katzen sollte keinesfalls unterschätzt werden. Sie können trotz ihrer geringen Körpergröße mit Krallen und Zähnen schwere Verletzungen verursachen. Für Menschen besteht besonders bei Bisswunden eine hohe Infektionsgefahr, die zu lebensbedrohlichen Situationen führen kann. Aber auch Halter von frei laufenden Katzen werden immer wieder damit konfrontiert, wenn ihre Katze aus einem Scharmützel mit einer Nachbarkatze Bisswunden davongetragen hat, die sich zu hässlichen Abszessen entwickeln.

AGGRESSIONSVERHALTEN ZWISCHEN FREI LAUFENDEN KATZEN

Frei laufende Katzen geraten dann in aggressive Auseinandersetzungen mit Artgenossen, wenn territoriale Ansprüche geklärt werden müssen oder im Wettbewerb bei der Fortpflanzung. Es handelt sich also im Prinzip um ganz normales Verhalten. Die Tatsache, dass die meisten Kater und Katzen kastriert sind, zumindest im städtischen Bereich, vermindert Auseinandersetzungen von vornherein. Lösungsstrategien sind erst dann erforderlich, wenn die nachbarschaftlichen Beziehungen belastet werden, weil eine Katze immer wieder verletzt heimkommt und zum Tierarzt muss.

KEIN KAMPF, NUR SPIEL! Kein gesträubtes Fell, die Krallen sind nicht sichtbar oder berühren den Gegner nicht.

LÖSUNGSMÖGLICHKEITEN

Bei Aggressionsverhalten im Zusammenhang mit dem Fortpflanzungsverhalten ist eine Kastration das Mittel der Wahl. Auch bei Territorialverhalten kann eine Kastration positiv wirken, beseitigt aber das Problem selten völlig.

Wenn Territorialansprüche die Ursache dafür sind, dass sich zwei Katzen immer wieder Ernstkämpfe liefern, sollten Begegnungen zwischen den betreffenden Tieren von vornherein verhindert werden. Leider sind die Möglichkeiten, das tatsächlich durchzuführen, begrenzt:

- Der Garten wird aus- und einbruchssicher gestaltet.
- Eine Katze, die das eigene Grundstück nicht verlässt, kann man schützen, indem man der Fremdkatze das Betreten des Grundstücks verleidet. Dazu kann man am Zaun Dinge anbringen, die sie davon abhalten, das Grundstück zu betreten. Wenn man beim Erscheinen des Eindringlings abschreckende Maßnahmen durchführt, wirkt das meist nur so lang, wie man selbst an Ort und Stelle ist.
- Die betreffenden Katzen haben zu unterschiedlichen Zeiten Ausgang. Das erfordert gute nachbarschaftliche Zusammenarbeit.
- Die Katze wird nur noch in der Wohnung gehalten.

AGGRESSIONSVERHALTEN ZWISCHEN WOHNUNGSKATZEN

Katzen gehen Auseinandersetzungen im wahrsten Sinn des Wortes aus dem Weg, indem sie Abstand voneinander halten. Sie vermeiden direkte Begegnungen und damit Konfrontationen so gut wie möglich. Aufgrund dieser Strategie und solange es genügend Ausweichmöglichkeiten gibt, fallen Konflikte daher zunächst kaum auf. Erst wenn die Katzen keine andere Wahl mehr haben, kommt es zu aggressiven Auseinandersetzungen. Dabei ist nicht unbedingt die Katze, die angreift, für den Konflikt verantwortlich.

DEN „SCHULDIGEN“ FINDEN

Um das Problem in den Griff zu bekommen müssen Ursache und „schuldige“ Katze identifiziert werden. Dazu wird als Erstes die soziale Situation der Katzen genauer betrachtet. Es lohnt sich gerade bei aggressivem Verhalten, wenn eine geeignete fachkundige Person möglichst frühzeitig hinzugezogen wird. Einerseits kann man eine weitere Verschlechterung z. B. durch ungünstige Lernprozesse umso eher vermeiden, je früher man eingreift. Andererseits kann ein fach- und sachkundiger Beobachter vieles erfahrungsgemäß objektiver erfassen als der Halter selbst und daher besser beurteilen. Manche Veränderungen vollziehen sich unmerklich in ganz

ENTSPANNTE LAGE Die Körpersprache dieser beiden Katzen zeigt deutlich: Das ist ein Spiel zwischen Freunden.

kleinen Schritten. Sie fallen daher dem Halter, der mit seinen Katzen oft schon Jahre zusammenlebt, nicht auf. Für einen außenstehenden Beobachter sind sie jedoch offensichtlich.
Ein Halter kann sich im Lauf der Jahre an bestimmte Dinge gewöhnen und sie als normal empfinden und daher mögliche Zusammenhänge mit dem unerwünschten Verhalten übersehen.

SITUATION EINSCHÄTZEN

Auch die Gefährlichkeit sowie die sozialen Strukturen kann ein objektiver Beobachter besser beurteilen. Körpersprache und Lautäußerungen zeigen, welche Katze offensives (siehe Seite 47) und welche defensives Aggressionsverhalten zeigt (siehe Seite 44). oder ob es sich um Jagdverhalten handelt (siehe Seite 60).

OFFENSIVE AGGRESSION

Offensive Aggression ist auch in der Wohnung häufig ein Resultat territorialer Ansprüche. Zunächst versucht die offensive Katze durch oft ganz unauffälliges Drohverhalten die andere zu kontrollieren und in ihrer Bewegungsfreiheit einzuschränken. Dazu wählt sie strategisch günstige Positionen und beobachtet von dort jede Bewegung der anderen Katze. Diese Terrorisierung kann dazu führen, dass die bedrohte Katze irgendwann die Nerven verliert und angreift. Der Halter, dem die vorhergehenden Verhaltensweisen nicht aufgefallen sind, hält die angreifende Katze für den Aggressor.
Jede Auseinandersetzung sollte so schnell wie möglich abgebrochen werden. Wenn man dabei die Katzen anfasst, besteht ein hohes Risiko, selbst verletzt zu werden. Versuche, die Katzen in dieser Situation zu beruhigen, sind ebenso wenig sinnvoll wie Strafmaßnahmen. Beides verstärkt auf Dauer das unerwünschte Verhalten.

LANGSAME ANNÄHERUNG

Eine Therapie ist meist langwierig und die Erfolgsaussichten davon abhängig, wie intensiv das Aggressionsverhalten ist. Die Behandlungsmaßnahmen beinhalten eine zumindest vorübergehende räumliche Trennung, ein insgesamt verbessertes Raumangebot mit mehr Rückzugs- und Sichtschutzmöglichkeiten, Gegenkonditionierung und Desensibilisierung. Pheromone und Medikamente können die Grundstimmung der beteiligten Katzen modifizieren und ihre soziale Kompetenz verbessern. Das kann die Durchführung einer Therapie erleichtern. In manchen Fällen ist eine dauerhafte räumliche Trennung unumgänglich. Dann kann ein Platzwechsel die beste Lösung sein.

DEFENSIVE AGGRESSION

Eine Katze, die nicht die Möglichkeit hat, sich einer Bedrohung zu entziehen, kann mit einem defensiven Angriff reagieren. Im Zusammenleben von Katzen kann die Ursache dafür die reale Bedrohung durch eine andere Katze sein. Aber auch Katzen, die mit anderen Katzen nicht gut sozialisiert sind, können die Annäherung eines Artgenossen schnell als Bedrohung empfinden und entsprechend reagieren. Diesen Katzen hilft oft schon ein größeres Platzangebot mit mehr Rückzugs- und Sichtschutzmöglichkeiten. Pheromone, Gegenkonditionierung und Desensibilisierung können ihre Befindlichkeit verbessern. In Extremfällen sind Medikamente zweckmäßig. Bei Katzen, die durch ein einmaliges Angst-/Schreckerlebnis dauerhaft verunsichert sind, kommen dieselben Maßnahmen zum Einsatz.

Info

KATZENMOBBING
Vor allem bei einer aktiven Bedrohung durch eine andere Katze darf der Leidensdruck der bedrohten Katze nicht unterschätzt werden: Die andauernde Bedrohung und der damit verbundene Stress können, wie Mobbing bei Menschen, sogar organische Erkrankungen verursachen und eine Umplatzierung unumgänglich machen.

UMGERICHTETE AGGRESSION

Durch umgerichtete Aggression (siehe Seite 49) gegen einen Artgenossen kann eine Katzenbeziehung ernsthaft und dauerhaft Schaden nehmen. Nach einem solchen Zwischenfall sollten die Tiere sofort räumlich getrennt werden, bis sie sich wieder beruhigt und entspannt haben. Je nach Katze und Art des Zwischenfalls kann das Stunden oder gar Tage dauern. In schweren Fällen muss man mittels Gegenkonditionierung, Desensibilisierung und evtl. mithilfe von Medikamenten die gute Beziehung zwischen den Katzen sorgfältig wiederaufbauen. Das kann Wochen oder sogar Monate dauern, aber wenn das Verhältnis der Katzen vor dem Zwischenfall gut war, sind auch die Zukunftsaussichten recht gut. Situationen wie gemeinsamen Transport in einer engen Reisebox erhöhen das Risiko für umgerichtete Aggression und sollten von vornherein vermieden werden.

GEH WEG! Der Blick, abgeklappte Ohren und Fauchen sind eine deutliche Aufforderung, Abstand zu halten.

RÜCK EIN STÜCK Einen attraktiven Platz hat man nicht lang allein – die Konkurrenz schläft nicht.

BREIT GEMACHT Der Ankömmling ignoriert demonstrativ, dass er nicht willkommen ist.

UNWILLKOMMEN Aber seine Ohren zeigen: Er weiß es genau und ist nicht wirklich entspannt.

JAGDVERHALTEN

Jagdverhalten unterscheidet sich körpersprachlich deutlich von Aggressionsverhalten (siehe Seite 60). Bei Katzen, die gut mit Artgenossen sozialisiert sind und/oder sich gut miteinander vertragen, kommt es manchmal zu spielerischem Jagdverhalten. Problematisch wird es, wenn immer nur eine Katze gejagt wird oder wenn die Gejagte dem Jäger körperlich nicht gewachsen ist.

LUSTIGES SPIEL ODER BITTERER ERNST?

Dafür, dass das Ganze für einen der beiden Teilnehmer kein Spiel und nicht mit Vergnügen verbunden ist, sprechen die folgenden Anzeichen:

- Es wird immer nur eine Katze gejagt.
- Die gejagte Katze versucht Begegnungen mit der anderen Katze zu vermeiden.
- Die gejagte Katze reagiert auf die Spielversuche mit Abwehrverhalten.
- Meide- und Abwehrverhalten nehmen mit der Zeit zu.
- Kratzspuren auf der Haut und ausgerissene Haarbüschel.
- Es kommt zu anderen Anzeichen von Stress, u.a. zu Änderungen im Ruhe-, Schlaf- und Fressverhalten.

Verantwortlich dafür ist meist eine unzureichende geistige und körperliche Auslastung von jüngeren Katzen, die nur in der Wohnung leben. Häufig verstärkt der Halter das Verhalten unbewusst und unbeabsichtigt, weil er glaubt, es handle sich um ein Spiel der Katzen in gegenseitigem Einvernehmen.

MEHR BESCHÄFTIGUNG

Als Erstes sind die verstärkenden Faktoren zu identifizieren und auszuschalten. Die körperliche und geistige Auslastung wird durch mehr Beschäftigungsangebote verbessert, z.B. die Einführung von täglichen Spielzeiten. Wenn eine Katze zu bestimmten Zeiten mit Jagen beginnt, fängt man am besten kurz davor an, mit ihr zu spielen. Das Jagdverhalten wird auf andere Objekte, z.B. Spielangeln, umgelenkt. Wenn der Jäger an ein Halsband mit Glöckchen gewöhnt wird, sind Überraschungsüberfälle nicht so leicht möglich.

FLUCHTWEGE SCHAFFEN

Für die gejagte Katze sollten geeignete Fluchtwege und ausreichend viele Rückzugs- und Sichtschutzmöglichkeiten geschaffen werden. Das macht es für sie einfacher, sich der Verfolgung zu entziehen. Weglaufen verlockt erst recht zu einer Verfolgungsjagd. Es kann daher bei Katzen, die schon sehr verunsichert sind, hilfreich sein, mit Medikamenten die Angst und damit die Fluchtbereitschaft zu vermindern.

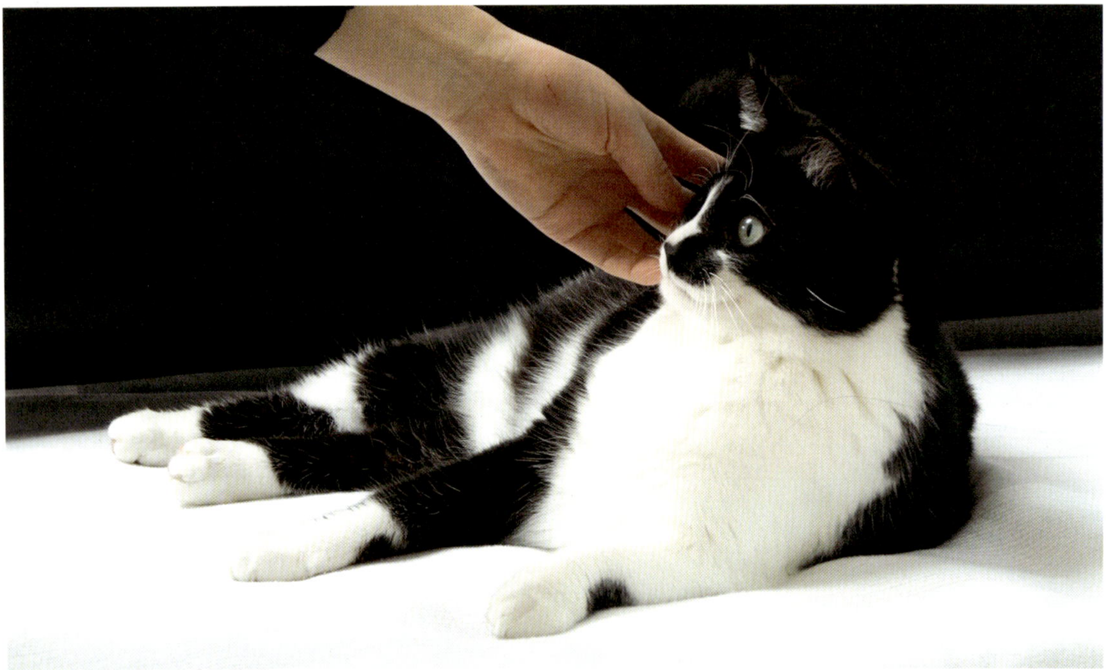

HOHER KUSCHELFAKTOR Menschen lieben es, Tiere zu streicheln, ganz besonders ihre eigene Katze.

AGGRESSIONSVERHALTEN GEGENÜBER MENSCHEN

Offensive Aggression gegenüber Menschen ist zum Glück ausgesprochen selten. In diesen Fällen ist äußerste Vorsicht geboten. Je weniger die Ursachen und Auslöser zu erkennen sind und ausgeschaltet bzw. kontrolliert werden können, desto gefährlicher ist es.
Bei defensiver Aggression reagiert die Katze mit Abwehrverhalten, wenn sie sich bedroht fühlt, weil ein bestimmter Sicherheitsabstand unterschritten wird und sie sich nicht entziehen kann. Ab wann ein Verteidigungsangriff erfolgt hängt von der Befindlichkeit der Katze ab. Man kann sich nur an ihrer Körpersprache orientieren, allgemeine Regeln gibt es nicht. Bei den meisten Katzen ist dieser Punkt erst bei körperlichen Berührungen erreicht. Daher führen oft tierärztliche Behandlungen zu Abwehrverhalten oder Körperpflegemaßnahmen, die unangenehm sind, z. B. Kämmen und Bürsten bei Langhaarkatzen. Die Erfahrung, dass Abwehrverhalten nützt, wirkt auf Dauer verstärkend. Auch Strafmaßnahmen verstärken das Verhalten. Positive Änderungen sind mittels Gegenkonditionierung und Desensibilisierung und dem entsprechenden Zeitaufwand zu erreichen.

Bei Katzen, die aggressiv reagieren, während sie Welpen führen, ist das Gefahrenpotenzial auf einen überschaubaren Zeitraum beschränkt. Eine Kastration kann es dauerhaft beseitigen.

PETTING AND BITING

Eine ganz spezielle und bei Katzen nicht seltene Art von aggressivem Verhalten wird im Englischen als „*Petting and Biting*“, Streicheln und Beißen, bezeichnet. Dabei lässt sich die Katze zunächst eine zeitlang scheinbar ruhig streicheln. Dann wendet sie sich, für den Streichelnden meist völlig überraschend, um und schlägt nach der streichelnden Hand oder beißt sogar hinein. Manche Katzen setzen dabei blutende Verletzungen, andere benutzen ihre Krallen nicht und beißen nur zart. Aber erfahrungsgemäß nimmt auch bei diesen Katzen die Intensität im Lauf der Zeit weiter zu. Die Ursache für das Verhalten ist unklar. Man geht davon aus, dass diese Tiere Streicheln nur kurzzeitig als angenehm empfinden. Das Abwehrverhalten wird mit der Zeit stärker, weil das Beenden des Streichelns als positive Verstärkung wirkt. Es ist aber keine Lösung, einfach mit dem Streicheln fortzufahren, weil die Katze sich dann intensiver dagegen wehren würde.

LASS DAS! Das stößt nicht immer auf Gegenliebe und manche Katzen zeigen das ihrem Menschen sehr deutlich.

VERHALTEN ÄNDERN

Auf Streicheln ganz zu verzichten ist für viele Halter unvorstellbar. Ansatz zum Ändern:

- Herausfinden, wie lange die Katze das Streicheln zulässt.
- Streicheleinheiten rechtzeitig beenden, ehe Abwehrverhalten erfolgt.
- Streicheln in winzigen Schritten verlängern.
- Wenn Katzen dabei auf dem Schoß sitzen, kann man bei Abwehrverhalten aufstehen, sodass sie vom Schoß gleiten.
- Systematische Desensibilisierung und Gegenkonditionierung.

Schutzkleidung (Handschuhe, Kleidungsstücke mit dicken Ärmeln) ist besonders für ältere Menschen sinnvoll, da deren Haut dünner ist und Blutgefäße besonders im Handrückenbereich wenig geschützt dicht an der Oberfläche liegen.

ANGRIFF AUF ARME UND BEINE

Wenn Katzen Hände, Arme oder Beine von Menschen angreifen, handelt es sich häufig um Jagdverhalten. Körpersprache, Mimik und Lautäußerungen sind deutlich anders als bei Aggressionsverhalten. Jagen wird durch Bewegung ausgelöst. Es erfolgt oft von hinten, aus einem Versteck, zusammen mit einer Verfolgungsjagd.

Bei Katzenwelpen wirkt das zunächst als Spiel und die Reaktionen des Halters verstärken das Verhalten. Bei einer ausgewachsenen Katze ist dasselbe Verhalten jedoch nicht nur unangenehm, sondern kann tatsächlich gefährlich werden. Vor allem jüngere, besonders temperamentvolle und nicht ausgelastete Tiere neigen zu unerwünschtem Jagdverhalten.

MASSNAHMEN

Die meisten Reaktionen, mit denen ein Halter versucht, das unerwünschte Verhalten abzubrechen bzw. zu ändern, bewirken leider das Gegenteil und verstärken es auf Dauer. Sinnvolle Maßnahmen beinhalten:

- Vermeiden von Situationen, in denen das Verhalten ausgelöst wird
- Schutzkleidung
- Auslastung verbessern
- Umlenken des Jagdverhaltens auf geeignete körperferne Objekte (Spielangeln)
- Ausschalten aller Verstärker (Vorsicht: Extinction burst!)

Besonders bei der Identifizierung von Verstärkern ist es zweckmäßig, eine Fachperson zurate zu ziehen. Häufig sind unbewusste Verstärker mit im Spiel, die der Halter nicht wahrnimmt, weil er sich nicht selbst objektiv beobachten kann.

DR. ANNA LAUKNER

GESUND

von Kopf bis Pfote

VITAL, GESCHMEIDIG UND VERSCHMUST – SO SOLL UNSERE KATZE SEIN. MAN SAGT, KATZEN HÄTTEN SIEBEN LEBEN ... WAS ABER, WENN SIE DOCH EINMAL KRANK WIRD ODER EINEN UNFALL HAT? IN DIESEM KAPITEL FINDEN SIE ALLES ZUR VORBEUGUNG VON KRANKHEITEN UND UNFÄLLEN. SIE ERFAHREN, WELCHE KRANKHEITSSYMPTOME ES BEI KATZEN GIBT UND WIE SIE SICH VERHALTEN, WENN MIT IHRER KATZE ETWAS NICHT STIMMT.

Beim Tierarzt

DIE GESUNDHEIT EINER KATZE SPIEGELT SICH BUCHSTÄBLICH IN IHREM ÄUSSEREN WIDER: DAS FELL GLÄNZT, NASE, AUGEN, OHREN UND AFTER SIND FREI VON AUSFLUSS ODER VERKRUSTUNGEN, DIE ZÄHNE SIND WEISS BIS ELFENBEINFARBEN UND DIE BEWEGUNGEN SIND GESCHMEIDIG. EINE GESUNDE KATZE PUTZT SICH AUSGIEBIG UND BEOBACHTET AUFMERKSAM IHRE UMGEBUNG. DIE ÜBERGÄNGE ZWISCHEN GESUND UND KRANK SIND JEDOCH OFT FLIESSEND. VERHÄLT SICH IHRE KATZE ANDERS ALS SONST, SOLLTEN SIE DEN RAT EINES EXPERTEN EINHOLEN.

DER ERSTE TIERARZTBESUCH

Hat man eine neue Katze, ist die Freude groß. Ob man den Neuzugang routinemäßig zum Tierarzt bringen sollte, hängt von verschiedenen Faktoren ab: Ein geimpftes und entwurmtes Kätzchen, das man direkt von der Züchterin oder dem Besitzer der Mutterkatze übernimmt, wird man nicht unbedingt sofort dem Tierarzt vorstellen müssen. Erkundigen Sie sich, ob und wann Auffrischimpfungen fällig sind! Wenn Sie nicht ganz sicher sind, können Sie mit dem Impfpass zum Tierarzt gehen und fragen, ob noch Impfungen fehlen. Haben Sie ein Bauernhofkätzchen adoptiert, sollten Sie es bald beim Tierarzt vorstellen. Die kleinen Wildfänge haben oft Ohrmilben und Flöhe und sind meist noch nie entwurmt worden.

VORGESCHICHTE

Bei ausgewachsenen Katzen sollten Sie ein paar Punkte in Erfahrung bringen: War die Katze Freigänger oder Wohnungskatze? Hat oder hatte sie bestimmte Krankheiten (Allergien, Diabetes etc.) oder Verletzungen (z. B. Knochenbrüche), und wenn ja, wie und wo wurden diese behandelt? Wie hat sich die Katze beim Tierarzt verhalten? Sind bestimmte Arzneimittelunverträglichkeiten oder Narkoseprobleme bekannt? Dadurch kann eine Behandlung erleichtert werden, der Katze wird Stress erspart und Ihnen möglicherweise auch bares Geld.

Tipp

NUR MIT IMPFAUSWEIS
Lassen Sie sich bei der Übernahme eines geimpften Tieres den Impfpass/Heimtierausweis mitgeben. Er ist ein Dokument und gehört zum Tier; bei jedem Tierarztbesuch sollte er mitgenommen werden.

Normwerte einer gesunden Katze

ATEMFREQUENZ	20–30 Atemzüge/Minute
HERZFREQUENZ/PULSFREQUENZ	120–240 Herzschläge/Minute
KÖRPERTEMPERATUR	38,5 °C (+/- 0,3 °C) rektal gemessen

ZU HAUSE ÜBEN

Apropos Stress: Gewöhnen Sie Ihr Kätzchen schon von klein auf daran, auf einem Tisch untersucht zu werden. Setzen Sie es anfangs nur auf den Tisch, streicheln Sie es, und geben Sie ihm Leckerbissen. Gehen Sie dann dazu über, ihm spielerisch in die Ohren zu sehen und das Mäulchen zu öffnen. Gehen Sie dabei behutsam vor, und brechen Sie die Übung ab, sobald die Katze Unbehagen zeigt. Beenden Sie die Übungen immer mit Lob, einer Leckerei oder Schmuseeinheit. So vermindern Sie den Stress für Ihr Tier bei der tierärztlichen Untersuchung.

IMPFUNGEN UND ROUTINECHECKS

Lassen Sie sich in der Praxis rechtzeitig einen Termin geben. Sagen Sie bereits am Telefon, weshalb Sie mit Ihrer Katze kommen.

FIT UND VITAL Die gesunde Katze ist aufmerksam, hat seidiges bis samtenes Fell und strahlende Augen.

So können etwaige Untersuchungsmaterialien vorbereitet werden. Notieren Sie alles, was Sie den Tierarzt fragen möchten. Eine Impfung beinhaltet immer eine gründliche Allgemeinuntersuchung. Dabei können Sie mit Ihrem Tierarzt über all das sprechen, was Ihnen auf dem Herzen liegt. Vergessen Sie den Impfpass nicht! Wenn Sie Ihre Katze regelmäßig entwurmen und/oder Floh- und Zeckenbehandlungen machen, führen Sie Buch, und nehmen Sie die Daten ebenfalls mit.

Für Katzen, die mit ins europäische Ausland genommen werden, muss ein offizieller Europäischer Heimtierausweis ausgestellt werden, die Katze muss außerdem mit einem Mikrochip gekennzeichnet sein.

GESUNDHEITSKONTROLLE

Auch wenn Sie Ihre Katze nicht impfen lassen, sollten Sie sie einmal jährlich zur Gesundheitskontrolle bringen. Ab dem 10. Lebensjahr sollten die Gesundheitschecks halbjährlich erfolgen. Diese regelmäßigen Kontrolluntersuchungen beinhalten Blutuntersuchungen (vor allem die Leber- und Nierenwerte und der Blutzucker werden kontrolliert, weitere Werte je nach Bedarf).

ZUM TIERARZT MIT DER KRANKEN KATZE

Leider kann Ihre Katze auch einmal krank werden. Viele Besitzer/innen geben in der Sprechstunde nur an, dass „etwas nicht stimmt“. Ihr Tierarzt kann jedoch damit nicht allzu viel anfangen. Versuchen Sie deshalb, die Symptome genauer zu beschreiben: Die Katze frisst weniger, sie ist apathisch. Sie bewegt sich anders, putzt sich nicht mehr oder ist nervöser als sonst. Das Miauen klingt anders, sie hustet, niest oder verliert Körperflüssigkeiten. Sie geht ständig aufs Katzenklo, sie weicht Berührungen plötzlich aus. All diese Beobachtungen können wichtig sein. Wann begannen die Veränderungen? Haben sie sich verstärkt? Kamen noch weitere Symptome hinzu?

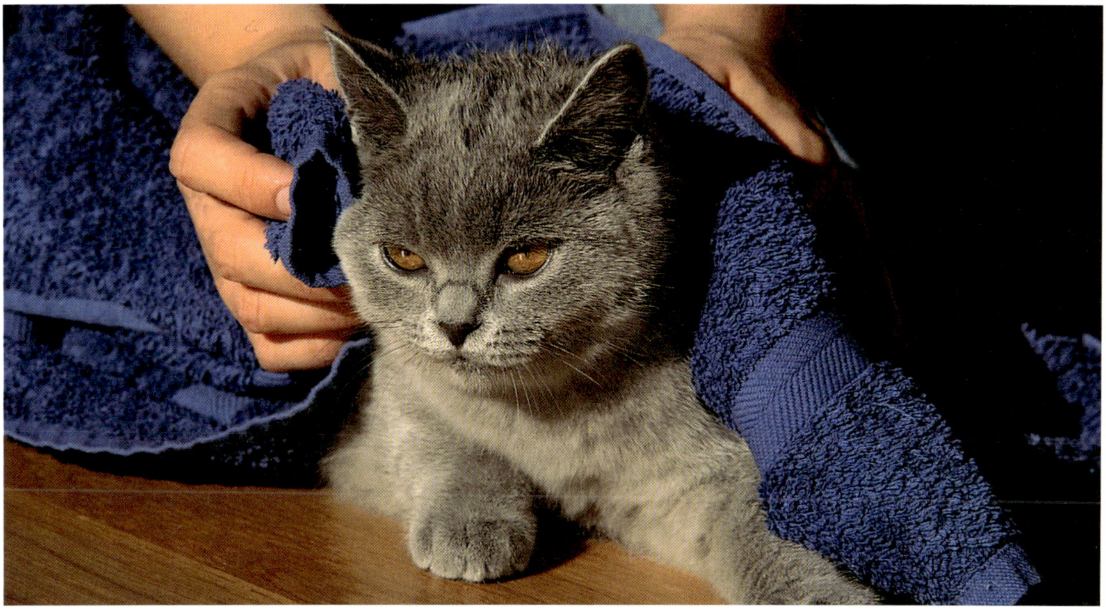

SCHLAPP Die kranke Katze ist oft apathisch und zieht sich zurück. Meistens möchte sie ihre Ruhe haben.

KATZENTAGEBUCH

Oft hilft es, ein „Katzentagebuch" zu führen, in das man Impfungen, Parasiten- und Medikamentenbehandlungen und besondere Beobachtungen einträgt. Bei Verhaltensänderungen ist es wichtig, ob es eine Änderung im Umfeld des Tieres gab: ein Umzug, ein neues Tier, ein Baby, anderes Futter oder Katzenstreu, ein neuer Partner ... Auch hier ist ein Tagebuch sinnvoll, denn so fallen einem Zusammenhänge eher auf.

MEDIKAMENTE

Geben Sie keine Medikamente auf eigene Faust ein. Unter Umständen können die Symptome verschleiert oder Blutwerte verfälscht werden. Haben Sie schon etwas eingegeben, notieren Sie den Namen und die Dosis des Präparats und informieren Sie den Tierarzt darüber. Dasselbe gilt für Salben und Cremes bei Hautveränderungen sowie Ohren- und Augenerkrankungen. Lassen Sie sich bei einem Tierarztwechsel vom vorherigen Arzt alle Medikamente aufschreiben.

KOT- UND URINPROBEN

Bei Problemen mit der Ausscheidung muss eventuell eine Kot- oder Urinprobe untersucht werden. Bei Kot gilt: Möglichst frisch, am besten kurz vor dem Tierarztbesuch einsammeln. Ist dies nicht möglich, muss die Probe gekühlt gelagert werden. Kotsammelröhrchen gibt es in der Praxis. Ansonsten eignen sich auch kleine Plastikdöschen oder ausgekochte Gläser mit dichtem Verschluss.
Eine Urinprobe wird in der Regel direkt in der Tierarztpraxis genommen. Sofern die Blase nicht leer ist, kann der Tierarzt mittels einer Punktion Urin durch die Bauchdecke gewinnen. Soll die Blase punktiert werden, empfiehlt es sich, das Katzenklo etwa zwei Stunden vor dem Tierarztbesuch zu entfernen, um zu vermeiden, dass die Katze ihre Blase entleert.

Tipp

AUF NÜCHTERNEN MAGEN

Denken Sie bitte daran, dass die Katze für den Tierarztbesuch nüchtern sein muss. Dies hat mehrere Gründe: Bestimmte Blutwerte können nach einer Mahlzeit erhöht sein. Und falls eine Narkose nötig werden sollte, schläft ein nüchternes Tier schneller und sicherer ein. Bei manchen Narkosen tritt Brechreiz auf. Durch Erbrochenes, das in die Atemwege gelangt, kann sich die Lunge des Patienten entzünden, schlimmstenfalls kann das Tier sogar ersticken.

DER NOTFALL

Bei einem Notfall bleibt wenig oder keine Zeit, große Vorbereitungen zu treffen. Rufen Sie jedoch nach Möglichkeit in der Praxis an, um Ihr Kommen anzukündigen. Erkundigen Sie sich vorher bei einem Routinebesuch, ob Ihr Tierarzt rund um die Uhr erreichbar ist. Falls nicht, fragen Sie nach der nächstgelegenen Tierklinik mit 24-Stunden-Dienst. Deponieren Sie alle wichtigen Telefonnummern gut sichtbar in der Nähe Ihres Telefons und speichern Sie die Nummern in Ihr Handy ein.

WAS SIE BEDENKEN SOLLTEN

Steht Ihre verunglückte Katze unter Schock, hüllen Sie sie während des Transports in eine wärmende Decke oder Goldfolie, um Auskühlung zu vermeiden. Hat die Katze offensichtlich giftige Substanzen aufgenommen (zum Beispiel Haushaltsreiniger, Pflanzendünger, Ungeziefervernichtungsmittel etc.), nehmen Sie die Verpackung und Reste der Substanz mit. Denken Sie daran, dass manche Floh-Spots für Hunde für Katzen giftig sind (ExSpot®, Advantix®). Auch die für Katzen vorgesehenen Spot-on-Präparate und bestimmte Salben zur Ohrmilbenbehandlung können zu Vergiftungserscheinungen führen, wenn die Katze sie ableckt.

OPERATIONEN

Außer bei Notoperationen werden OPs auch bei Tieren geplant. Sie bekommen einen Termin und meist auch mündliche oder schriftliche Erläuterungen. Normalerweise finden Operationen morgens oder am frühen Mittag statt. Die Patienten werden in der Regel morgens bestellt. Denken Sie daran: Katzen scheinen einen sechsten Sinn dafür zu haben, wenn es zum Tierarzt geht, und scheinen sich dann in Luft aufzulösen. Die Wohnungskatze verschwindet spurlos, der Freigänger verabschiedet sich bereits Stunden vorher ... Sperren Sie Ihre Katze deshalb am Vorabend ins Haus und rechtzeitig vor der Abfahrt in ein Zimmer. Die letzte (leichte) Mahlzeit gibt es am Vorabend gegen 19 Uhr. Bei bestimmten Eingriffen im Magen-Darm-Bereich kann es auch nötig sein, die Katze noch länger nüchtern zu lassen.

ROUTINE Die Kastration einer Kätzin beziehungsweise eines Katers stellt einen Routineeingriff dar.

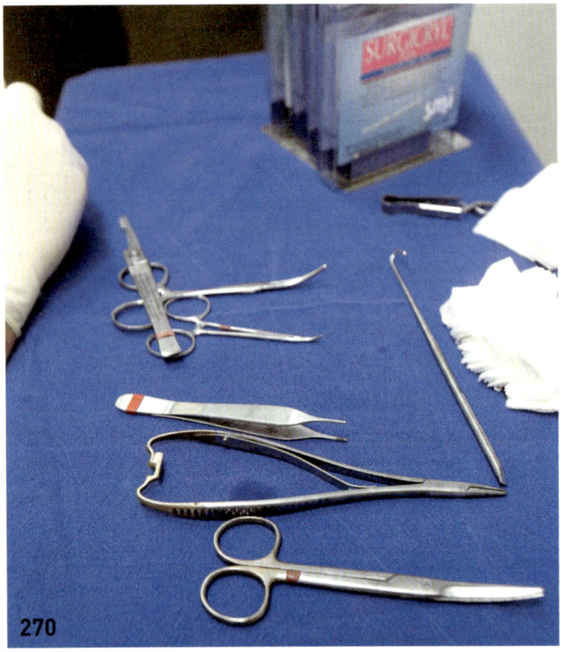

KOPFÜBER Weibliche Katzen werden oft im Hängen kastriert.

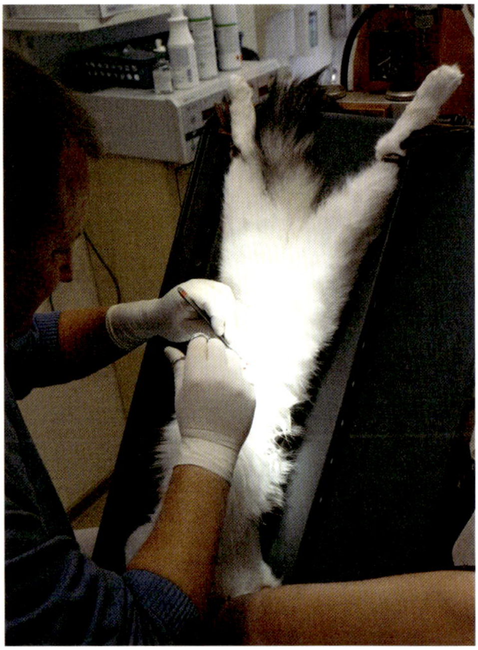

Info

KEINE BERUHIGUNGSMITTEL
Verabreichen Sie der Katze keine Beruhigungsmittel, sofern nicht ausdrücklich vom Tierarzt angeordnet! Diese machen die Wirkung der Narkose unberechenbar und können zu ernsthaften Schwierigkeiten führen.

NACH DEM EINGRIFF

Nach dem Eingriff bleibt die Katze mindestens so lang in der Praxis, bis sie aus der Narkose aufgewacht ist. Vergewissern Sie sich immer, wenn Sie ein Tier nach einer Operation abholen, dass Ihr Tierarzt für Sie erreichbar ist, falls Komplikationen auftreten! Dies gilt sowohl für ambulante als auch für stationäre Eingriffe. Erkundigen Sie sich auch, ob und wann Fäden oder Klammern entfernt werden müssen (üblicherweise nach 10 bis 14 Tagen). Falls nötig, bekommt Ihre Katze einen Halskragen mit nach Hause.

DER TRANSPORT

Investieren Sie in eine gute Transportbox. Korbhöhlen sind in Tierarztpraxen nicht gern gesehen, denn die meisten Katzen lassen sich nur sehr schlecht herausnehmen. Geeignet sind Plastikboxen, die nach oben und nach vorn zu öffnen sind. Während der Fahrt zum Tierarzt braucht die Katze weder gefüllte Futter- noch Wassernäpfe in der Box. Legen Sie die Transportbox mit Zeitungen oder einem alten Handtuch aus. Ist Ihr Transportkäfig rundum vergittert, bedecken Sie ihn im Wartezimmer mit einem Tuch. Ohne Deckung fühlen sich Katzen extrem gestresst! Besser ist eine blickdichte Box.

FLUCHTVERSUCHE

Bitte transportieren Sie die Katze immer sicher in einer geschlossenen Transportbox, niemals nur auf dem Arm. Es gibt kaum eine Praxis, vor deren Toren nicht schon einmal eine Katze vom Arm des Besitzers sprang und davonrannte. Vergewissern Sie sich auch nach der tierärztlichen Untersuchung, dass die Transportbox wieder gut verschlossen wird.

„DORT HINEIN? NIE UND NIMMER!“ Gewöhnen Sie Ihre Katze möglichst schon an die Transportbox, bevor sie zum ersten Mal zum Einsatz kommt (etwa mit Leckerlis). Das erspart Ihnen und Ihrer Katze allerhand Stress.

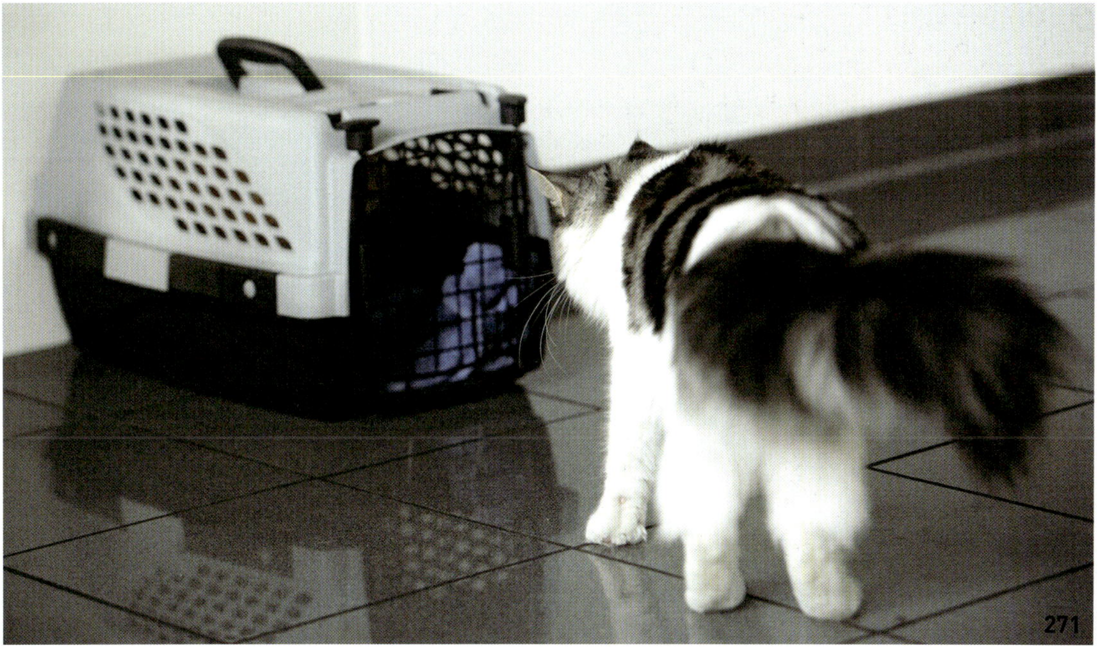

IMPFUNGEN

Man unterscheidet zwischen sogenannten „Core-Vakzinen“ und „Non-Core-Vakzinen“. Unter die „Core-Vakzine“ fallen die Impfungen, die alle Tiere erhalten sollten: Katzenseuche-Virus, Felines Herpes-Virus (FHV), Felines Calici-Virus (FCV), (FHV und FCV sind Bestandteile des Katzenschnupfenkomplexes). Unter die „Non-Core-Vakzine“ fallen die Impfungen, die bei speziellem Risiko oder unter besonderen Umständen angewendet werden: Tollwut, Leukose-Virus (FeLV), Chlamydien, Bordetellen, Feline Infektiöse Peritonitis (FIP). Die Core-Impfungen gibt es als Kombinationsimpfung, die alle Komponenten in einer Spritze enthält.

TOLLWUTIMPFUNGEN FÜR FREIGÄNGER

Je nach Haltungsform sollte man seine Katze(n) außerdem gegen weitere Krankheiten impfen lassen. Natürlich sollte eine frei laufende Katze gegen Tollwut geimpft werden. Denn auch wenn in Deutschland derzeit keine Tollwut vorkommt, heißt das nicht, dass der Erreger nicht wieder über Wildtiere eingeschleppt werden kann. Und nach wie vor ist die Tollwut eine für Mensch und Tier tödliche Krankheit; die Behandlung selbst eines nur tollwutverdächtigen Tieres ist verboten. Mittlerweile gibt es Tollwutimpfstoffe, die nur alle drei Jahre verabreicht werden müssen.

Info

TOLLWUTSCHUTZ FÜR AUSLANDSREISEN

Wenn Sie Ihre Katze mit ins Ausland nehmen möchten, ist in fast allen Ländern eine gültige Tollwutimpfung (meist nicht älter als ein Jahr, nicht jünger als vier Wochen) Einreisevorschrift. Erkundigen Sie sich vor jeder Auslandsreise nach den jeweiligen Anforderungen des entsprechenden Landes – entweder bei Ihrem Tierarzt oder beim jeweiligen Konsulat.

KATZENSEUCHE UND KATZENSCHNUPFEN

Die Impfung gegen Katzenseuche und den Katzenschnupfenkomplex ist sowohl bei frei laufenden Katzen als auch bei Wohnungskatzen sinnvoll, da die Erreger an Kleidung und Schuhen eingeschleppt werden können. Die „Schnupfen“-Erreger werden über direkten Kontakt, aber auch über Tröpfcheninfektionen weitergegeben. Zuchtkätzinnen sollten vor dem Deckakt gegen Katzenseuche und Katzenschnupfen geimpft werden. Beide Erkrankungen können bereits im Mutterleib die Föten befallen und zu Missbildungen bis hin zum Abort führen.

FELINES LEUKOSE-VIRUS (FELV)

Die Impfung gegen das Feline Leukose-Virus (FeLV) ist nur bei Freigängern bzw. bei Katzen, die in direkten Kontakt mit anderen Katzen kommen (Katzenpension, Ausstellung), sinnvoll. Das Virus ist nur 24–48 Stunden überlebensfähig, dafür im direkten Kontakt umso ansteckender. Über gemeinsame Fress- und Trinknäpfe oder auch bei der sozialen Fellpflege kann es übertragen werden. Idealerweise sollte vor einer Impfung ein Bluttest erfolgen, um zu kontrollieren, ob die Katze bereits Virusträger ist oder nicht. Im Routinebluttest positive Katzen sollten nach 16 Wochen nachgetestet werden, da es möglich ist, dass ihr Immunsystem den Erreger bekämpft und schließlich eliminiert. Sollte dies der Fall sein, können auch solche Tiere geimpft werden.

FELINE INFEKTIÖSE PERITONITIS (FIP)

Die Impfung gegen FIP (Feline infektiöse Peritonitis – eine fast immer tödlich verlaufende Form einer Infektion mit mutierten Corona-Viren) erfolgt nicht als Injektion, sondern als Tröpfchen, die in die Nasenlöcher eingegeben werden. Diese Impfung empfiehlt sich nur in ganz speziellen Fällen, etwa wenn ein im Bluttest nachgewiesen negatives Tier in einen Bestand mit unbekannten bzw. verdächtigen Katzen kommt. Die Wirksamkeit dieser Impfung ist umstritten und muss auch bei Freiläufern nicht routinemäßig erfolgen.

GESUNDHEITSCHECK VORAB

Zu jeder Impfung gehört eine sorgfältige Allgemeinuntersuchung des Tieres, bei dem die Körpertemperatur und der Gesundheitszustand überprüft und auch spezielle und aktuelle Probleme besprochen werden sollten.

AKTIVE UND PASSIVE IMMUNISIERUNG

Bei den aufgezählten Impfungen handelt es sich um aktive Immunisierungen, d.h., der Katze werden abgeschwächte Erreger verabreicht, gegen die ihr Immunsystem Antikörper bildet. Bei einer passiven Immunisierung wird Serum mit bereits fertigen Antikörpern injiziert. Solche passiven Immunisierungen gibt es gegen Katzenseuche und Katzenschnupfen; sie bieten allerdings nur etwa zwei Monate Schutz und werden nur bei Katzen angewandt, die in einem verdächtigen Bestand leben und/oder noch zu jung für die aktive Immunisierung sind. Alle weiteren Auffrischimpfungen je nach den vom Hersteller angegebenen Intervallen (in der Regel jährlich bis alle drei Jahre). Diese Tabelle soll nur ein Anhaltspunkt für ein Impfprogramm sein. Für jedes Tier sollte ein individueller Impfplan je nach Herkunft, Aufzuchtbedingungen, Haltung und verwendeten Impfstoffen erstellt werden!

Impftabelle

MINDESTIMPFALTER	4 WOCHEN	8 WOCHEN	12 WOCHEN	16 WOCHEN	19 WOCHEN
KATZENSCHNUPFEN		Freiläufer und Wohnungskatzen	Zweitimpfung		
KATZENSEUCHE		Freiläufer und Wohnungskatzen	Zweitimpfung		
LEUKOSE		Nach vorangegangenem Leukosetest: Freiläufer, evtl. Pensionskatzen	Zweitimpfung		
TOLLWUT			Freiläufer, Ausstellungstiere, Katzen, vor Auslandsreisen		
FIP				Nur in Zuchten mit bekannter FIP-Problematik sinnvoll	Zweitimpfung
CHLAMYDIEN		Katzen mit viel Kontakt zu Artgenossen	Zweitimpfung		
BORDETELLEN	Katzen mit Kontakt zu Artgenossen, Impfung mindestens eine Woche vor dem zu erwartenden Kontakt				

PARASITENBEKÄMPFUNG

Man unterscheidet zwischen Endoparasiten, die das Innere eines Tieres – bei der Katze in erster Linie den Darmtrakt – befallen, und Ektoparasiten, die „außen" auf der Katze parasitieren.

ENDOPARASITEN

WÜRMER

Zu den in den deutschsprachigen Ländern verbreiteten Endoparasiten gehören Bandwürmer (Zestoden) sowie die zu den Nematoden gehörenden Spul- und Hakenwürmer. Besonders Katzenwelpen sind gefährdet, da sie noch nicht über ein ausgereiftes Immunsystem verfügen, das auch bei der Abwehr von Parasiten hilfreich ist. Zudem können Spulwurmlarven über die Muttermilch übertragen werden. Meist werden Katzenwelpen mit einem geeigneten Präparat gegen Spulwürmer (etwa Pyrantel) in der 2., 4., 6. und 8. Lebenswoche behandelt. Ab der ersten Impfung sollten Katzen in regelmäßigen Abständen gegen Bandwürmer behandelt werden, entweder mit einem geeigneten Breitbandanthelmintikum oder abwechselnd mit Präparaten gegen Zestoden und gegen Nematoden. Die Behandlungsabstände richten sich nach den Haltungsbedingungen: Ist die Katze ein Freigänger, können Wurmkuren etwa alle drei Monate notwendig sein; eine reine Wohnungskatze muss nicht so häufig entwurmt werden. Frisst die Katze Mäuse oder bringt sie ab und zu einen Floh mit nach Hause, sollte auf eine regelmäßige Entwurmung geachtet werden, da beides eine Übertragungsmöglichkeit von Würmern bzw. deren Larven ist.

VERABREICHUNGSFORMEN

Wurmkuren werden entweder oral als Tabletten oder Paste oder lokal als Spot-on verabreicht. Außerdem gibt es Injektionslösungen, die der Tierarzt spritzen kann. Gegebenenfalls wird der Erfolg einer Wurmkur mittels einer Kotuntersuchung bestätigt, hierfür nimmt man am besten eine Sammelkotprobe über drei Tage.

Info

SINN UND ZWECK DER WURMKUR

Eine Wurmkur tötet nur vorhandene Würmer ab, Eier und Larvenstadien werden nicht erfasst. Anders als bei einer Impfung wirkt eine Wurmbehandlung nicht im Voraus, sondern bekämpft nur das, was zum Zeitpunkt der Verabreichung vorhanden ist. Deshalb sollte eine Behandlung bei nachgewiesenem Wurmbefall nach zwei Wochen wiederholt werden.

PROTOZOEN

Protozoen sind Einzeller, die vor allem im Katzendarm teilweise massive und hartnäckige Durchfälle auslösen können. Zu den bekannteren gehören Kokzidien, Giardien und Cryptosporidien; eher seltene Erreger bei der Katze sind Trichomonaden. Die Diagnose ist nicht ganz einfach, denn die Erreger werden nicht kontinuierlich mit dem Kot ausgeschieden. Auch die Behandlung ist nicht immer leicht, meist muss ein wirksames Medikament über einen längeren Zeitraum gegeben werden, um alle Erreger zu eliminieren. Betroffen von Protozoen-Durchfall sind meist jüngere oder immungeschwächte Katzen.

EKTOPARASITEN

Gegen Flöhe, Läuse und Co gibt es heute sehr wirksame vorbeugende Präparate. Auch im Fall eines Befalls ist die Behandlung meist nicht schwierig. Die Gefahr von Ektoparasiten besteht (bei massivem Befall) im chronischen Blutentzug, außerdem können sie die Katze mit Krankheiten infizieren; Flöhe können Bandwürmer übertragen. Viele Katzen reagieren außerdem allergisch auf Flohspeichel.

FLÖHE

Bei plötzlichem Juckreiz, bei hartnäckigen Ekzemen und auch bei immer wiederkehrendem Bandwurmbefall sollte man an Flöhe denken. Auch wenn man die Plagegeister nicht ohne Weiteres entdeckt, fällt der Flohkot auf, der als kleine schwarze Krümelchen im Fell der Katze sitzt und beim Kämmen des Tieres auf die Unterlage rieselt. Auf ein weißes feuchtes Küchenpapier gebracht, bildet sich ein rötlicher Fleck: die Blutmahlzeit des Flohs. Gegen Flöhe gibt es sehr wirksame Präparate, entweder als Tropflösung, die auf den Widerrist der Katze aufgetragen wird (Spot-on), oder als Medikamente zum Eingeben. Achten Sie bei der Wahl des Produkts darauf, dass es gegen Flöhe und deren Eier wirkt. Denken Sie auch daran, alle Katzen im Haushalt zu behandeln. Da Flöhe ihre Eier in der Umgebung ablegen, ist es bei massivem und hartnäckigem Flohbefall wichtig, auch diese mitzubehandeln: Gründliches Staubsaugen und die Anwendung eines Sprays helfen, das Problem in den Griff zu bekommen. Übrigens: Flöhe gibt es auch im Winter!

DAS GROSSE KRABBELN
Ohrmilben lösen meist einen starken Juckreiz aus.

ZECKEN

Freiläufer können Zecken mit nach Hause bringen, sobald es etwas wärmer wird. Die Blutsauger „lauern" im Gras auf ihre Opfer, beißen sich fest, wenn die Katze durch Wiesen streift, und saugen sich mit Blut voll. Nach der Mahlzeit lassen sie sich wieder abfallen. Meist suchen sie sich dünnere Hautstellen aus, etwa rund um die Ohren oder am Hals. Zur Vorbeugung gibt es Spot-ons, die in der Regel auch zugleich gegen Flöhe schützen.

MILBEN

OHRMILBEN Weitverbreitet sind Ohrmilben. Die winzigen Spinnentierchen führen zu massivem Juckreiz und dunkelbraunen, krümeligen Belägen in den Ohren. Behandelt wird entweder mit einer speziellen Ohrensalbe oder mit einem Spot-on-Präparat. Der Therapieerfolg muss kontrolliert werden, da die Behandlung recht langwierig sein kann.

HAUTMILBEN leben entweder auf der Hautoberfläche oder sie graben sich in die Haut ein. Die Symptome führen von Juckreiz über Schuppen und Haarausfall bis hin zu massiven Hautveränderungen am ganzen Körper. Die Diagnose wird durch eine Hautprobe gestellt, die unter dem Mikroskop untersucht wird. Zur Behandlung stehen verschiedene Präparate zur Verfügung, die je nach Schwere der Erkrankung zum Einsatz kommen.

LÄUSE UND HAARLINGE

Diese Insekten sind mit bloßem Auge zu sehen, sie leben auf der Haut und legen ihre Eier an den Haaren der Katze ab. Der Befall führt zu Juckreiz; betroffen sind jüngere und geschwächte Tiere – insgesamt sind aber beide Parasiten bei der Katze eher selten. Die Behandlung erfolgt mit Spot-on-Präparaten.

Krankheitssymptome

LERNEN SIE, DIE SYMPTOME EINER KRANKEN KATZE ZU ERKENNEN. SO KÖNNEN SIE EINSCHÄTZEN, OB SIE SOFORT ZUM TIERARZT MÜSSEN ODER OB SIE MIT EINFACHEN MASSNAHMEN SELBST HELFEN KÖNNEN. AUSSERDEM ERFAHREN SIE, WELCHE IHRER BEOBACHTUNGEN SPÄTER FÜR DEN TIERARZT WICHTIG SIND UND WAS SIE EVENTUELL NOTIEREN SOLLTEN.

Bei allen Veränderungen sollten Sie kontrollieren, ob die Körpertemperatur der Katze im Normalbereich liegt. Die Körpertemperatur wird rektal gemessen. Benutzen Sie ein digitales Fieberthermometer. Fetten Sie es an der Spitze ein und führen es vorsichtig in den After ein. Am besten hält eine Hilfsperson das Tier mit sanftem Zwang fest, damit Sie sich auf das Thermometer konzentrieren können. Die durchschnittliche Körpertemperatur liegt bei 38,5 °C, Abweichungen von 0,3 °C nach oben und nach unten können toleriert werden. Neben Fieber kann auch Untertemperatur auf eine Erkrankung hinweisen.

ALLES KLAR? Wer seine Katze(n) gut kennt und genau beobachtet, wird schnell feststellen, wenn etwas nicht in Ordnung ist. Diese beiden Britisch Kurzhaarkatzen machen einen prächtigen Eindruck.

Krankheitssymptome

SYMPTOM	URSACHE	MASSNAHME
ERBRECHEN	Auch gesunde Katzen würgen unverdauliche Futterreste und Haare aus dem Magen hervor. Dies ist eine sinnvolle Einrichtung des Körpers und nicht behandlungsbedürftig. Daneben gibt es das Erbrechen der kranken Katze. Falls die Katze nur direkt nach der Fütterung erbricht: Haben Sie die Futtersorte gewechselt? Verträgt das Tier evtl. kein Trockenfutter/kein Dosenfutter? War das Futter zu kalt? Wie oft tritt das Erbrechen auf? Mehrmals täglich oder nur einmal in der Woche? Hat sie zusätzlich Durchfall? All diese Fragen wird Ihnen der Tierarzt auch stellen, notieren Sie Ihre Beobachtungen.	Ist die Katze bis auf das Erbrechen munter und verhält sich normal, setzen Sie sie für die nächsten 12 Stunden auf Nulldiät. Ersetzen Sie das Trinkwasser durch Elektrolytlösung (gibt es als Pulver oder Tabletten zum Auflösen in Wasser). Verschmäht die Katze diesen Trunk, geben Sie ihr klares Wasser. Füttern Sie sie vorsichtig und in kleinen Portionen wieder an. Geeignet sind Hüttenkäse oder mageres Hühnerfleisch. Sollte sich der Zustand nicht bessern, stellen Sie die Katze Ihrem Tierarzt vor.
JUCKREIZ	Parasiten wie Flöhe, Milben, Läuse oder Haarlinge; Allergien (Hausstaubmilben, Futtermittel, Pollen etc.)	Je nach Ursache Parasitenbekämpfung und -prophylaxe, Eliminierung der Allergie auslösenden Ursache, Immunsuppressive Therapie oder Desensibilisierung
DURCHFALL	Durchfall fällt bei reinen Wohnungskatzen meist sehr schnell auf, bei Freiläufern kann es länger dauern, bis man ihn bemerkt. Vor allem junge Katzen können hartnäckigen Durchfall über mehrere Wochen entwickeln, ohne dass sie dabei abnehmen oder sonstige äußere Veränderungen zeigen. In vielen Fällen stellt sich die Ursache als relativ harmlos heraus. Es gibt allerdings auch ernstere Erkrankungen, die Durchfall auslösen können. Hinweise auf ein ernst zu nehmendes Krankheitsgeschehen sind Apathie, Fieber, Untertemperatur oder Exsikkose (Austrocknung).	Bei Durchfall gilt: Ist die Katze munter und aufmerksam, ist ein Futterentzug für 12 bis 24 Stunden angezeigt. Bieten Sie ihr Elektrolytlösung oder klares Wasser an. Die Anfütterung erfolgt mit der gleichen Diät wie bei Erbrechen. Sollte der Durchfall weiter mit unverminderter Stärke bestehen, konsultieren Sie Ihren Tierarzt. Ob die Katze ausgetrocknet ist, stellen Sie fest, indem Sie eine Hautfalte im Nacken nach oben ziehen. Bleibt die Falte bestehen oder verstreicht nur langsam wieder, hat die Katze bereits viel Körperflüssigkeit verloren.

SYMPTOM	URSACHE	MASSNAHME
HARNABSATZ-BESCHWERDEN, SCHMERZEN BEIM HARNABSATZ	Die Katze sucht wiederholt die Toilette auf und versucht vergeblich, Urin abzusetzen. Sie schreit, unter Umständen sondert sie auch ein paar Tröpfchen rötlichen Harn ab. Bei Freiläufern bemerkt man manchmal erst im fortgeschrittenen Stadium, dass etwas nicht stimmt. Bei Katern fallen oft sogar nur Blutströpfchen am Penis auf. Die Katzen reagieren oft sehr empfindlich, wenn sie am Bauch angefasst werden. In vielen Fällen sind Harnsteine oder Harngrieß der Grund für die Beschwerden.	Sofort zum Tierarzt! Die Blase muss entlastet und gespült, der Urin auf das belastende Material untersucht werden. Bei vielen Tieren kommt es zu Rückfällen. Sehr wichtig ist deshalb die konsequente Futterumstellung nach festgestelltem Harngrieß. Der Tierarzt wird Ihrer Katze ein spezielles Futter oder Medikamente verschreiben, um der Grießneubildung vorzubeugen. Außerdem sollte bei zu dicken Katzen das Gewicht reduziert werden.
APPETITLOSIGKEIT	Vor allem einzeln gehaltene Wohnungskatzen können sehr wählerisch sein. Manche Freiläufer frequentieren zwei oder drei Futterstellen, fangen sich auch ab und zu eine Maus und haben dann zu Hause nicht den rechten Appetit. Zeigt die Katze Interesse am Futter, nimmt aber nichts davon auf? Werfen Sie einen Blick in die Maulhöhle: Verletzungen, Entzündungen oder Fremdkörper können der Katze das Fressen verleiden. Geht die Appetitlosigkeit mit apathischem Verhalten einher, hat die Katze gesträubtes Fell oder gar Fieber, sollten Sie baldmöglichst mit ihr zum Tierarzt gehen.	Sorgen Sie sich wegen anhaltender Appetitlosigkeit, macht die Katze jedoch einen munteren Eindruck? Legen Sie eine Tabelle an, in die Sie das Gewicht der Katze eintragen. Wiegen Sie sie einmal täglich, möglichst zur gleichen Uhrzeit. Benutzen Sie immer dieselbe Waage. Eine durchschnittlich große, ausgewachsene Katze wiegt ungefähr dreieinhalb bis vier Kilogramm. Verändert sich das Gewicht der Katze innerhalb von ein bis zwei Wochen deutlich, gehen Sie zum Tierarzt!
FIEBER	Wie beim Menschen ist Fieber bei der Katze meist Symptom einer Infektion. Hierbei kann es sich um einen lokalen Prozess (Abszess) oder eine allgemeine Erkrankung (FIP etc.) handeln.	Fieber ist eine Maßnahme des Immunsystems, um schädliche Krankheitserreger zu bekämpfen. Die Ursache sollte immer tierärztlich abgeklärt werden.
SCHMERZEN	Eine Katze muss nicht unbedingt schreien, wenn sie Schmerzen hat. Häufigere Anzeichen sind: Aggression, Rückzug, verändertes Putzverhalten oder vermehrtes Schlafbedürfnis.	Sollte Ihre Katze Anzeichen für Schmerzen zeigen, bringen Sie sie zu einer gründlichen Abklärung zum Tierarzt.

Krankheitssymptome

SYMPTOM	URSACHE	MASSNAHME
LAHMHEIT	Es kommt ab und zu vor, dass eine Katze hinkend nach Hause kommt. Beobachten Sie das Tier in der Bewegung: Setzt sie eine Gliedmaße gar nicht auf oder belastet sie sie weniger? Knochenbrüche werden in der Regel ganz geschont, die Katze tritt nicht auf. Auch bei ausgekugelten Gelenken kann die Gliedmaße nicht mehr benutzt werden. Besteht dieser Verdacht, muss die Katze zum Tierarzt und geröntgt werden. Setzt die Katze ihre Pfote leicht auf, untersuchen Sie das Bein vorsichtig von den Ballen an. Sehr häufig sind Bissverletzungen und Abszesse durch andere Katzen die Ursache für eine Lahmheit bei Freiläufern.	Ist eine Verletzung zu sehen, die Katze scheint aber munter zu sein, können Sie die Wunde erst einmal reinigen (etwa mit dreiprozentigem Wasserstoffperoxid), vorsichtig die umgebenden Haare kürzen und mit Jodsalbe oder antibiotischer Wundsalbe behandeln. Heilt die Stelle nicht rasch ab oder geht es der Katze schlechter, bringen Sie sie zum Tierarzt. Bei kleineren Verletzungen oder leichten Lahmheiten können Sie Traumeel-Tabletten in einer Dosierung von 3 x täglich 1 Tablette geben. Beim Verdacht auf einen Knochenbruch muss die Katze gleich zum Tierarzt.
KRÄMPFE	Die unterschiedlichsten Ursachen können Krampfanfälle auslösen: Epilepsie, aber auch Vergiftungen (etwa mit nur für Hunde zugelassenen Floh- und Zeckenschutzpräparaten) und Stoffwechselstörungen sind einige Beispiele. Meist bewegen sich die Katzen unkoordiniert, fallen um, setzen unkontrolliert Urin oder Kot ab, manche schreien auch.	Je nach Ursache muss sofort ein Tierarzt aufgesucht werden. Bitte seien Sie beim Transport der Katze vorsichtig und achten Sie darauf, dass sich weder das Tier durch seine unkontrollierten Bewegungen verletzt, noch dass Sie versehentlich gebissen oder gekratzt werden. Am besten polstern Sie die Transportbox oder eine Kiste weich aus.
SPEICHELN	Starken Speichelfluss erkennt man entweder direkt oder an ständig nassen Pfoten, Brustfell und Schnauze. Die Ursachen können von Zahnproblemen bis hin zu einer Vergiftung reichen.	Ein Blick ins Maul kann Aufschluss über die Ursache geben. Auch wenn die Katze Schmerzen beim Fressen hat, ist die Ursache meist in der Maulhöhle zu finden. Manche Antiparasitenprodukte lösen Speichelfluss aus. Haben Sie die Katze in letzter Zeit damit behandelt? Hat sie das Produkt evtl. abgeleckt und aufgenommen? Besteht der Speichelfluss über mehrere Stunden oder kommen weitere Symptome hinzu, sollten Sie sicherheitshalber den Tierarzt aufsuchen.

SYMPTOM	URSACHE	MASSNAHME
TRÄNENDE AUGEN	Sowohl Verletzungen als auch Infektionen können zu tränenden und/oder zugekniffenen Augen führen. Verletzungen durch Pflanzenteile oder einen Krallenhieb betreffen meist nur ein Auge, Virus- oder bakterielle Infekte können ein oder beide Augen in Mitleidenschaft ziehen. Manche Katzen tragen chronische Erreger in sich, die vor allem in Stresssituationen zum Ausbruch kommen.	Gehen Sie möglichst bald zum Tierarzt, da unbehandelte Verletzungen, die tiefer reichen, das ganze Auge gefährden können. Bringen Sie keine Augensalben oder -tropfen ein, bevor die Ursache abgeklärt ist. Halten Sie die Augenumgebung mit einem feuchten Tuch sauber.
NASENAUSFLUSS	Nasenausfluss kann klar und wässrig oder zäh und dickflüssig sein. Vor allem bei kleinen Kätzchen sind oft Katzenschnupfen-Erreger mitbeteiligt. Ist der Ausfluss nur einseitig und hat die Katze gleichzeitig Atemprobleme, kann auch ein Fremdkörper im Nasenrachen die Ursache sein.	Hygiene ist eine wichtige Maßnahme: Halten Sie die Nasenlöcher mit einem feuchten Tuch frei von Schleim und Verklebungen. Fühlt sich die Katze unwohl und besteht der Ausfluss länger als 2 Tage, suchen Sie den Tierarzt auf.
APATHIE	Apathisches, zurückgezogenes Verhalten ist immer ein Alarmsignal. Es muss nicht, kann aber Ausdruck einer ernsteren Erkrankung sein und sollte immer tierärztlich abgeklärt werden, wenn es über einen längeren Zeitraum anhält.	

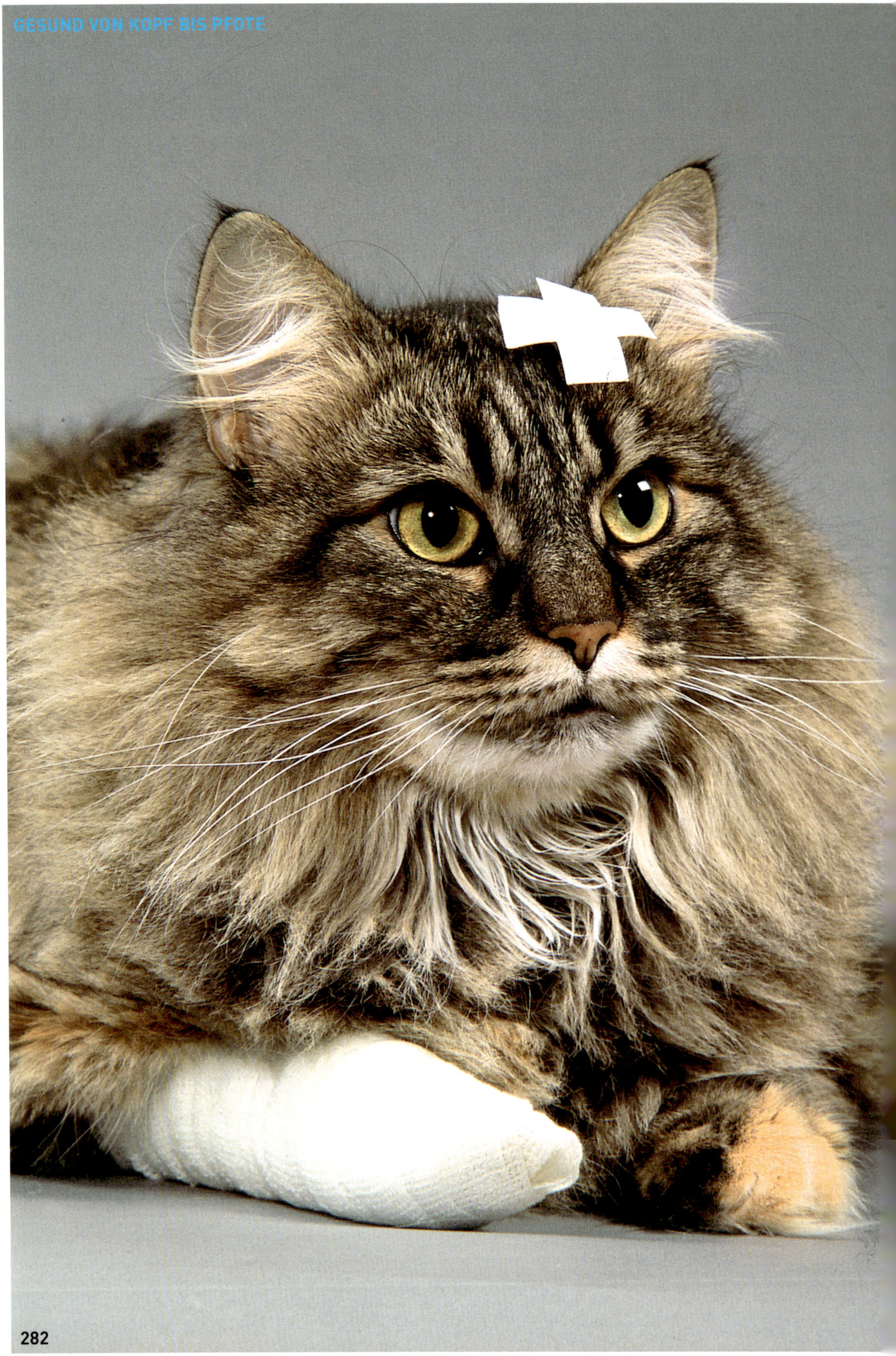

Notfälle und Erste Hilfe

ES GIBT BESTIMMTE REGELN UND HANDGRIFFE, MIT DENEN MAN SICH AUF EINEN NOTFALL VORBEREITEN KANN. AUSSERDEM IST ES WICHTIG, MÖGLICHE GEFAHRENQUELLEN ZU KENNEN UND ZU VERMEIDEN, UM NOTFÄLLE GAR NICHT ERST ENTSTEHEN ZU LASSEN.

DIE HAUSAPOTHEKE

Die meisten Bestandteile der Hausapotheke bekommen Sie bei Ihrem Tierarzt, Fieberthermometer und Rettungsdecken gibt es in der Apotheke. Pinzette und stumpfe Schere kann Ihnen Ihr Tierarzt bestellen. Er kann Ihnen auch eine Alternative zu den hier genannten Präparaten nennen. Ersetzen Sie verbrauchte Materialien sofort und erneuern Sie Medikamente nach Ablauf des Verfalldatums. Bewahren Sie die Utensilien in einem wasserdichten, stabilen und lichtgeschützten Behälter auf. Geeignet sind etwa Plastikwerkzeugkoffer aus dem Heimwerkermarkt – die sind preisgünstig, leicht zu säubern und können außerdem gut transportiert werden. Denken Sie daran, dass auch Verbandsmaterial nach einer gewissen Zeit spröde oder brüchig werden kann und ausgewechselt werden sollte. Auch wenn Sie die Hausapotheke eventuell jahrelang nicht benötigen, sollten sie sie gut warten – ein Notfall kann jederzeit eintreten.

NOCH HALTBAR? Überprüfen Sie die Hausapotheke regelmäßig auf Funktionstüchtigkeit.

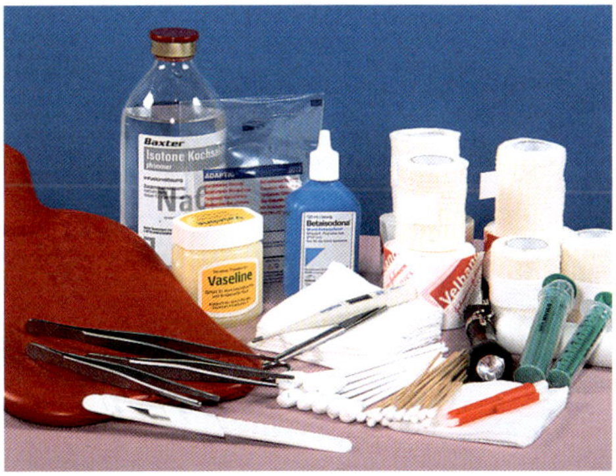

Checkliste

DIE GUT SORTIERTE HAUSAPOTHEKE

In die Hausapotheke gehören:

- ☐ **Mullkompressen**
- ☐ **Verbandswatte**
- ☐ **Mullbinden**
- ☐ **Selbsthaftende elastische Binde**
- ☐ **Heftpflaster oder Leukoplast**
- ☐ **Schere mit abgerundeten Spitzen**
- ☐ **Wundsalbe**
- ☐ **Antiseptische Lösung wie Betaisadona®**
- ☐ **Vaseline®**
- ☐ **Wasserstoffperoxid 3- oder 10%ig**
- ☐ **Augenschutzsalbe (z. B. Regepithel®)**
- ☐ **Sterile physiologische Kochsalzlösung**
- ☐ **Paraffinöl**
- ☐ **Digitales Fieberthermometer aus Plastik**
- ☐ **Taschenlampe**
- ☐ **Pinzette**
- ☐ **Einmalspritzen (2, 5, 10 und 20 ml)**
- ☐ **Zeckenzange**
- ☐ **Rettungsdecke (Goldfolie)**

Natürlich können Sie die Apotheke je nach individuellen Bedürfnissen um einzelne Bestandteile aufstocken.

STRAMPELANZUG Wurde de Katze operiert oder hat eine Verletzung am Rumpf, an der sie nicht lecken oder knabbern soll, hilft eine Art „Body", der oft lieber getragen wird als die verhasste Halskrause.

ÜBUNG MACHT DEN MEISTER

Machen Sie sich mit den jeweiligen Handgriffen rechtzeitig vertraut: Üben Sie bei Ihrer gesunden Katze zum Beispiel Pfotenverbände, um im Notfall nicht den Kopf zu verlieren. Achten Sie aber darauf, die Geduld und Langmut Ihrer Katze nicht überzustrapazieren! Auch die Überprüfung der lebenswichtigen Funktionen wie Atmung und Blutkreislauf sollten Sie bereits an der gesunden Katze üben.

RUHE BEWAHREN

Denken Sie daran, dass sich Ihre Panik auch auf das Tier übertragen kann. Egal, ob die Katze „nur" eine Schnittverletzung hat, in einen ernsthaften Kampf verwickelt war oder angefahren wurde: Je kopfloser Sie reagieren, desto weniger helfen Sie Ihrem Tier.
Vergessen Sie bitte nie, dass ein verletztes oder verängstigtes Tier unter Umständen nicht so reagiert, wie Sie es gewohnt sind. Dies gilt für Ihre eigene und erst recht für fremde Katzen. Nähern Sie sich einem verletzten oder sichtlich geschockten Tier immer ruhig und vorsichtig. Eine Katze, die Schmerzen oder Angst hat und sich nicht so verhalten kann, wie sie es möchte (etwa fliehen), wird unter Umständen angreifen.
Ziehen Sie sich im Zweifelsfall lieber dicke Gartenhandschuhe an, um Bissverletzungen zu vermeiden. Oder wickeln Sie die Katze vorsichtig in ein Handtuch, um sie in den Transportbehälter zu setzen. Bei Katzen mit Atemnot und extrem gestressten Tieren kann ein zu festes Anpacken unter Umständen zu Panik und zum Kollaps führen – hier müssen Sie besonders ruhig und umsichtig vorgehen.

Wichtig

ÜBERPRÜFUNG DER VITALFUNKTIONEN
Achtung: Folgende Maßnahmen üben Sie bitte nicht vorher an Ihrer Katze: Mund-zu-Schnauze-Beatmung, Atemstimulation, Herzmassage. Vorsicht beim Probedruckverband: Bitte nicht zu fest anziehen!

Überprüfung der Vitalfunktionen

ATMUNG

ATMUNG ÜBERPRÜFEN Beobachten Sie den Brustkorb: Er muss sich heben und senken. Unter Umständen ist die Atmung sehr flach; halten Sie einen kleinen Spiegel (oder ein Brillenglas) vor die Nasenlöcher, dieser sollte durch die ausströmende Luft beschlagen.

MUNDHÖHLE AUSRÄUMEN Bei der bewusstlosen Katze öffnen Sie die Schnauze und ziehen die Zunge nach vorn. Entfernen Sie Flüssigkeit oder Erbrochenes (benutzen Sie dafür ein zusammengerolltes saugfähiges Taschentuch).

STABILE SEITENLAGE Bei der stabilen Seitenlage brauchen Sie den Körper nicht zu „sichern", durch den entsprechend geformten Brustkorb liegen Katzen von Natur aus stabil auf der Seite. Der Kopf sollte etwas überstreckt werden, die Schnauze insgesamt der tiefste Punkt sein, damit Erbrochenes oder Blut nach unten abfließen können und nicht in die Atemwege gelangen.

IST KEINE ATMUNG ERKENNBAR, können Sie versuchen, diese reflektorisch wieder anzuregen: Dazu zwicken Sie die Katze mit zwei Fingern in den vorderen Teil des Nasenspiegels. (Diese Technik üben Sie bitte nicht am wachen Tier!)

MUND-ZU-SCHNAUZE-BEATMUNG Blasen Sie Ihre Atemluft in Maul und Nase der Katze. Die Atemtiefe schätzen Sie entsprechend der Größe der Katze ab, Sie können dafür die Brustkorbbewegung als Parameter heranziehen. Nach zwei Atemstößen beobachten Sie, ob das Tier bereits wieder selbst atmet. Falls nicht, setzen Sie die Beatmung fort und überprüfen erneut alle paar Atemzüge, ob die Spontanatmung eingesetzt hat. Lassen Sie nach jeder einzelnen Atemgabe 2 bis 3 Sekunden verstreichen, damit die verabreichte Luft entströmen kann. Insgesamt sollten nicht mehr als 25 Atemgaben pro Minute erfolgen. Aus hygienischen Gründen können Sie ein Taschentuch über die Katzenschnauze legen.

Überprüfung der Vitalfunktionen

BLUTUNGEN

Bei Unfällen und Vergiftungen kann es zu äußeren oder inneren Blutungen kommen. Ein massiver Blutverlust innerhalb kurzer Zeit kann schnell zum Tod führen – dafür muss jedoch ein größeres Gefäß reißen, was normalerweise nur bei einem sehr starken Aufprall (etwa bei einem Autounfall) vorkommt. Verletzungen der Körperspitzen (etwa Ohrränder und Pfoten) bluten oft stark, was zwar sehr bedrohlich aussieht, in der Regel aber bei einer sonst gesunden Katze nicht zum Verbluten führt. Also: Auch wenn Ihre Katze blutet, bewahren Sie die Nerven und schauen Sie es sich genauer an.

VENÖSE UND ARTERIELLE BLUTUNG Ist die Blutung gleichmäßig oder pulsiert sie? Ersteres spricht für eine venöse Blutung (aus einer Vene), Letzteres für eine arterielle Blutung (aus einer Arterie). Venen führen zum Herzen hin, Arterien vom Herzen weg. Da das Herz kräftig in die Arterien hineinpumpt, sind arterielle Blutungen gefährlicher und sollten mit einem Druckverband versorgt werden (siehe Verbandstechniken). Andere Blutungen müssen dann verbunden werden, wenn sie nicht selbst zum Stillstand kommen.

INNERE BLUTUNGEN hingegen (durch den Riss innerer Gefäße oder Organe wie Leber oder Milz) sind auf den ersten Blick nicht zu sehen, sie sind außerdem schlechter zu erreichen und deshalb meist bedrohlicher. Beim Riss einer Hauptschlagader kommt selbst umgehende tierärztliche Hilfe zu spät.
Die Schleimhautfarbe kann einen Hinweis auf eine versteckte Blutung geben: Normalerweise ist die Maulschleimhaut und das Zahnfleisch einer Katze rosa. Bei einer Blutung oder bei einem ausgeprägten Schock werden die Schleimhäute blassrosa bis weißlich. Bei Sauerstoffmangel verfärben sie sich bläulich. Auch die Lidbindehäute eignen sich zur Beurteilung der Schleimhautfarbe: Ziehen Sie das untere Augenlid etwas herunter, um die Farbe der Bindehäute zu beurteilen.

DRUCKVERBAND Legen Sie eine Mullkompresse (evtl. mit etwas Vaseline® bestrichen, um ein Verkleben mit der Wunde zu vermeiden) auf die Wunde und umwickeln Sie diese mit einer elastischen Binde zwei- bis dreimal. Nun legen Sie ein Druckpolster (mehrere übereinandergelegte, eng zusammengerollte Mulltupfer) darüber und wickeln Sie die Binde weiter. Der Druckverband darf nicht zu locker sitzen, da er sonst seinen Zweck verfehlt, aber auch nicht zu stramm, da er sonst die allgemeine Durchblutung beeinträchtigt. Ein Druckverband eignet sich vor allem für starke Blutungen an den Gliedmaßen oder am Schwanz, weniger an Kopf und Körper. Ist der erste Verband durchgeblutet, so wird ein zweiter darüber angelegt.

GLIEDMASSE ABBINDEN Hilft auch der Druckverband nicht, die Blutung zu stoppen, so bleibt als letzte Maßnahme, die Gliedmaße abzubinden: Hierfür eignen sich etwas breitere Stoffe (etwa ein zusammengelegtes Stofftaschentuch oder eine Stoffserviette). Sowohl Druckverband als auch abgebundene Gliedmaßen werden nur so kurz wie nötig belassen; der Tierarzt sollte umgehend aufgesucht werden.

KREISLAUF

Die Atmung pumpt den Sauerstoff aus der Luft in die Lungen, das Herz pumpt das sauerstoffreiche Blut durch den Körper und versorgt so alle Organe mit dem lebenswichtigen Element. Eine herabgesetzte Blutzirkulation kann schnell lebensbedrohlich werden. Zwei Parameter sind wichtig, um den Kreislauf zu überprüfen: Herzschlag und Puls.

HERZSCHLAG Den Herzschlag können Sie auf der linken Brustseite ertasten, wenn Sie Ihre flache Hand hinter dem Ellbogen der Brustwand auflegen. Am besten geht dies bei schlanken und kurzhaarigen Katzen; durch dichtes Fell und eine Fettschicht wird der Herzspitzenstoß abgedämpft.

PULS Ein weiteres Kriterium für ein „schlagendes Herz“ ist der Pulsschlag: Bei der Katze wird er an der Innenseite des Oberschenkels gemessen, dort verläuft eine größere Arterie in einer Spalte zwischen zwei Muskeln. Suchen Sie die Stelle mit den Fingerkuppen von Zeige- und Mittelfinger auf. Sowohl das Ertasten des Herzschlags als auch des Pulses erfordert einige Übung – am besten lassen Sie es sich von Ihrem Tierarzt zeigen. Beides kann gut an der gesunden Katze geübt werden.

DIE KAPILLÄRE FÜLLUNGSZEIT (KFZ) gibt ebenfalls Hinweise auf die Kreislaufsituation: Drücken Sie mit der Fingerkuppe gegen das Zahnfleisch. Der entstehende helle Fleck sollte sich innerhalb von 2 Sekunden in der Farbe angeglichen haben. Eine verlängerte KFZ kann auf Kreislaufversagen oder einen Schock hindeuten.

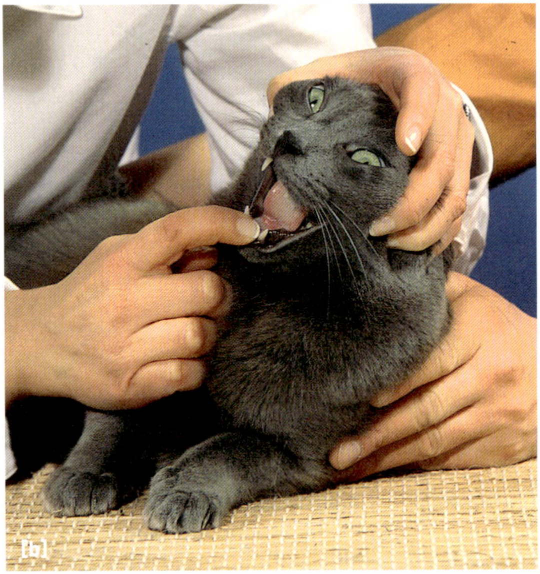

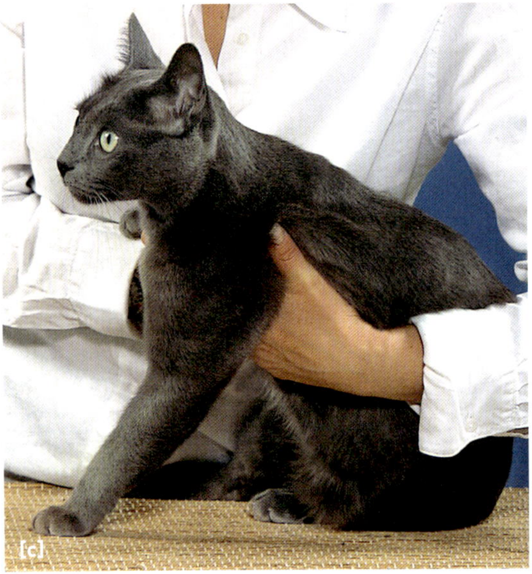

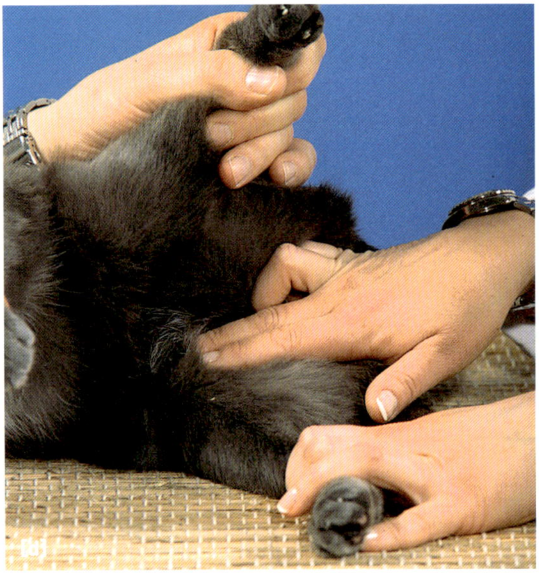

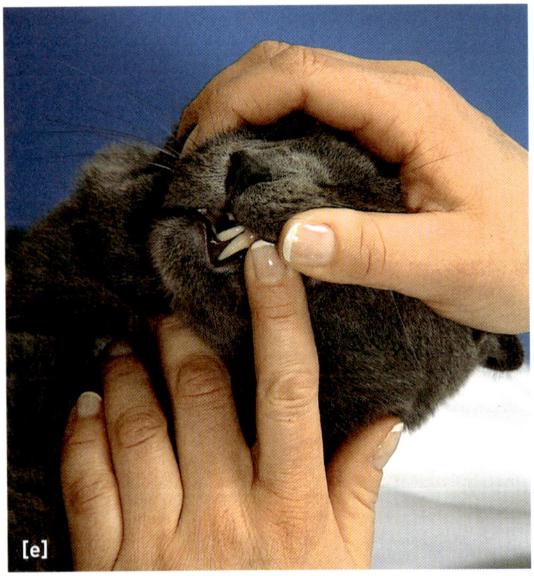

[a] GESCHWOLLEN? Durch Abtasten der Kehl- und Halsregion fallen vergrößerte Lymphknoten auf.

[b] INS MAUL GESCHAUT So lässt sich die Maulhöhle mit Zunge und Zähnen inspizieren.

[c] HERZKLOPFEN Den Herzschlag kann man an der linken Brustwand, dicht hinter dem Ellebogengelenk, ertasten.

[d] PULS FÜHLEN Der Puls wird bei der Katze mit zwei Fingern an der Oberschenkelarterie (an der Innenseite des Oberschenkels) getastet.

[e] MAULSCHLEIMHAUT Die kapilläre Rückfüllzeit (KFZ) misst man mit Fingerdruck an der Maulschleimhaut.

VERBANDSTECHNIKEN

FUNKTION Ein Verband schützt eine Wunde vor Verschmutzung oder mechanischer Reizung, außerdem nimmt er Flüssigkeiten auf und stoppt kleinere Blutungen.
WUNDVORBEREITUNG Sofern Sie nicht umgehend einen Tierarzt aufsuchen, sollte die Wunde gereinigt werden (mit steriler physiologischer Kochsalzlösung; bei starken Verschmutzungen auch unter dem Wasserhahn mit lauwarmem Wasser). Schneiden Sie die Haare im Bereich der Wundränder mit einer Schere mit abgerundeten Spitzen ab, um ein Verkleben mit der Wunde zu vermeiden.

PFOTENVERBAND

Polstern Sie die Zwischenzehenbereiche mit dünnen Wattestreifen, um Druckstellen zu vermeiden. Auf die Wunde kommt ein Mulltupfer, den Sie allenfalls mit physiologischer Kochsalzlösung oder Vaseline benetzen. Über die Wundauflage folgt als erste Lage Verbandswatte: Dadurch polstern Sie die Pfote und schützen sie vor Erschütterungen. Beginnen Sie an der Vorderseite der entsprechenden Gliedmaßen und rollen Sie die Watte zuerst über die Zehen auf die Ballenfläche, dann an der Hinterseite der Gliedmaße kurz oberhalb der Pfote in einer Seitwärtsdrehung in Ringsbahnen wieder nach unten. Verfahren Sie ebenso mit der elastischen Binde – hier sollten die Ringsbahnen allerdings von unten nach oben verlaufen. Auch wenn sich die Verletzung nur am Bein befindet, sollten Sie die Pfote mit einbinden. Endet der Beinverband über der Pfote, kann diese abgeschnürt werden und anschwellen. Stabilisieren Sie die Unter- und Vorderseite des Verbandes (über den Ballen und den Krallen) mit Pflastern oder Klebeband.

AUGENVERBAND

Feuchten Sie eine Mullkompresse mit steriler physiologischer Kochsalzlösung an, damit der Augapfel nicht austrocknet. Alternativ können Sie auch etwas Augenschutzsalbe auftragen (darf kein Cortison enthalten!). Über diese Wundauflage kommt ein Wattepolster. Anschließend folgen die Verbandslagen mit Verbandswatte und zum Schluss die Binde. Die Verbandsrichtung erfolgt schräg hinter dem gegenüberliegenden Ohr vorbei und unter dem Unterkiefer – auch hier gilt: Nicht zu eng einschnüren!

VERBUNDEN Üben Sie den Pfotenverband am gesunden Tier.

POLSTERN Sie die Zehenzwischenräume mit Watte.

GEWICKELT Über die Watte kommt die elastische Binde.

DER SCHOCK

Landläufig spricht man von einem Schock, wenn einem „das Blut in den Adern gefriert". So schlecht ist dieser Vergleich gar nicht, denn laut medizinischer Definition ist ein Schock ein akut einsetzendes Kreislaufversagen. Es gibt verschiedene Auslöser: Starke Blut- oder Flüssigkeitsverluste, allergische Reaktionen, Vergiftungen und noch einige mehr.

VERLAUFSSTADIEN

Der Schock ist durch typische Verlaufsstadien gekennzeichnet: Am Anfang steht ein verringertes Blutvolumen oder ein Leistungsabfall des Herzens. Als Reaktion darauf verengen sich die „peripheren" (also herzfernen) Blutgefäße, um den Kreislauf zu unterstützen. Gelingt dies nicht, versackt das Blut schließlich in der Peripherie, was dann rasch zum Tod führen kann. Darum steht bei der Schockbehandlung an erster Stelle die Auffüllung des Flüssigkeitsvolumens (durch Infusionen). Der Zeitfaktor spielt eine wichtige Rolle, denn das letzte Stadium ist quasi irreversibel. Als Katzenbesitzerin sollten Sie die wichtigsten Schocksymptome kennen. Denn auch, wenn eine Katze einen Unfall auf den ersten Blick unverletzt übersteht, kann doch ein Schock (etwa verursacht durch innere Blutungen) die Folge sein. Lassen Sie Ihre Katze in den ersten 24 Stunden nach einem Unfall am besten nicht aus den Augen.

Vorsicht

STARKER FLÜSSIGKEITSVERLUST

Jeder starke Flüssigkeitsverlust (ob Blut oder andere Körperflüssigkeiten) kann einen Schock auslösen. Da es für Sie schwierig sein kann, den tatsächlichen Verlust einzuschätzen (mehr als 20 ml pro kg Körpergewicht sind gefährlich), sollten Sie Ihre Katze im Zweifelsfall vorsorglich in die Praxis bringen.

SCHOCKSYMPTOME

Typische Schocksymptome sind blasse Schleimhäute, KFZ länger als zwei Sekunden (siehe Seite 287), kühle Pfoten, beschleunigte Atmung. Bemerken Sie diese Anzeichen bei Ihrer Katze, bringen Sie sie umgehend zum Tierarzt! In der Zwischenzeit halten Sie sie warm und vermeiden Sie jede unnötige Aufregung.

VERGIFTUNGEN

In jedem Haushalt gibt es etliche Vergiftungsgefahren: Angefangen bei Putzmitteln und diversen Haushaltschemikalien über Ungeziefervernichtungsmitteln bis hin zu Kosmetika und Medikamenten für Mensch und Tier. Nicht zu vergessen sind Zierpflanzen, die entweder eingetopft das ganze Jahr über in der Wohnung stehen oder als Blumenstrauß die Neugierde eines Tieres erwecken können. Selbst Zigaretten scheinen eine gewisse Anziehungskraft auf manche Katzen auszuüben. Bewahren Sie alle entsprechenden Substanzen unzugänglich für die Katze auf! Dies gilt ganz besonders für Dinge, die gut schmecken: Hierzu gehören vor allem jegliche Medikamente mit Geschmacksstoffen (für Tiere gibt es etwa Schmerzmittel, Herzmedikamente und Wurmtabletten mit Fleischaroma, meist tragen sie die Zusatzbezeichnung „flavour").

SCHNELLER INFORMATIONSFLUSS

Haben Sie beobachtet, dass Ihre Katze eine entsprechende Substanz aufgenommen hat, so kontaktieren Sie Ihren Tierarzt. Wichtig sind folgende Angaben: Alter und Gewicht der Katze, Art und Menge der aufgenommenen Substanz, Zeitpunkt der Aufnahme. Wenn Sie zum Tierarzt fahren, nehmen Sie auf jeden Fall die Verpackung mit. Heben Sie immer Etiketten und Beipackzettel auf, um die erforderlichen Informationen im Notfall parat zu haben. Giftzentralen, die 24 Stunden telefonisch erreichbar sind, bieten oft auch Beratung bei Vergiftungen von Haustieren (ersetzen aber keinesfalls den Tierarztbesuch!).

Tipp

NICHT AUF EIGENE FAUST
Flößen Sie Ihrer Katze nie auf eigene Faust ein Brechmittel, Gegenmittel oder sonstige Flüssigkeiten ein. Falls sie beispielsweise eine reizende Substanz (wie starke Säure oder Lauge) verschluckt hat, würde diese beim Hervorwürgen die Schleimhaut der Speiseröhre erneut reizen. Sie können sich für den Notfall Aktivkohle in der Apotheke besorgen. Diese wird als Pulver oder als Tabletten verkauft und vor der Verabreichung in Wasser gelöst. Auch hier gilt: Fragen Sie vor der Verabreichung beim Tierarzt nach!

DÜNGEMITTEL, RATTENGIFT UND CO

Vorsicht ist auch bei Düngemitteln und Pflanzenschutzmitteln geboten: Die Substanzen können an den Pfoten oder dem Fell der Katzen haften bleiben, beim anschließenden Putzen werden sie dann von der Katze aufgenommen. Mäuse- und Rattengift kann auch Katzen gefährlich werden – entweder, wenn sie es direkt aufnehmen, oder wenn sie einen vergifteten Nager fressen.

Auch andere giftige Substanzen wie Frostschutzmittel, Leim, Farbe etc. müssen jederzeit gut verschlossen und unzugänglich für eigene und fremde Katzen aufbewahrt werden.

STRASSENVERKEHR

Ein Freiläufer lebt immer riskanter: Je dichter besiedelt und von stark befahrenen Straßen umgeben Ihre Wohngegend ist, desto gefährdeter ist Ihre Katze. Lassen Sie Ihre frei laufende Katze kastrieren. Der Aktionsradius unkastrierter Tiere ist wesentlich größer.

ANGEFAHREN

Wenn Ihre Katze angefahren wurde, hängen die Verletzungen von verschiedenen Faktoren ab: getroffene Körperpartien und Wucht des Aufpralls. Ein Aufprall gegen den Kopf kann zu Gehirnerschütterungen, Kieferbrüchen und Augenverletzungen führen. Ein Aufprall im vorderen Körperbereich kann zu Nervenabrissen, Zwerchfellrissen und inneren Verletzungen führen. Im hinteren Körperbereich kommt es häufig zu Beckenbrüchen. War die Harnblase beim Unfall gefüllt, kann sie zerreißen. Auch Wirbelsäulenverletzungen und Knochenbrüche sind häufige Unfallfolgen.

VORSICHT, AUTO! Der Straßenverkehr stellt für frei laufende Katzen die größte Gefahr dar.

ÜBERWACHUNG

Bringen Sie Ihre Katze nach einem Verkehrsunfall auf jeden Fall zum Tierarzt. Wenn die Katze keine äußeren Verletzungen erlitten hat, muss sie in den nächsten Stunden dennoch gut überwacht werden. Achten Sie insbesondere auf folgende Punkte: Schädel-Hirn-Traumata können verschiedene Auswirkungen haben. Alarmsignale sind unter anderem Orientierungs- und Gleichgewichtsstörungen, Kopfschiefhaltung und Erbrechen. Plötzlich einsetzende Lähmungserscheinungen können auf Wirbelsäulenverletzungen hinweisen. Zunehmende Schwäche und Blässe kann durch innere Blutungen ausgelöst werden, etwa bei Leber- oder Milzrissen. Richten Sie Ihr Augenmerk auch auf den Harn- und Kotabsatz: Bei Blasenrissen, aber auch bei Verletzungen der hinteren Wirbelsäule, können die Ausscheidungsfunktionen gestört sein.

BISSVERLETZUNGEN

HUNDEBISSE

Hunde können Katzen schwer verletzen – je nach Intensität des Angriffs. Untersuchen Sie Ihre Katze nach jeder kämpferischen Konfrontation gründlich. Je nach Größe und Vehemenz des Angreifers können Hundebisse zu kleinen Stanzlöchern, mittleren Haut- und Fleischwunden bis hin zu lebensgefährlichen und gar tödlichen Verletzungen führen. Da viele Hunde ihr Opfer packen und schütteln, kann es zu Ablösungen der Haut von darunterliegenden Schichten kommen. Katzenhaut ist viel verschiebbarer als Menschenhaut, deshalb ist das Ausmaß einer Verletzung oft nicht auf den ersten Blick zu erkennen. Denken Sie daran, dass es zu jedem Einbiss auch einen Gegenbiss (Ober- und Unterkiefer) geben muss!

GEMISCHTES RUDEL Von klein auf aneinander gewöhnt, kommen Katzen und Hunde meist sehr gut miteinander aus. Eher problematisch sind Konfrontationen mit fremden Hunden.

UNTERSUCHEN LASSEN

Nach Bissverletzungen ist es ratsam, die Katze tierärztlich untersuchen zu lassen. Vor allem ältere Tiere können nach einem Angriff einen Schock erleiden; halten Sie Ihre Katze warm und versuchen Sie, beruhigend auf sie einzuwirken. Stärkere Blutungen versorgen Sie notfallmäßig (siehe Seite 286, 288), offene Wunden können Sie mit sterilem Verbandsmaterial abdecken, bis Sie beim Tierarzt sind. Starke Verunreinigungen der Wunde können Sie zuvor mit steriler Kochsalzlösung (geht gut mit einer 10- oder 20-ml-Spritze) oder mit sauberem Trinkwasser abwaschen. Spülen Sie immer so, dass kein verunreinigtes Wasser in die Tiefe sickert, sondern von der Wunde wegrinnt.

KATZENBISSE

Katzen reißen in der Regel keine großen Wunden, die spitzen Eckzähne hinterlassen allerdings einen tiefen Wundkanal und „injizieren" oft Keime in die Tiefe. Die Oberfläche heilt recht schnell ab, nach einigen Tagen kann die Infektion in der Tiefe zu einer eitrigen Entzündung oder einem Abszess führen. Schwillt die Bissstelle an und/oder reagiert die Katze bei Berührung schmerzhaft, sollte die Stelle einem Tierarzt gezeigt werden. Oft merken Sie bei einer frei laufenden Katze gar nicht, dass die Katze mit einer frischen Bissverletzung nach Hause kommt. Erst nach ein paar Tagen, wenn sich ein schmerzhafter Abszess gebildet hat, fällt auf, dass etwas nicht in Ordnung ist. Je nachdem, ob der Abszess noch geschlossen oder bereits aufgeplatzt ist, fällt entweder eine schmerzhafte Schwellung oder stinkend klebriges Sekret auf. Typische Stellen für Katzenbissverletzungen sind die Schwanzwurzel und der Schwanz oder die Gliedmaßen.

KRALLENHIEBE

Beim Kampf kann Ihre Katze einen Krallenhieb abbekommen. Besonders gefährdet sind die Augen. Hornhautverletzungen durch Katzenkrallen sollten tierärztlich behandelt werden, da Bakterien eindringen und zu Komplikationen führen können. Kommt Ihre Katze mit einem zugekniffenen Auge nach Hause, kann die Ursache eine solche Hornhautverletzung sein. Oft ist ein Kratzer auf der Hornhaut mit bloßem Auge gar nicht zu erkennen. Der Tierarzt kann die Hornhaut mit einer Flüssigkeit anfärben und so feststellen, ob eine Verletzung vorliegt.

INSEKTENSTICHE

Auch wenn das Gift von Bienen, Wespen und Co nicht gefährlich ist, gibt es Katzen, die allergisch darauf reagieren können. Vor allem Stiche in die Maulhöhle und den Rachen sind potenziell gefährlich. Deshalb gilt: Futter gibt es im Haus und möglichst unter Aufsicht. Reste werden nach dem Fressen entfernt, die Futterschüssel wird anschließend ausgewaschen. Im Freien sollte die Katze keinen unkontrollierten Zugang zu Fressbarem haben. Es gibt Katzen, die regelrecht Jagd auf Insekten machen und wahre Meister darin sind, fliegende Brummer zu erhaschen. Solche Katzen sind besonders gefährdet, in die empfindlichen Körperpartien gestochen zu werden. Bei Freigängern sind Sie in der Regel nicht dabei, wenn die Katze gestochen wird. Sie können nur einen Stich vermuten, wenn die Katze mit einer geschwollenen Wange, Schnauze oder Pfote nach Hause kommt. Steht fest, dass Ihre Katze gestochen wurde, so können Sie die Schmerzen durch Kühlung lindern.

AUF ZUM TIERARZT

Im Zweifelsfall und bei Atemnot (Maulatmung, deutliche Bauchatmung) suchen Sie umgehend einen Tierarzt auf. Durch eine Anschwellung im Rachenraum kann ein ansonsten „harmloser" Stich lebensbedrohlich werden. Alarmsignale sind: deutliche Unruhe, Erbrechen, Durchfall, Kollaps, Anfälle oder Bewusstlosigkeit. Wenn Sie bereits wissen, dass Ihre Katze sehr stark auf Insektenstiche reagiert, sollten Sie ihr von Ihrem Tierarzt ein Notfallmedikament verschreiben lassen.

Die häufigsten Katzenkrankheiten

INFEKTIONSERKRANKUNGEN, ATEMWEGSPROBLEME, HORMONELLE STÖRUNGEN – KRANKHEITEN GIBT ES VIELE. SOLLTE IHRE KATZE DAVON BETROFFEN SEIN, KÖNNEN SIE HIER URSACHE UND SYMPTOME NACHLESEN UND ERFAHREN, WIE DIE BEHANDLUNG ERFOLGEN KÖNNTE.

INFEKTIONSERKRANKUNGEN

FELV UND FIV

URSACHE Infektion mit dem Felinen Leukosevirus (FeLV, Leukose) oder dem Felinen Immundefizienzvirus (FIV, Katzenaids). Beide Viren gehören zu den Retroviren. Sie bauen ihre Erbinformationen in die Gene ihres Wirtsorganismus ein. Ihre gefährliche Wirkung besteht in der Schwächung des Immunsystems. Deshalb können die Symptome auch so unterschiedlich sein.

SYMPTOME Von chronischen Erkältungen, entzündeten Maulschleimhäuten, ständigen Pilzinfektionen bis hin zu Abmagerung, Blutarmut, Durchfall, Tumoren und Organversagen.

BEHANDLUNG Retroviren können nicht eliminiert werden, da sie ein Teil des Wirtsorganismus geworden sind. In der Regel werden die Symptome bekämpft. In klinischen Studien wurden Katzen mit FIV und/oder FeLV mit Interferon behandelt. Mit unterschiedlichem Erfolg: Während in einer Studie die behandelten Katzen deutlich länger überlebten, gab es in einer anderen Studie keine Unterschiede zwischen behandelten und unbehandelten Katzen. Durch Interferon kann lediglich die Virusvermehrung vermindert werden. Im Idealfall werden Symptome abgemildert und dadurch die Lebensqualität verbessert. Wichtig bei einer Interferontherapie ist, dass sie rechtzeitig begonnen wird. Bei der „natürlichen" Immunreaktion des Körpers sind es die körpereigenen Interferone, die bei einem Viruskontakt als erstes von den Zellen gebildet werden – oft schon, bevor der Erkrankte selbst etwas von seiner Krankheit merkt. Ganz heilen aber kann man weder Leukose noch Katzenaids. Auch nach einer Interferontherapie kann ein erneuter Schub auftreten.

FIP (FELINE INFEKTIÖSE PERITONITIS)

URSACHE FIP ist eine spezifische Katzenkrankheit, die auch heute noch nicht vollkommen erforscht ist. Als Auslöser nimmt man ein mutiertes Coronavirus an, auch genetische Komponenten werden diskutiert.

SYMPTOME Man kennt zwei Formen: Die „feuchte" (exsudative) FIP, bei der die Katze an Bauchwassersucht leidet, einen aufgetriebenen Bauch bei ansonsten abgemagertem Körper hat, und die „trockene" (granulomatöse) FIP, die verschiedene Organe befallen kann. Hier variieren die Symptome je nach befallenen Organen und können von Durchfall über Augenerkrankungen bis hin zu zentralnervösen Anfällen reichen. Ein weiteres, bei beiden Formen typisches Symptom ist behandlungsresistentes Fieber. Der definitive Nachweis von FIP am lebenden Tier ist nach wie vor schwierig – meist handelt es sich um eine Verdachtsdiagnose, die aufgrund der klinischen Symptome und bestimmter Blutparameter gestellt wird. Sicherheit gibt nur der Antigen-Nachweis aus Bauchwasser oder Biopsiematerial im Speziallabor.

BEHANDLUNG Es gibt keine Heilung, es kann nur eine symptomatische Behandlung versucht werden. Diese besteht meist in der Verabreichung von Kortison, um Entzündungen zu unterdrücken.

KATZENAUGEN SIND FASZINIEREND Je nach Lichteinfall verändert sich die Pupille von schmalen Schlitzen bis hin zu riesengroßen Kreisen. Reagiert die Pupille nicht mehr auf Lichtveränderungen, ist dies ein Alarmsignal.

KATZENSCHNUPFEN

URSACHE Beteiligt am Katzenschnupfenkomplex sind vor allem die sogenannten Caliciviren, aber auch Herpesviren und Bakterien wie Chlamydien, Bordetellen und Mykoplasmen. Die beteiligten Viren führen nicht nur zu schnupfenartigen Atemwegssymptomen und Bindehautentzündungen, sondern auch zu Entzündungen der Maulschleimhäute, der Zunge und der Augenhornhäute.

SYMPTOME Nasenausfluss, Atembeschwerden, Hornhautläsionen, verklebte Augen, Zungenläsionen. Diese Symptome können entweder einzeln oder in Kombination auftreten. Meist sind jüngere Kätzchen stärker betroffen als ausgewachsene Tiere. Sind die Hornhäute bereits zu stark angegriffen, kann es sogar sein, dass das betroffene Auge nicht mehr gerettet werden kann.

BEHANDLUNG Sorgfältige Hygiene (Reinigung der Nase und der Augen); Antibiotika, um die meist parallel vorhandene bakterielle Infektion in den Griff zu bekommen. Passive Immunisierung bei ungeimpften Katzen. Calici- und Herpesviren können in den Zellen der Katze persistieren und auch im erwachsenen Alter, vor allem durch Stresssituationen, wieder ausbrechen. Hier führen sie dann vor allem zu Maulschleimhautentzündungen und/oder zu Bindehautentzündungen und Schnupfensymptomen. Vor allem in der Anfangsphase einer solchen Katzenschnupfenerkrankung kann Interferon zu einer deutlichen Verkürzung des Krankheitsschubes führen, die Symptomatik verläuft deutlich milder.

HERPESVIRUSINFEKTION

URSACHE Felines Herpesvirus (FHV). Herpesviren persistieren in bestimmten Körperzellen und vermehren sich vor allem bei einer Abwehrschwäche (etwa bei Stress). Bei Katzen sind vor allem der Atmungstrakt und die Augen eine Schwachstelle. Nicht bei allen Herpes-positiven Katzen kommt es zum Ausbruch der Krankheit, nach Schätzungen sind es etwa 45 % der infizierten Katzen, die auch tatsächlich Symptome entwickeln.
SYMPTOME Die Viren führen oft zu einer Hornhautentzündung, die sich in gravierenden Fällen bis zum Hornhautgeschwür oder gar zum Hornhautdurchbruch verschlimmern kann. Der Nachweis des Virus ist leider nicht ganz einfach – eine Blutuntersuchung reicht nicht aus, da Antikörper gegen Herpesviren bei etwa 90 % aller Katzen auftreten, ohne dass diese jemals Symptome haben. Sicherer ist es, das Virus direkt in Zellen der Hornhaut oder der Lidbindehäute nachzuweisen.
BEHANDLUNG Bei einer FHV-Infektion kommen spezielle antivirale Augentropfen zum Einsatz. In letzter Zeit wird auch der Einsatz von Interferon – entweder als Spritze oder als lokale Augentropfen – propagiert.

KATZENSEUCHE (PANLEUKOPENIE)

URSACHE Felines Parvovirus.
SYMPTOME Schwere, blutige Durchfälle, Erbrechen. Hohe Sterberate, betroffen sind vor allem Welpen und Jungtiere. Die routinemäßigen Impfungen sowie verbesserte Aufzuchtbedingungen haben dazu geführt, dass diese Viruskrankheit heute in Deutschland eher selten ist. In anderen Ländern ist die Katzenseuche noch recht verbreitet und führt zu großen Verlusten.
BEHANDLUNG Symptomatische Therapie (Ersatz der verlorenen Flüssigkeit und Nährstoffe), Antibiotika. Passive Immunisierung bei ungeimpften Katzen. Interferon kann im Anfangsstadium eingesetzt werden. Erkrankte Katzen gehören in strikte Quarantäne, da die Krankheit hoch ansteckend ist.

HAUTERKRANKUNGEN

MILIARES EKZEM

URSACHE Flohspeichelallergie, Futtermittelreaktion, sonstige allergische Reaktionen, Milben etc.
SYMPTOME Kleine Krüstchen, die sich entweder auf bestimmte Körperstellen beschränken (oft Kopf, Nacken, Hals oder Rücken und Schwanzansatz) oder über den gesamten Körper verbreitet sind.
BEHANDLUNG Je nach Ursache mit Futterumstellung, Parasitenbehandlung, immunsuppressiven oder antibiotischen Medikamenten bzw. einer Kombination dieser Behandlungen.

EOSINOPHILER GRANULOMA-KOMPLEX

URSACHE Auslösende Faktoren sind Flohspeichelallergie, Futtermittelreaktionen, sonstige Allergien; außerdem gibt es eine genetische Komponente.
SYMPTOME Eosinophile Plaques: Einzelne, meist kleinere, nässende Geschwüre, oft am Bauch, an der Innenseite der Oberschenkel oder im hinteren Rumpfbereich. Eosinophiler Ulkus: Geschwür meist an der Oberlippe, bei Kätzinnen häufiger als bei Katern. Eosinophiles Granulom: meist strangförmig entlang der Hinterläufe, eher bei jungen Katzen.
BEHANDLUNG Behandlung der jeweils zugrunde liegenden Ursache (Futterumstellung, Flohbehandlung, immunsuppressive und antibiotische Therapie, Desensibilisierung).

HAARAUSFALL (ALOPEZIE)

URSACHE Allergien (durch den Juckreiz lecken sich die Katzen vermehrt, dadurch kommt es zum Haarverlust), Hautpilz, psychisch bedingt.

SYMPTOME Je nach Ursache mehr oder weniger stark ausgeprägter Haarverlust. Bei Flohspeichelallergie meist in der hinteren Körperregion, bei anderen Allergien auch weiter ausgebreiteter Haarverlust (Bauch, vorderer oder gesamter Körper betroffen). Bei Hautpilz oft typischer kreisrunder Haarausfall an einer oder mehreren Stellen. Bei psychischen Ursachen lecken sich die Katzen oft vermehrt in der Leistengegend oder an den Innenseiten der Vorderbeine.

BEHANDLUNG Je nach Ursache immunsuppressive Medikamente, Desensibilisierung, Parasiten- oder Pilzbehandlung, bei psychischen Ursachen Haltungsbedingungen verändern, evtl. Psychopharmaka.

ABSZESSE

URSACHE Bissverletzungen oder Krallenhiebe durch andere Katzen. Diese Verletzungen hinterlassen kleinste Perforationen, die sich sehr schnell wieder verschließen. Eingedrungene Bakterien, meist Eitererreger, vermehren sich unter der Haut und lassen die Stelle ein paar Tage nach dem Kampf anschwellen.

SYMPTOME Schmerzhafte Schwellungen, vor allem im Gesicht, an den Gliedmaßen oder im hinteren Rumpfbereich. Oft hat die Katze Fieber. Bei einem Abszess an der Gliedmaße wirkt meist das gesamte Bein verdickt, außerdem lahmt die Katze. Der Abszess kann sich nach außen öffnen und größere Mengen übel riechenden Eiters entleeren. Meist entdeckt man die Schwellung erst, wenn sie bereits eine beträchtliche Größe erreicht hat. Besteht eine harte Gesichtsschwellung über einen längeren Zeitraum, ohne dass sich ein Abszess bildet, sollte das Tier auf jeden Fall untersucht werden. Zahnwurzelprobleme oder Tumoren könnten die Ursache sein.

BEHANDLUNG Ein „reifer" Abszess kann gespalten und gespült werden, außerdem werden Antibiotika verabreicht.

AUGENERKRANKUNGEN

ERKRANKUNGEN DER HORNHAUT

Die Hornhaut begrenzt das Auge nach außen, sie ist durchsichtig und bietet dem empfindlichen Sehapparat einen gewissen Schutz. Durch Tränenflüssigkeit wird sie ständig feucht gehalten. Alle Hornhauterkrankungen sind schmerzhaft und sollten schnell tierärztlich behandelt werden, um Folgeinfektionen zu vermeiden.

HORNHAUTVERLETZUNGEN UND -ENTZÜNDUNGEN

URSACHE Krallenhiebe anderer Katzen, Dornen und sonstige spitze Gegenstände können die Hornhaut verletzen. Eine Hornhautentzündung (Keratitis) kann außerdem durch eine Virusinfektion (häufig: Herpesviren) ausgelöst werden. Man unterscheidet oberflächliche, tiefe und perforierende Hornhautverletzungen.

SYMPTOME Das betroffene Auge wird oft zugekniffen, es besteht vermehrter Tränenfluss. Die Hornhaut kann sichtlich verletzt sein, manchmal entdeckt man sogar noch einen fest sitzenden Fremdkörper (Stachel, Splitter etc.). Bei einer etwas länger zurückliegenden Verletzung ist die Hornhaut unter Umständen in einem Bereich milchig getrübt, man kann von den Seiten her einwachsende feine Blutgefäße erkennen. Die Nickhaut des betreffenden Auges kann vorgefallen sein.

BEHANDLUNG Eine antibiotische Behandlung ist wichtig, um eine bakterielle Folgeinfektion zu vermeiden. Oberflächliche Verletzungen heilen meist mit einer lokalen antibiotischen Behandlung (Augensalbe oder -tropfen) rasch ab. Perforierende Verletzungen und Hornhautgeschwüre (die sich in der Folge einer Verletzung bilden können) müssen oft von einem Spezialisten chirurgisch versorgt werden. Sowohl bei oberflächlichen als auch bei tiefen und perforierenden Hornhautverletzungen wird unter Umständen die Nickhaut für ein bis zwei Wochen über der Hornhaut festgenäht, um das verletzte Gebiet zu schützen („Nickhautschürze").

AB ZUM SPEZIALISTEN Sowohl der äußere als auch der innere Teil des Augapfels kann erkranken. Bei Augenproblemen suchen Sie am besten einen dafür spezialisierten Tierarzt (Veterinärophtalmologen) auf.

HORNHAUTSEQUESTER

URSACHE Meist nach einer Verletzung oder einer Herpesinfektion bildet sich ein dunkel gefärbtes Plättchen auf dem betroffenen Hornhautteil. Es können alle Katzen betroffen sein, besonders gefährdet sind jedoch kurzköpfige Rassen mit hervorstehenden Augen wie Perser. Bei diesen Rassen ist die Hornhaut oft zu trocken und zudem unempfindlicher, so dass Staub, Haare etc. die Katze weniger irritieren.
SYMPTOME Dunkel gefärbte Auflagerung auf der Hornhaut.
BEHANDLUNG Operative Entfernung und anschließende antibiotische Behandlung, um eine bakterielle Infektion zu vermeiden. Unbehandelt kann sich der Sequester in die Tiefe ausdehnen und erhöht die Anfälligkeit des Auges für bakterielle Infektionen.

IRISENTZÜNDUNG

URSACHE Eine Entzündung der Iris (der gefärbte Bereich rund um die Pupille) ist eine relativ häufige Augenerkrankung. Sie kann durch Verletzungen, Virusinfektionen oder Störungen des Immunsystems ausgelöst werden.
SYMPTOME Farbveränderungen, Trübungen oder sichtbare Blutungen. Bei einer akuten Irisentzündung ist die Pupille des betreffenden Auges verengt.
BEHANDLUNG Je nach Ursache. Unter Umständen sind Blutuntersuchungen und weitere diagnostische Verfahren notwendig. Die Behandlung reicht dann je nach Diagnose von einer einfachen lokalen Therapie (bei einer unkomplizierten Verletzung) bis hin zu Dauertherapien (bei chronischen Virus- oder Immunkrankheiten).

PROGRESSIVE RETINAATROPHIE (PRA)

URSACHE Erbkrankheit. Bei betroffenen Tieren wird die Netzhaut der Augen zunehmend zerstört – bis zur vollständigen Erblindung. Betroffen sind besonders Rassekatzen, hier vor allem Abessinier und Somalikatzen.

SYMPTOME Die Symptome beginnen meist zwischen 1,5 und 2 Jahren. Oft wird eine beginnende Sehschwäche durch die anderen Sinne kompensiert, sodass der Besitzer erst spät merkt, dass die Katze schlechter sieht. Ein erstes Anzeichen kann sein, dass sich die Katze im Dunkeln schlechter orientieren kann.

BEHANDLUNG Keine. Es gibt für die Rassen Abessinier und Somali einen Gentest, mit dem man PRA-Träger identifizieren und von der Zucht ausschließen kann. An PRA erkrankte Katzen haben die gleiche Lebenserwartungen wie nicht erkrankte Katzen, wenn die Haltung entsprechend des Sehverlustes angepasst wird (kein Freilauf, entsprechende Wohnungsgestaltung). Mit betroffenen Katzen darf nicht gezüchtet werden!

GLAUKOM (GRÜNER STAR)

URSACHE Anstieg des Augeninnendrucks. Man unterscheidet das primäre (erblich bedingt, bei der Katze selten) vom sekundären Glaukom (durch Entzündungen, vor allem der Iris).

SYMPTOME Große, starre Pupille(n), Schmerzen, in chronischen Fällen vergrößerter Augapfel, Sehverlust.

BEHANDLUNG Ein akutes Glaukom ist ein Notfall und sollte so schnell wie möglich von einem Spezialisten behandelt werden. Neben der Behandlung vorliegender Grunderkrankungen (Irisentzündung) steht die Senkung des Augeninnendrucks durch entsprechende Medikamente im Vordergrund.

OHRENERKRANKUNGEN

OHRENENTZÜNDUNGEN

Otitis externa (Entzündung des äußeren Gehörgangs) und Otitis media (Mittelohrentzündung)

URSACHE Otitis externa: Bei jungen Kätzchen recht häufig durch Ohrmilben. Weitere Ursachen sind bakterielle oder Pilzinfektionen, die durch Allergien begünstigt werden können. Auch Wucherungen wie Polypen können eine Otitis auslösen. Bricht eine Otitis durchs Trommelfell nach innen, kann eine Otitis media entstehen.

SYMPTOME Juckreiz, Ohrenausfluss (bräunlich krümelig bei Ohrmilben, sonst auch flüssig und gelblich). Steigt eine Infektion des Mittelohrs ins Innenohr auf, kann es zu Gleichgewichtsstörungen kommen.

BEHANDLUNG Je nach Ursache lokale oder systemische Behandlung der Milben bzw. Erreger. Ein chirurgischer Eingriff wird bei Wucherungen sowie bei hochgradigen Verengungen des Gehörgangs notwendig. Auch wenn sich die Erkrankung im Endstadium befindet bzw. nicht mehr auf Medikamente anspricht, kann eine Operation erforderlich werden.

POLYPEN

URSACHE Vermutet werden chronische Entzündungen, genetische Faktoren und/oder Herpes- und Caliciviren. Die gutartigen Wucherungen treten meist bei jüngeren Tieren auf; sie entstehen meist im Mittelohr und können sich entweder in den Gehörgang oder in den Nasenrachenraum ausdehnen.

SYMPTOME Je nach Lokalisation kommt es zu Atemproblemen, Stimmveränderung, Nasenausfluss, Niesen oder zu Ohrenentzündungen mit Kopfschiefhaltung und/oder Schielen.

BEHANDLUNG Operative Entfernung.

ERKRANKUNGEN DES NERVENSYSTEMS

HORNER-SYNDROM

URSACHE Unterbrechung der Augeninnervation. Diese Störung kann entweder im Bereich des Gehirns (durch Tumoren), im Verlauf der Nerven (durch Verletzungen im Halsbereich) oder in der unmittelbaren Umgebung der Augenhöhle (durch Infektionen) liegen.

SYMPTOME Vier typische Symptome (meist einseitig): kleine Pupille, herabhängendes Oberlid, eingesunkener Augapfel und Nickhautvorfall.
BEHANDLUNG Je nach Ursache. Die Heilung (falls möglich) kann mehrere Monate dauern.

FAZIALISPARESE

URSACHE Lähmung eines bestimmten Gesichtsnervs (Nervus facialis), etwa durch Entzündungen oder Tumoren des Mittel- und Innenohrs. Auch Verletzungen und Nervenerkrankungen können zu einer Fazialisparese führen.
SYMPTOME Herabhängen von Augenlid und Mundwinkel einer Gesichtsseite. Dadurch kommt es zu Speichelfluss und dem Unvermögen, das betroffene Auge zu schließen.
BEHANDLUNG Je nach Ursache kann sich der Gesichtsnerv wieder regenerieren, in manchen Fällen bleibt die Lähmung dauerhaft.

EPILEPSIE

URSACHE Man unterscheidet primäre Epilepsie ohne erkennbare Ursache und sekundäre Epilepsie als Folge von Gehirnerkrankungen wie Infektionen, Verletzungen, Tumoren, Vergiftungen. Eine sekundäre Epilepsie kann auch lange Zeit nach der zugrunde liegenden Störung auftreten, also als Spätfolge.
SYMPTOME Entweder als partielle Epilepsie (Kopfschütteln, Kieferschlagen, Krämpfe in einer Gliedmaße, plötzliches Verdrehen des Kopfes oder Rumpfes, unmotiviertes Schreien oder Angstzustände) oder als generalisierter Krampfanfall (die Katze bricht plötzlich bewusstlos zusammen, in Seitenlage kommt es erst zu Streck- und dann zu zuckenden Krämpfen. Spontaner Kot- und Harnabsatz sowie Speichelfluss kommen häufig dazu). Manche Tiere erholen sich innerhalb von Minuten, andere zeigen noch Stunden nach dem Anfall Verhaltensänderungen, Bewegungsstörungen und/oder können nicht sehen. Die partielle Epilepsie kann in einen generalisierten Anfall übergehen. Epileptische Anfälle können regelmäßig (einmal im Monat oder der Woche) auftreten, manche Katzen haben nur einen einzigen Anfall. Bestimmte Situationen (Stress, Aufregung, Allgemeinkrankheiten oder Narkosen) können bei einem epileptischen Tier einen Anfall auslösen.
BEHANDLUNG Zu Beginn steht die Abklärung, ob eine primäre oder sekundäre Epilepsie vorliegt. Bei Grunderkrankungen müssen diese, falls möglich, therapiert werden. Es gibt verschiedene sogenannte Antikonvulsiva, die zur Behandlung der Krampfanfälle eingesetzt werden können. Mit einer Therapie sollte spätestens nach dem zweiten bis dritten Anfall begonnen werden.

NACHWEHEN Manche Katzen sind nach einem epileptischen Anfall apathisch, andere erholen sich schnell.

ERKRANKUNGEN DES VERDAUUNGSAPPARATES

MAULSCHLEIMHAUTENTZÜNDUNG

(Gingivitis-Stomatitis-Oropharyngitis-Komplex/GSO)

URSACHE Die Ursache ist in der Regel eine Kombination von gestörter Immunabwehr und Viren (hauptsächlich Caliciviren). Viele Katzen, die an FeLV und/oder FIV leiden, zeigen GSO-Symptome.

SYMPTOME Viele Katzen leiden unter chronisch wiederkehrenden Entzündungen von Zahnfleisch und Maulschleimhäuten. Unbehandelt können sich diese Entzündungen zu regelrechten Wucherungen entwickeln, die den Katzen starke Schmerzen bereiten und dadurch auch das Allgemeinbefinden und den Appetit beeinträchtigen.

BEHANDLUNG Die bisher gängige Therapie bestand aus einer Zahnsanierung, meist begleitet von Cortisoninjektionen in das entzündete Gewebe, und einer zusätzlichen Antibiotikatherapie. Bei manchen Katzen treten die Entzündungen bereits vier bis sechs Wochen nach einer Behandlung wieder auf, andere haben nur einmal im Jahr eine Attacke. Alternativ zum Cortison wählen manche Tierärzte ein Hormonpräparat, entweder als Injektion oder als Tabletten. Sowohl die Cortison- als auch die Hormondepots zeigen in der Regel eine schnelle Wirkung, haben aber den Nachteil, dass sie über einen längeren Zeitraum wiederholter Behandlungen zu teils beachtlichen Nebenwirkungen und Spätfolgen führen können. Bei manchen Katzen werden als letzte Möglichkeit alle Backenzähne, manchmal sogar alle Zähne gezogen (bei ca. 80 % der Patienten führt diese radikale Maßnahme zu einem dauerhaften Erfolg, die restlichen 20 % bekommen auch ohne Zähne GSO). Hier wird eine alternative Therapie mit Interferon empfohlen.

KONTROLLBLICK Maulschleimhautentzündungen sind bei Katzen leider weit verbreitet.

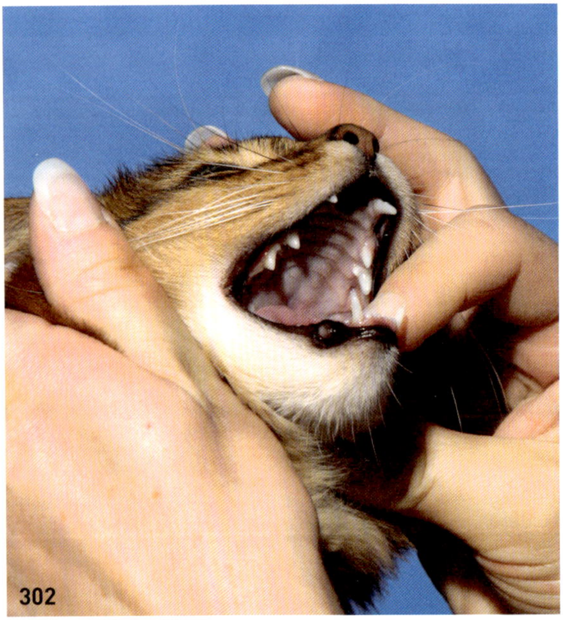

VERSTOPFUNG

URSACHE Übergewicht, mangelnde Bewegung, einseitige Ernährung. All dies begünstigt Darmträgheit. Darmlähmung durch Nervenerkrankungen oder -verletzungen, Einengungen des Darms durch Narben und Tumoren können zu Verstopfung führen, ebenso abgeschluckte Fremdkörper, die den Darm blockieren.

SYMPTOME Fehlender Kotabsatz über mehrere Tage; die Katze versucht erfolglos, Kot abzusetzen. Vor allem bei Begleitsymptomen wie Erbrechen, Schmerzen beim Hochnehmen und apathischem Verhalten sollten Sie zum Tierarzt gehen. Vorsicht: Häufig werden die Symptome einer Harnwegserkrankung für Verstopfung gehalten. Kontrollieren Sie, ob die Katze Urin absetzt!

BEHANDLUNG Therapie der Ursache. In leichteren Fällen können Futterumstellung und Bewegung ausreichend sein, bei einer stärkeren Kotansammlung muss ein Einlauf gegeben werden. Manchmal ist der Kot schon so hart, dass er wie ein Pfropf vor dem Darmausgang sitzt und zu einem massiven Stau führt, der manuell bei einer Darmspülung entfernt werden muss. Diese für die Katze sehr unangenehme Prozedur wird in der Regel in Vollnarkose durchgeführt. Unter Umständen ist eine Operation nötig (Tumoren, fest sitzende Fremdkörper, Beckenbruch).

MOPPELIG Übergewicht ist bei Katzen recht verbreitet und kann gravierende gesundheitliche Folgen haben: „Wohlstandskrankheiten“ wie Diabetes und Asthma treten bei übergewichtigen Katzen häufiger auf.

FETTLEBER (HEPATISCHE LIPIDOSE)

URSACHE Mangelnde Futteraufnahme, vor allem bei übergewichtigen Katzen. Dadurch wird Fett abgebaut, das in den Leberzellen abgelagert und nicht abtransportiert und ausgeschieden werden kann. So kann es schließlich zum Leberversagen kommen. Vor allem übergewichtige Katzen sollten nie einer Hungerkur unterzogen werden; bei jeder plötzlichen Futterverweigerung, die länger als 24 Stunden anhält, sollte der Tierarzt konsultiert werden.

SYMPTOME Appetitmangel, Gewichtsverlust, Gelbsucht, Blässe, Erbrechen, Durchfall, Austrocknung, im fortgeschrittenen Stadium auch Ausfallserscheinungen, Gerinnungsstörungen.

BEHANDLUNG Zufuhr von Kalorien, Flüssigkeit, Vitaminen und Elektrolyten, in der Regel über Magensonde und Infusionen. Bei Bedarf auch Vitamin K zur Förderung der Blutgerinnung.

ERKRANKUNGEN DER ATEMWEGE

BRACHYZEPHALIE-SYNDROM

URSACHE Stark verkürzter Gesichtsschädel und dadurch verengte Nasenlöcher, fehlgebildete Nasenmuscheln, verlängertes Gaumensegel. Vorkommen: bei Rassen mit verkürzten Schädeln wie Perserkatzen und Exotic Shorthair.

SYMPTOME Atemnot, schnarchende Atemgeräusche, Blaufärbung der Schleimhäute, Erstickungsanfälle.

BEHANDLUNG Korrektur der missgebildeten Strukturen durch Operation oder Laser. Keine Zucht mit betroffenen Tieren!

FELINES ASTHMA

URSACHE Verschiedene Faktoren wie Bronchienverengung, erhöhte Schleimproduktion, Entzündungen der Luftwege etc., oft ausgelöst durch allergische Reaktionen.

SYMPTOME Je nach Schweregrad und auslösenden Faktoren; typische Symptome sind Husten, gelegentliche anfallsartige Atemnot, ziehende Atemgeräusche. Oft treten die Anfälle auf, nachdem die Katze reizenden Substanzen ausgesetzt war (etwa Zigarettenrauch, parfümiertes Katzenstreu, Haarspray, Teppichreiniger, Pflanzenpollen etc.).
BEHANDLUNG Eine Katze mit akuter Atemnot ist ein Notfall und wird mit immunsuppressiven Medikamenten behandelt, evtl. muss Sauerstoff zugeführt werden. Eventuelle Allergiequellen sollten aufgedeckt und eliminiert, mögliche bakterielle Infektionen antibiotisch behandelt werden. Viele betroffene Katzen müssen regelmäßig cortisonhaltige und/oder bronchienerweiternde Medikamente einnehmen.

LUNGENWÜRMER

URSACHE Infektion mit dem Parasiten Aelurostrongylus Abstrusus. Dieser kleine Wurm lebt in den Luftwegen und dem Lungengewebe von Katzen, er wird über kleinere Tiere wie Schnecken oder Eidechsen übertragen. In Deutschland eher selten, kommt der Parasit in südlichen Ländern häufig vor und betrifft vor allem Katzen, die aus den Urlaubsländern mitgebracht werden.
SYMPTOME Ähnlich dem Felinen Asthma, vor allem Husten.
BEHANDLUNG Antiparasitika, in der Regel wird das Medikament einmalig oder zweimalig im Abstand von 2 Wochen gespritzt.

THORAXERGUSS

URSACHE Flüssigkeitsansammlung (durch Lymphe, Sekret, Blut etc.) im Brustkorb, entweder durch ein Trauma, durch gestörten Lymphabfluss (wegen Tumoren, Herz- oder Lungenerkrankungen) oder Entzündungen und Infektionen.
SYMPTOME Schweratmigkeit, Schwäche, Appetitlosigkeit; je nach Ursache auch Fieber.
BEHANDLUNG Absaugen der Flüssigkeit, weitere Therapie je nach Ursache (Bestrahlung und Chemotherapie bei Tumoren, Behandlung von Herzerkrankungen etc.).

ERKRANKUNGEN DER HARNWEGE

AKUTES NIERENVERSAGEN

URSACHE Toxisch: durch Medikamente (bestimmte Antibiotika, Entzündungshemmer, Chemotherapie, Narkosemittel etc.), Pestizide, Glykol u. a. Blutdruckabfall kann ebenfalls zu einem akuten Nierenversagen führen, da es hierbei zu einer Minderdurchblutung der Nieren kommt.
SYMPTOME Unspezifische Symptome wie Apathie, Appetitmangel, Erbrechen, Durchfall, Austrocknung, manchmal auch Maulgeruch und Geschwüre an Zunge und Maulschleimhaut. Die Symptome treten Stunden oder Tage nach der Nierenschädigung auf.
BEHANDLUNG Flüssigkeitszufuhr, Medikamente zur Steigerung der Nierendurchblutung, weitere Behandlung je nach individuellem Bedarf (Elektrolytausgleich, Dauermedikamente absetzen etc.).

CHRONISCHES NIERENVERSAGEN

URSACHE Mögliche Ursachen sind Nierenentzündungen durch Krankheitserreger oder durch Autoimmunerkrankungen, Tumoren, Gifte, Minderdurchblutung der Nieren, Nierensteine, Harnabsatzstörungen oder Erbkrankheiten.
SYMPTOME Gewichtsverlust, erhöhter Durst und Harnabsatz, Blässe (Anämie), schlechter körperlicher Zustand, evtl. Erbrechen. Die Symptome entwickeln sich über einen längeren Zeitraum (Wochen, Monate oder sogar Jahre).
BEHANDLUNG Je nach Ursache: Bei hohem Blutdruck Gabe von blutdrucksenkenden Mitteln, evtl. Futterumstellung auf phosphorreduziertes Spezialfutter, Absetzen nierenschädigender Dauermedikamente, Behandlung der Anämie etc.

ZYSTENNIERE (POLCYSTIC KIDNEY DISEASE, PKD)

URSACHE Erbkrankheit. Auslöser ist ein Gen, das mittlerweile auch per Gentest erkannt werden kann. Betroffen sind vor allem Perserkatzen und verwandte Rassen wie Heilige Birma und Maine Coon.

SYMPTOME Mattheit, Appetitlosigkeit, Abmagerung, vermehrte Wasseraufnahme und gesteigerter Harnabsatz, im fortgeschrittenen Stadium auch Erbrechen. Schmerzen fehlen in der Regel. Nicht alle Katzen mit Nierenzysten zeigen Symptome. Diese treten erst auf, wenn die Zysten ungefähr zwei Drittel des Nierengewebes verdrängt haben.

BEHANDLUNG Es gibt keine ursächliche Behandlung. Die symptomatische Behandlung entspricht der einer Niereninsuffizienz. Wichtig ist die Prophylaxe: Routinemäßige Untersuchung aller Zuchttiere, keine Zucht mit betroffenen Katzen.

HARNABSATZSTÖRUNGEN

(Feline Lower Urinary Tract Disease/FLUTD)

URSACHE Unter dieser Bezeichnung werden Harnwegserkrankungen zusammengefasst, die die unteren harnableitenden Organe betreffen (vor allem die Harnröhre). Mögliche Ursachen sind Harnsteine und -gries, sonstige

NICHT ZU SPASSEN Harnabsatzbeschwerden kommen vor allem bei Katern nicht selten vor; sie sind für die Tiere äußerst unangenehm und müssen unbedingt behandelt werden.

Konkremente, Schleimhautreizungen, Infektionen, Tumoren und sogenannte idiopathische Faktoren (ohne äußere Ursache). Besonders gefährdet sind übergewichtige Katzen. Vor allem bei Katern kann es durch die enge und gebogene Harnröhre zu Blockaden kommen.
SYMPTOME Harnverhalten, schmerzhafter Harnabsatz, blutiger Harn.
BEHANDLUNG Je nach Ursache Beseitigung der Blockade (Spülung der Harnröhre und -blase), Auflösung der Harnkonkremente (meist durch Medikamente), Futterumstellung, evtl. operative Stein- oder Tumorentfernung, Medikamente (Antibiotika, Entzündungshemmer, Schmerzmittel, schleimhautschützende Mittel).

ERKRANKUNGEN DES BEWEGUNGSAPPARATES

ARTHROSE

URSACHE Unter Arthrose versteht man eine Gelenkerkrankung, die meist durch eine Über- oder Fehlbeanspruchung der Gelenke entsteht. Es gibt verschiedene Faktoren die das Entstehen begünstigen können: Alter und Übergewicht können eine Rolle spielen, genetisch bedingte Knochen- oder Knorpelmissbildungen, chronische Fehlernährung, außerdem gibt es arthrotische Veränderungen als Spätfolge nach Knochenbrüchen.
SYMPTOME Schmerzen, die Katze zieht sich zurück, bewegt sich weniger, reagiert unter Umständen aggressiv. Je nach betroffenen Körperteilen auch Lahmheit, Verstopfung etc.
BEHANDLUNG hängt von der individuellen Ausprägung ab. In der Regel Schmerzmittel, außerdem Futterzusätze zum Gelenk- und Knorpelschutz bzw. -aufbau. Die Haltung sollte angepasst werden, Reduktion von Übergewicht, um die Gelenke zu schonen.

ARTHRITIS

URSACHE Eine Arthritis ist eine Gelenkentzündung. Man unterscheidet die infektiöse Arthritis, bei der Krankheitserreger wie Bakterien beteiligt sind (etwa nach perforierenden Verletzungen) und die immunbedingte Arthritis, die durch die Ablagerung von Immunkomplexen ausgelöst wird. Außerdem kann ein Gelenk bei einer akuten Überbeanspruchung mit einer Arthritis reagieren. Die sogenannte Polyarthritis betrifft mehrere Gelenke gleichzeitig.
SYMPTOME Eine Arthritis geht meist mit Schmerzen, Bewegungsunlust und Lahmheit, Gelenkschwellung und oft Fieber einher.
Bei der immunbedingten Arthritis sind meist die Sprunggelenke und Handwurzelgelenke betroffen.
BEHANDLUNG Bei einer bakteriellen Arthritis werden Antibiotika gegeben, im Extremfall muss das Gelenk chirurgisch eröffnet und gesäubert werden. Bei der immunbedingten Arthritis kommen meist Cortikosteroide zum Einsatz. Entzündungshemmer (Schmerzmittel) werden je nach Ursache und Symptomen verabreicht, außerdem muss das entzündete Gelenk geschont werden.

BECKENFRAKTUR

URSACHE Einen Beckenbruch ziehen sich Katzen in der Regel durch Unfälle (Autounfälle oder Fensterstürze) zu.
SYMPTOME Die Katze kann unmittelbar nach dem Unfall meist nicht mehr oder nur unter Schwierigkeiten aufstehen und laufen. Der hintere Körperbereich ist berührungsempfindlich. Kot- und Harnabsatz sind möglicherweise gestört bis unmöglich.
BEHANDLUNG Je nach Art des Beckenbruchs (die durch Röntgenaufnahmen festgestellt wird) kann die Heilung konservativ erfolgen oder es muss operiert werden. Bei der konservativen Heilung muss die Katze einige Wochen ruhig gehalten werden (Käfigruhe), je nach Bedarf kommen Schmerzmittel zum Einsatz. Komplikationen bzw. Spätfolgen eines schlecht ausgeheilten Beckenbruchs kann ein verengter Beckenausgang sein, der zu Kotabsatzproblemen und bei trächtigen Kätzinnen zu Geburtsproblemen führen kann. Bei der Operation werden die Bruchteile in der Regel durch Metallplatten miteinander verbunden.

DAUERND DURST Meist fällt es sehr schnell auf, wenn eine Katze mehr als gewöhnlich trinkt. Erhöhter Durst kann auf verschiedene Ursachen hindeuten (etwa Diabetes oder Nierenprobleme).

HORMON- UND STOFFWECHSELSTÖRUNGEN

DIABETES MELLITUS

URSACHE Bei dieser Krankheit produziert die Bauchspeicheldrüse kein oder zu wenig Insulin. Insulin ist im Körper für die Verstoffwechslung von Zucker zuständig. Die Ursache ist entweder genetisch (eher selten) oder durch die Haltungsbedingungen (Übergewicht, zu wenig Bewegung, zu viele Kohlenhydrate im Futter).

SYMPTOME Fehlt Insulin, kann der Zucker nicht verwertet werden. Die Tiere magern ab und haben gleichzeitig ständig Hunger und Durst. Sowohl der Blutzucker als auch der Harnzucker sind erhöht.

BEHANDLUNG Insulin wird als Injektion verabreicht. In der Regel lernen die Besitzer, ihre Katzen zu spritzen. In regelmäßigen Abständen werden Blutzucker und Fruktosamin (ein Langzeitwert) untersucht. In vielen Fällen führt übrigens bereits eine Umstellung der Haltung und Ernährung zu einer Verbesserung.

SCHILDDRÜSENÜBERFUNKTION (HYPERTHYREOSE)

URSACHE Überproduktion von Schilddrüsenhormon (Thyroxin), meist durch die Bildung gutartiger Wucherungen. Nicht genau bekannt ist, warum die sogenannten Adenome entstehen.

SYMPTOME Starker Durst und Harndrang, Gewichtsverlust trotz gesteigertem Appetit, Durchfall und Erbrechen, struppiges Fell; Ruhelosigkeit, beschleunigter Herzschlag. Betroffen sind meist ältere Katzen (über 9 Jahre).

BEHANDLUNG Meist medikamentös; außerdem gibt es die Möglichkeit der operativen Schilddrüsenentfernung oder der Radiojodtherapie, die in einer Spezialklinik durchgeführt werden muss.

PYRUVATKINASEMANGEL (PK-MANGEL)

URSACHE Erbkrankheit, bei der wegen eines Enzymmangels die roten Blutkörperchen vorzeitig abgebaut werden. Betroffen sind vor allem Abessinier und Somalikatzen. Die Folge ist eine chronische Anämie (Blutarmut).

SYMPTOME Schwäche, Appetitlosigkeit, Blässe, Gelbsucht. Man unterscheidet eine schubweise auftretende Phase mit immer wiederkehrenden Symptomen sowie eine akute „hämolytische Krise“, die etwa durch Stress ausgelöst werden kann.

BEHANDLUNG Es können, vor allem in einer akuten Krise, Bluttransfusionen eingesetzt werden, eine Heilung gibt es allerdings nicht. Es existiert ein Gentest, mit dem erkrankte sowie symptomlose Trägertiere identifiziert werden können. Vor der Zucht sollten alle Katzen betroffener Rassen getestet werden.

ERKRANKUNGEN DES HERZ-KREISLAUF-SYSTEMS

HERZINSUFFIZIENZ

URSACHE Herzmuskelerkrankungen (etwa HMC), angeborene Herz- oder Gefäßmissbildungen, Herzklappendegenerationen etc.
SYMPTOME Schwäche, Blässe, Appetitlosigkeit, Bauchwassersucht, blaue Zunge. Im fortgeschrittenen Stadium Atemnot, Hecheln. Bei angeborenen Missbildungen bleiben die Kätzchen in der Entwicklung zurück. Oft kompensieren Katzen die Symptome einer Herzerkrankung relativ lang, sodass erst beim Auftreten von Atemnot auffällt, dass etwas nicht in Ordnung ist.
BEHANDLUNG Je nach Ursache durch Medikamente oder chirurgisch (bei angeborenen Missbildungen).

HYPERTROPHE KARDIOMYOPATHIE (HMC)

URSACHE Zunehmende Verdickung des Herzmuskels, tritt gehäuft bei bestimmten Rassen auf (Maine Coon, Perser, Ragdoll, Rex, Britisch Kurzhaar), kann aber auch bei anderen Rassen und Hauskatzen vorkommen. Es gibt zwei Formen: Primäre HMC: Genetisch bedingt, betroffen sind mehr Kater als Kätzinnen, Auftreten meist im Alter zwischen 9 Monaten und 5 Jahren. Sekundäre HMC: Bildet sich als Folgeerscheinung einer Grunderkrankung, die zu erhöhtem Blutdruck führt, wie chronisches Nierenversagen oder Schilddrüsenüberfunktion.
SYMPTOME Appetitlosigkeit, vermehrtes Ruhebedürfnis, Schwäche, Maulatmung/Hecheln, bläuliche Schleimhäute, praller Bauch (durch Wasseransammlung), evtl. Lähmungserscheinungen der Hinterbeine (durch Aortenthrombose).
BEHANDLUNG Je nach Stadium der Erkrankung und Symptomen werden entwässernde und/oder Herzmedikamente verabreicht. Zur Vermeidung von Thrombosen werden unter Umständen Gerinnungshemmer gegeben.

AORTENTHROMBOSE

URSACHE Blutgerinnsel (Thrombus), meist ausgelöst durch eine zugrunde liegende Herzerkrankung. Der Thrombus wird in der linken Herzkammer gebildet und über die Blutbahn weitergeschwemmt. Dabei können Blutgefäße verstopft werden. Eine häufige Stelle für eine solche Embolie ist die Aufzweigung der Aorta in die Oberschenkelarterien.
SYMPTOME Plötzliche Schmerzäußerung, Lähmungserscheinungen eines oder beider Hintergliedmaßen. Die Beine werden fühlbar kühler.
BEHANDLUNG Es handelt sich um einen Notfall, betroffene Katzen müssen schnellstmöglich tierärztlich behandelt werden.

KEINE LUST ZUM SPIELEN Herzkranke Katzen sind meist leistungsschwächer und ruhen mehr als gesunde Tiere.

ANGEBOREN Manche Kätzchen haben bereits angeborene Herzerkrankungen.

TUMORERKRANKUNGEN

FIBROSARKOM

URSACHE Bindegewebskrebs, der schnell und aggressiv wächst. Man brachte diese Tumorart vor allem mit Impfungen in Verbindung. Heute vermutet man, dass weniger der Impfstoff, als eher der lokale Reiz durch die Injektion als auslösender Faktor infrage kommt. Auch ein bestimmtes Virus (Felines Sarkomvirus) kommt als Auslöser infrage. Höchstwahrscheinlich tragen mehrere Faktoren zur Entstehung eines Fibrosarkoms bei.
SYMPTOME Derbe, grobhöckrige Umfangsvermehrungen, die vor allem am Rumpf und an den Gliedmaßen auftreten. Rasches Wachstum. Vor allem verdächtig sind Schwellungen an Injektionsstellen, die mindestens 3 Monate bestehen, größer als 2 cm sind oder noch nach einem Monat weiterwachsen.
BEHANDLUNG Großflächige operative Entfernung. Je frühzeitiger ein Fibrosarkom entfernt wird, desto besser ist die Prognose. Nach operativer Entfernung tritt der bösartige Tumor bei etwa 70 % der Katzen erneut auf. Ein neuartiger Therapieansatz ist die zusätzliche Behandlung mit Interferon. In verschiedenen Fällen konnte so die Tumorneubildung deutlich hinausgezögert werden.

PLATTENEPITHELKARZINOM

URSACHE Hautkrebs, der vor allem unpigmentierte und dünn behaarte Körperstellen befällt. Typische Stellen sind die Ohrspitzen, Augenlider und der Nasenspiegel. Ein Faktor, der den Ausbruch dieser Krebsart begünstigt, ist die UV-Strahlung. Besonders betroffen sind daher auch weiße Katzen aus südlichen Ländern.
SYMPTOME Der typische Patient ist weiß bzw. hat weiße Flecken an Ohren und/oder Gesicht. Betroffen sind vor allem ältere Katzen. Plattenepithelkarzinome beginnen als kleine gerötete Stellen, die man anfangs oft mit einer Verletzung verwechselt. Sie breiten sich aber rasch aus und wachsen aggressiv. Ohne Behandlung „fressen" sie tiefe Löcher in das betroffene Gewebe.
BEHANDLUNG Operative Entfernung. Je früher man interveniert, desto besser sind die Heilungschancen. Sind die Ohren befallen, wird die Ohrmuschel an der Basis amputiert, um einen Rückfall zu vermeiden. Etwas schwieriger sind Operationen im Bereich der Nase und der Lider. Hier muss unter Umständen bestrahlt bzw. mit Laser behandelt werden. Die beste Prävention ist der UV-Schutz hellhäutiger Katzen. Wichtig für den Therapieerfolg ist die frühzeitige Intervention. Da die sogenannten solarinduzierten (durch Sonnenlicht ausgelöste) Plattenepithelkarzinome nicht zu Metastasen neigen, kann der Patient bei früher Therapie geheilt werden.

LYMPHOSARKOM

URSACHE Entartung der Lymphozyten. FeLV-positive Katzen sind sechsmal mehr gefährdet, an einem Lymphosarkom zu erkranken als andere Katzen.
SYMPTOME Da Lymphozyten in fast jedem Organ vorkommen, kann der Tumor auch fast alle Organe befallen. Entsprechend vielgestaltig können die Symptome sein. Häufig bildet sich ein Lymphosarkom in den Lymphknoten des Brustkorbs und führt zu einem Thoraxerguss. Aber auch der Magen-Darm-Trakt kann befallen sein (Durchfall, Erbrechen, Appetitlosigkeit), Leber, Milz oder das Knochenmark (Leukämie, einer Vermehrung der entarteten Zellen im Blut). Es gibt auch vereinzelte Lymphosarkome im Auge, in der Niere oder im Nervensystem.
BEHANDLUNG Die Diagnose wird in der Regel über eine Blutprobe oder die Untersuchung einer Zellprobe aus dem betroffenen Gewebe gestellt. Die Katze sollte immer auch auf das FeLV getestet werden. Die besten Erfolgsaussichten bietet eine Chemotherapie, hierdurch kann die Erkrankung über einen gewissen Zeitraum (Monate, manchmal sogar Jahre) kontrolliert werden. Dabei sprechen FeLV-negative Katzen besser auf eine Therapie an als FeLV-positive. Die Prognose hängt immer von verschiedenen Faktoren wie dem Allgemeinzustand der Katze und den betroffenen Organen ab.

SERVICE

Nützliches zum Schluss

ZUM WEITERLESEN

Bailey, Gwen: **Was denkt meine Katze?** Katzenverhalten auf einen Blick. 2005

Bohnenkamp, Gwen und Renate Jones: **Was Katzen wirklich brauchen.** Verhalten verstehen und Probleme lösen. 2009

Federer, Gabi und Martino Rivas: **Spiele für Katzen.** Die schönsten Tricks für Stubentiger. 2009

Grimm, Hannelore: **Kätzchen** – halten & pflegen, verstehen & beschäftigen. 2007

Grimm, Hannelore: **Wohnungskatzen** – halten & pflegen, verstehen & beschäftigen. 2008

Halls, Vicky: **Die Katzenflüsterin.** Erfolgreiche Kommunikation, vertrauensvolles Miteinander. 2007

Halls, Vicky: **Katzen und ihre Menschen.** Wege zu einer harmonischen Beziehung. 2010

Johnson, Pam: **Katzenpsychologie.** Ratschläge und Erfahrungen einer Katzentherapeutin. 2011

Lauer, Isabella: **Meine Katze.** Rundum Katzen, gut versorgt, natürlich gesund, Spiel & Spaß, Verhalten verstehen. 2011

Leyhausen, Paul: **Katzenseele.** Wesen und Sozialverhalten. 2005

Metz, Gabriele: **Katzenrassen.** Alle Rassen und alle Farben. 2006

Metz, Gabriele: **Was Samtpfoten glücklich macht.** 2011

Rauth-Widmann, Brigitte: **Katzensprache.** Verhalten erkennen & verstehen. 2009

Seidl, Denise: **Mit Katzen leben.** Richtig pflegen, füttern und beschäftigen. 2007

Seidl, Denise: **Spiel & Spaß für Katzen.** Die schönsten Spielideen für Stubentiger. 2010

Seidl, Denise: **Wenn meine Katze Probleme macht.** Katzenverhalten verstehen, Probleme lösen. 2008

Theby, Viviane: **Clickern mit meiner Katze.** Der Trick mit dem Klick – Katzen spielerisch erziehen. 2009

Turner, Dennis C.: **Turners Katzenbuch.** Wie Katzen sind, was Katzen wollen. 2010

Whitehead, Sarah: **Das Katzenbuch für Kids.** So fühlt sich deine Katze wohl. 2008

Dr. Wolf: **Dr. Wolfs Tiersprechstunde für Katzen.** 2003

Wright, John C.: **Katzen auf der Couch.** Rat und Hilfe vom Katzentherapeuten. 2009

Hiermit danken wir den Firmen **KARLIE** und **WOLTERS CAT AND DOG** für die großzügige Unterstützung bei der Erstellung der Fotos für dieses Buch. Die zur Verfügung gestellten Produkte ermöglichten innovative Fotostrecken, die – neben bewährter Qualität – auch neuste Trends zeigen.

QUELLEN

Cook, S.E. & Bradshaw, J.W.S. (1995). The development of "behavioural style" in domestic cats – a field study. In "Proceedings of the 7th International Conference on Human-Animal Interactions, Geneva

Karsh, E.B. (1983a). The effects of early handling on the development of social bonds between cats and people. In: New Perspectives on Our Lives with Companion Animals, ed. A.H. Katcher & A.M. Beck, pp. 22–28. Philadelphia: University of Pennsylvania Press

Karsh, E.B. (1983b). The effects of early and late handling on the attachments of cats to people. In: The Pet Connection, Conference Proceedings, ed. R.K. Anderson, B.L. Hart & L.A. Hart. St. Paul: Globe

Karsh, E.B. & Turner, D.C. (1988). The human-cat relationship. In: The Domestic Cat: The Biology of its Behaviour. 1st edn, ed. D.C. Turner & P. Bateson, pp. 159–177 Cambridge: Cambridge University Press

McCune, S. (1995). The impact of paternity and early socialisation on the development of cats' behaviour to people and novel objects. Applied Animal Behaviour Science, 45, pp. 109–124

Reisner, I.R., Houpt, K.A., Erb, H.N. & Quimby, F.W. (1994). Friendliness to humans and defensive aggression in cats: The influence of handling and paternity. Physiology & Behavior, 55, pp. 1119–1124

Turner, D.C., Feaver, J., Mendl, M. & Bateson, P. (1986). Variation in domestic cat behaviour towards humans – a paternal effect. Animal Behaviour, 34, 1890–2

NÜTZLICHE ADRESSEN

Fédération Internationale Féline (FIFe)
17 Rue du Verger
L-2665 Luxembourg
www.fifeweb.org

World Cat Federation (WCF)
Geisbergstr. 2
D-45139 Essen
www.wcf-online.de

1. Deutscher Edelkatzenzüchter-Verband (1. DEKZV)
Berliner Straße 13
D-35614 Asslar
www.dekzv.de

Österreichischer Verband für die Zucht und Haltung von Edelkatzen (ÖVEK)
Liechtensteinstraße 126
A-1090 Wien
www.oevek.at

Fédération Féline Helvétique (FFH)
Büntacher 22
CH-5626 Hermetschwil
www.ffh.ch

Deutsches Haustierregister
Baumschulallee 15
D-53115 Bonn
www.registrier-dein-tier.de

Gesellschaft für Tierverhaltensmedizin und -therapie (GTVMT)
www.gtvt.de

Bundesministerium für Ernährung, Landwirtschaft und Verbraucherschutz

Dienstsitz Bonn
Rochusstraße 1
D-53123 Bonn
Telefon: 0228-99529-0
Telefax: 0228-99529-3179

Dienstsitz Berlin
Wilhelmstraße 54
D-10117 Berlin
Telefon: 030-18529-0
Telefax: 030-18529-3179
www.bmelv.de

REGISTER

K

L

M

N

O

P

Q

BILDNACHWEIS

283 Farbfotos wurden von Gabriele Metz/Kosmos für dieses Buch aufgenommen. Weitere Farbfotos von Tatjana Drewka (7; S. 25, 96–97, 130, 134, 152, 212, 310–311), Fotolia/ digital-fineart (1; S. 50), Fotolia/Jens Klingenbiel (1; S. 20), Fotolia/Dmitry Naumov (1; S. 238), istockphoto/Anna Uthekhina (1; S. 1), istockphoto/Svetlana Valuyskaya (1; S. 45), Renate Jones (11; S. 4l., 12, 15o., 18, 28, 39, 246, 248, 249, 253, 253), Juniors Bildarchiv (15; S. 8 beide, 9, 11, 31, 44, 48, 49, 58, 85, 156, 233, 257, 275, 291), Kurt Kracher/Kosmos (21; S. 38, 46, 120, 197, 206u., 207 beide, 212o., 216 beide, 222 beide, 230–231, 236, 237 beide, 247 beide, 258, 259, 285, 287), Anna Laukner (1; S. 5r.), Peter Oppenländer (13; S. 43, 54, 55, 57 alle 3, 235, 241, 244, 245, 252, 262, 263). Picani-Bildagentur (9; S. 15 o., 19, 36, 37, 40 alle 3, 41, 59), Sabine Rath (1; S. 13), Christof Salata/Kosmos (2; S. 184 beide), Viviane Theby (3; S. 200 alle 3).

IMPRESSUM

Umschlaggestaltung von GRAMISCI Editorialdesign unter Verwendung von zwei Farbfotos von plainpicture/Ute Mans (U1) und Gabriele Metz/ Kosmos (U4)

Mit 375 Farbfotos.

Alle Angaben in diesem Buch erfolgen nach bestem Wissen und Gewissen. Sorgfalt bei der Umsetzung ist indes dennoch geboten. Der Verlag und die Autoren übernehmen keinerlei Haftung für Personen-, Sach- oder Vermögensschäden, die aus der Anwendung der vorgestellten Materialien und Methoden entstehen könnten.

Unser gesamtes lieferbares Programm und viele weitere Informationen zu unseren Büchern, Spielen, Experimentierkästen, DVDs, Autoren und Aktivitäten finden Sie unter **www.kosmos.de**

Gedruckt auf chlorfrei gebleichtem Papier

ISBN 978-3-440-11228-1
Redaktion: Alice Rieger
Gestaltungskonzept: GRAMISCI Editorialdesign, München
Gestaltung und Satz: Atelier Krohmer, Dettingen/Erms
Produktion: Eva Schmidt
Printed in Italy / Imprimé en Italie

FSC
www.fsc.org
MIX
Paper from responsible sources
FSC® C023164